Krankheiten und Schädlinge des Getreides

KRANKHEITEN UND SCHÄDLINGE DES GETREIDES

Alfred Obst
(Autor)

Volker H. Paul
(Mitverfasser)

VERLAG TH. MANN · GELSENKIRCHEN-BUER

Anschrift der Autoren:
Dr. Alfred Obst,
Bayerische Landesanstalt für Bodenkultur und Pflanzenbau,
Menzinger Straße 54, 80638 München

Prof. Dr. agr. Volker H. Paul,
Labor für molekulare Phytopathologie Fachbereich Chemie und Chemietechnik,
Universität-GH-Paderborn,
Warburger Straße 100, 33098 Paderborn

Druck: Buersche Druckerei Dr. Neufang KG, D-45894 Gelsenkirchen-Buer

ISBN 3-7862-0096-3

Vorwort

Der Getreideanbau nimmt in der Bundesrepublik Deutschland 55 Prozent der Ackerfläche ein. Maßnahmen gegen die durch parasitäre und nichtparasitäre Ursachen bedingten Verluste sind zu einem Schlüsselfaktor für die Rentabilität der gesamten pflanzlichen Erzeugung geworden. Die sinkenden Getreidepreise in der Europäischen Gemeinschaft zwingen den Landwirt schon aus ökonomischen Gründen, die chemischen Pflanzenschutzmaßnahmen zu reduzieren. Auch sieht sich die Landwirtschaft zunehmend der Kritik durch das geschärfte Umweltbewußtsein der Bevölkerung ausgesetzt. Unter diesen ökonomischen und ökologischen Rahmenbedingungen gewinnen die genaue Kenntnis von Krankheiten, Schädlingen und Streßfaktoren, die den Ertrag gefährden, sowie alle vorbeugenden Maßnahmen des Acker- und Pflanzenbaus an Bedeutung. Nur bei richtiger Diagnose und fundiertem Wissen um die Lebens- und Entwicklungsbedingungen der Schaderreger ist es möglich, die gezielte Bekämpfung auf das notwendige Mindestmaß zu beschränken.

Dieses Buch will mit seiner großen Zahl von farbigen Abbildungen, die den Krankheitsverlauf in verschiedenen Stadien festhalten, die Grundlage vor allem für eine sichere Diagnose liefern. Als Basis für Beobachtung und Beurteilung der Befallsentwicklung werden die Biologie und die wichtigsten Erkenntnisse zur Epidemiologie der Schaderreger dargestellt. Davon lassen sich Maßnahmen zur Schadensvorbeuge ableiten. Chemische Pflanzenschutzmaßnahmen werden nur am Rande erwähnt, ohne Mittelempfehlung, aber – soweit bekannt – mit Angabe von Schwellenwerten. Ebenfalls wird auf natürliche Feinde der Schaderreger hingewiesen.

Autor und Mitverfasser wollen dem fortschrittlichen Landwirt sowie dem engagierten Berater ein Bestimmungs- und Nachschlagewerk an die Hand geben, das ihnen hilft bei der Überwachung der Bestände, bei Diagnose und Prognose, und damit letztlich bei der differenzierten, situationsbezogenen Entscheidung für die richtigen Maßnahmen.
Studierenden der Landwirtschaft schafft dieses Buch eine gute Verbindung zur Praxis. Angaben der wichtigsten Fachliteratur bei den einzelnen Erregern – ohne Anspruch auf Vollständigkeit – und der Allgemeinliteratur am Ende des Buches ermöglichen dem Interessierten ein tieferes Eindringen in Spezialthemen.

Autor und Mitverfasser danken zahlreichen Kollegen, die durch Fachinformationen oder mit Farbbildern zur Vervollständigung der Textbeiträge und der Bilddokumentation beigetragen haben.
Dank gilt vor allem den Herren:
Dr. Amelung, Rostock; Dr. Baumer, Freising;
Dr. Büchi, Zürich-Reckenholz; Dr. Dalchow, Frankfurt; OAR Fürst, Neuburg/D.;
Dr. Gutser, Freising; Dr. Rieckmann, Hannover;
Dr. Stark, Halle; Prof. Dr. Wetzel, Halle.
Dem Verlag Th. Mann, insbesondere Herrn Dipl.-Ing. agr. Weiß, sei gedankt für die gute Zusammenarbeit und die großzügige Gestaltung dieses Text- und Bildbandes.
Der Autor dankt an dieser Stelle schließlich seiner Frau Lore für ihre hilfreiche Mitarbeit und redaktionelle Durchsicht der Textbeiträge.

Autor und Mitverfasser wünschen ihrem Werk eine gute Aufnahme bei den fachkundigen Lesern und sind offen für alle kritischen Anregungen, die bei einer späteren Neuauflage Berücksichtigung finden können.

München und Paderborn, Juni 1993

Alfred Obst und Volker H. Paul

Inhaltsverzeichnis

TIERISCHE SCHADERREGER

Nemataoden

Blattläuse

Thripse

Käfer

Schmetterlinge

Pflanzenwespen

Mücken

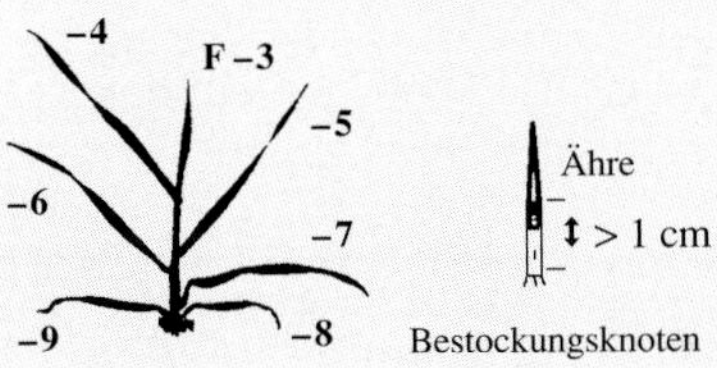

30
Schoßbeginn

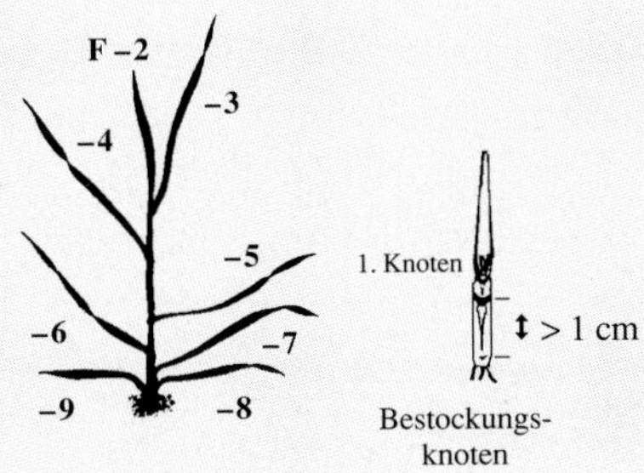

31
1-Knoten-Stadium

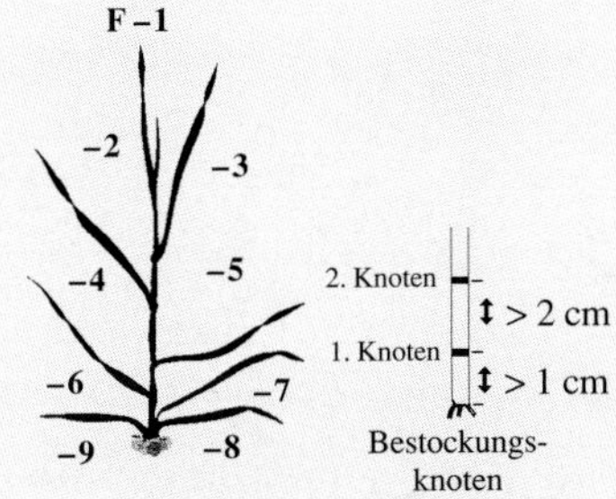

32
2-Knoten-Stadium

BBA*	BBCH**	Definition
	3	**Schossen (Haupttrieb)**
30	30	Beginn des Schossens: Haupttrieb und Bestockungstriebe stark aufgerichtet, beginnen sich zu strecken. Ähre mindestens 1 cm vom Bestockungsknoten entfernt
31	31	1-Knoten-Stadium: 1. Knoten dicht über der Bodenoberfläche wahrnehmbar, mindestens 1 cm vom Bestockungsknoten entfernt
32	32	2-Knoten-Stadium: 2. Knoten wahrnehmbar, mindestens 2 cm vom 1. Knoten entfernt
–	33	3-Knoten-Stadium: 3. Knoten mindestens 2 cm vom 2. Knoten entfernt
–	34	4-Knoten-Stadium: 4. Knoten mindestens 2 cm vom 3. Knoten entfernt
37	37	Erscheinen des letzten Blattes (Fahnenblatt); letztes Blatt noch eingerollt
39	39	Ligula(Blatthäutchen)-Stadium: Blatthäutchen des Fahnenblattes gerade sichtbar, Fahnenblatt voll entwickelt
	4	**Ähren-/Rispenschwellen**
–	41	Blattscheide des Fahnenblattes verlängert sich
37	43	Ähre/Rispe ist im Halm aufwärts geschoben. Blattscheide des Fahnenblattes beginnt anzuschwellen
39	45	Blattscheide des Fahnenblattes geschwollen
49	47	Blattscheide des Fahnenblattes öffnet sich
49	49	Grannenspitzen: Grannen werden über der Ligula des Fahnenblattes sichtbar

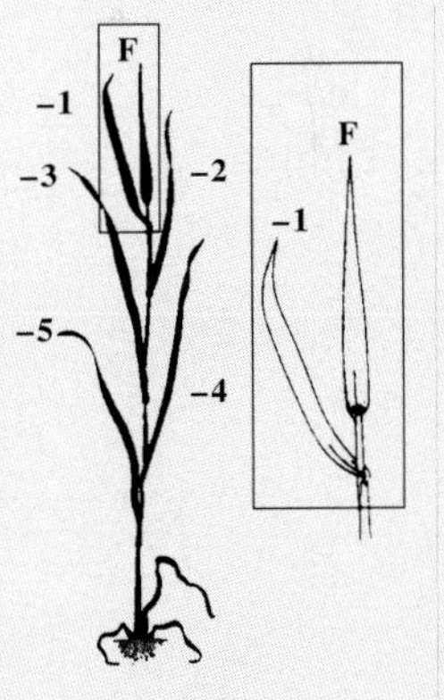

39
Fahnenblatt (F)
voll entwickelt

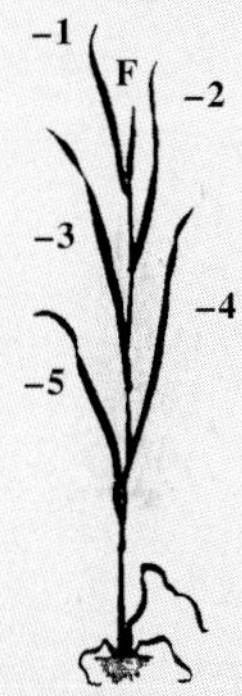

37
Fahnenblatt (F) spitzt

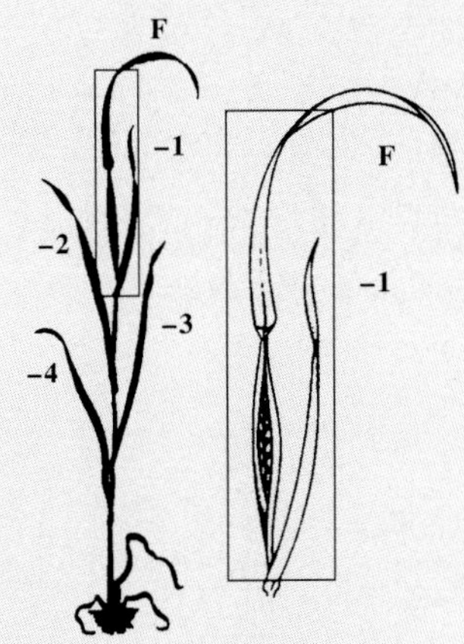

47
Fahnenblattscheide öffnet sich

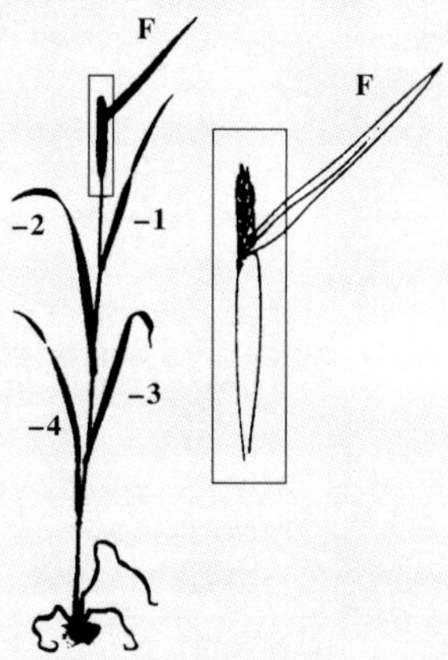

51
Beginn Ährenschieben

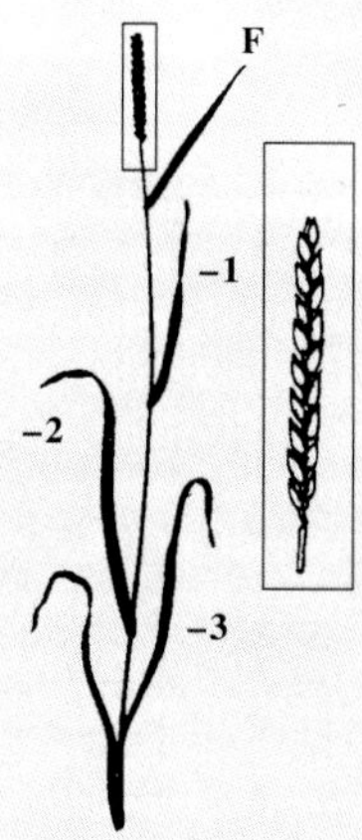

59
Ende Ährenschieben

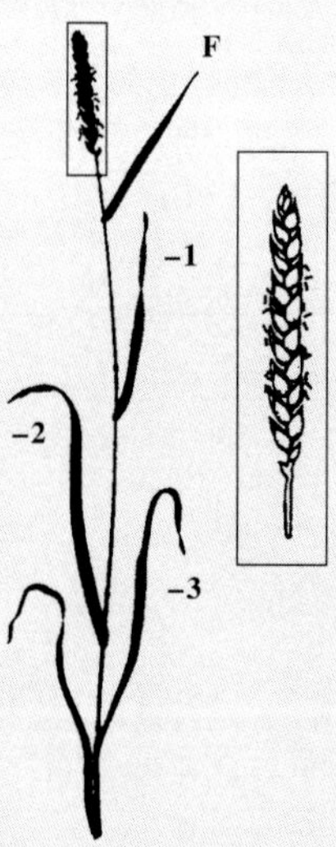

65
Voll-Blüte

73
Frühe Milchreife

BBA*	BBCH**	Definition
	5	**Ähren-/Rispenschieben**
51	51	Beginn des Ähren-/Rispenschiebens: die Spitze der Ähre/Rispe tritt heraus oder drängt seitlich aus der Blattscheide
55	55	Mitte des Ähren-/Rispenschiebens: Basis noch in der Blattscheide
59	59	Ende des Ähren-/Rispenschiebens: Ähre/ Rispe vollständig sichtbar
	6	**Blüte**
61	61	Beginn der Blüte: Erste Staubbeutel werden sichtbar
65	65	Mitte der Blüte: 50 % reife Staubbeutel
69	69	Ende der Blüte
	7	**Fruchtbildung**
71	71	Erste Körner haben die Hälfte ihrer endgültigen Größe erreicht. Korninhalt wäßrig
–	73	Frühe Milchreife
75	75	Mitte Milchreife: Alle Körner haben ihre endgültige Größe erreicht. Korninhalt milchig, Körner noch grün
–	77	Späte Milchreife
	8	**Samenreife**
–	83	Frühe Teigreife
85	85	Teigreife: Korninhalt noch weich, aber trocken. Fingernageleindruck reversibel
87	87	Gelbreife: Fingernageleindruck irreversibel
91	89	Vollreife: Korn ist hart, kann nur schwer mit dem Daumennagel gebrochen werden
	9	**Absterben**
92	92	Totreife: Korn kann nicht mehr mit dem Daumennagel eingedrückt bzw. nicht mehr gebrochen werden
–	93	Körner lockern sich tagsüber
91	97	Pflanze völlig abgestorben, Halme brechen zusammen
–	99	Erntegut (Stadium zur Kennzeichnung von Nacherntebehandlungen, z.B. Vorratsschutz, außer Saatgutbehandlung = 00)

* Biologische Bundesanstalt für Land- und Forstwirtschaft, Braunschweig. Merkblatt Nr. 27/1, 1979.

** Gemeinschaftsarbeit der Firmen BASF AG, BAYER AG, CIBA-GEIGY AG und HOECHST AG.

Entwicklungsstadien des Getreides nach BBCH-Code, abgeändert nach Tottman

Parasitäre Krankheiten

Fusarium: Auflaufschäden, Fuß-, Blatt- und

Erreger, Wirtspflanzen, Spezialisierung

Zu den Fusarien wird eine Reihe von Arten gezählt, die an Getreide sehr vielfältige Schadwirkungen hervorrufen und im Erntegut oft auch gefährliche Pilzgifte (Mykotoxine) erzeugen. Die wichtigsten sind

Fusarium nivale, Synonym von der Konidienform *Microdochium nivale* (Fr.) Samuels et Hallett, syn.: *Gerlachia nivalis;* Hauptfruchtform *Monographella nivalis* (Schaffnit) E. Müller

Fusarium culmorum (W. G. Sm.) Sacc., keine Hauptfruchtform bekannt

Fusarium graminearum Schwabe, Hauptfruchtform *Gibberella zeae* (Schw.: Fr.) Petch

Fusarium avenaceum (Fr.: Fr.) Sacc., Hauptfruchtform *Gibberella avenacea* R. J. Cook

Im Hinblick auf die bessere Verständlichkeit für die Praxis wurde hier für *F. nivale* die alte Bezeichnung beibehalten, obwohl der Erreger korrekterweise von den echten Fusarien zu trennen ist (Gattung *Microdochium*). – Mit *F. culmorum* wird oft eine neue *Fusarium*-Art verwechselt, nämlich *F. crookwellense* Burgess, Nelson u. Toussoun, die erst 1982 beschrieben wurde und nur mit chemotaxonomischen Verfahren sicher von *F. culmorum* zu unterscheiden ist. – *F. avenaceum* kommt ebenfalls häufig an Getreide vor, ist allerdings weniger pathogen.

Diese *Fusarium*-Arten sind wenig spezialisierte Parasiten, die neben den Hauptgetreidearten gleichermaßen Mais und zahlreiche Gräser befallen. Am häufigsten werden Hafer und Weizen (vor allem Durumweizen) von den echten Fusarien besiedelt; Gerste ist am widerstandsfähigsten. Insbesondere *F. culmorum* und *F. avenaceum* schädigen auch Leguminosen sowie viele nichtlandwirtschaftliche Pflanzenarten. *F. crookwellense* wird u. a. auf Maisstengeln und Kartoffelknollen gefunden. Einige Arten, wie zum Beispiel *F. culmorum* und *F. graminearum*, haben auch in ihrer saprophytischen Phase als Zellulosezersetzer Bedeutung für den Abbau von Ernterückständen im Boden.

Gegenüber *F. nivale* sind Roggen und Triticale am anfälligsten.

Schadbild, Verwechslungsmöglichkeit

Alle Erreger können das Auflaufen des Getreides mehr oder weniger stark beeinträchtigen.

Die Keimlinge sterben vor oder nach dem Auflaufen ab. Es entstehen Fehlstellen oder Flächen mit geringem und ungleichmäßigem Aufgang. Bei Sämlingsbefall durch *F. nivale* sind die Keimlinge korkenzieherartig verdreht oder – sofern sie auflaufen – mit dunkelbraun umsäumten Blattflecken besetzt.

Ähnliche Auflaufschäden verursacht *Helminthosporium sativum.*

***Fusarium nivale*-Schaden: Keimling korkenzieherartig verkrümmt**

Junge Pflanze mit Myzel des Schneeschimmelerregers

Ährenerkrankungen

F. nivale ist die Ursache eines Schneeschimmels: die Winterungen fallen nach der Schneeschmelze nesterweise zusammen, bei hoher Luftfeuchtigkeit mit einem schmutzig-weißen Pilzgeflecht bedeckt, dann rötlich und schließlich schmutzig-braun verfärbt. – Ein weiterer Schneefäuleerreger ist der Pilz *Typhula incarnata;* er bildet typisch hellbraune Sklerotien.

Die Fusarien werden auf Wurzeln, Blattscheiden, der Halmbasis und in Halmknoten gefunden. Als erste Befallszeichen erkennt man auf den Blattscheiden junger Pflanzen und später auch auf dem Halm strichförmige Verbräunungen, die in halmumfassende Verfärbungen übergehen. Sie sind unscharf vom gesunden Gewebe abgegrenzt. Im Halminnern entwickelt sich ein lockeres weißliches Pilzmyzel, nicht eng auf die Befallsstelle begrenzt. Befall der Blattscheiden zeigt sich in typischer Ausprägung als ein braunvioletter Ring unmittelbar über dem ersten (oder auch den höheren) Halmknoten. Selten kommt es durch starken *Fusarium*-Halmbasisbefall zu vorzeitiger Reife (Weißährigkeit) und Lagern befallener Pflanzen. Wurzelfäulen und/oder Halmbasisbefall verursachen auch *Helminthosporium sativum, Ophiobolus graminis, Pseudocercosporella herpotrichoides und Rhizoctonia cerealis.*

Vor allem *F. nivale* befällt auch die Blätter. Typisch sind einzelne große ovale Flecke, erst wassergetränkt-graugrün, dann mit rosa Sporenlagern und schließlich braun gefärbt. Oft ist die Blattachsel betroffen; ähnlich wie bei *Septoria nodorum* kippt dann die Blattspreite – obwohl noch grün – herab.

Weitaus die größten Schäden entstehen bei Befall der Ähren. Erreicht der Schadpilz frühzeitig die Ährchenachse (Rachilla), stirbt eine Kornanlage oder das ganze Ährchen ab. Dringt der Pilz gar bis zur zentralen Ährenspindel (Rachis) vor, wird die Nährstoffversorgung zu allen darüber liegenden Kornanlagen unterbrochen. Es entsteht das als partielle Weiß- oder Taubährigkeit bekannte Schadbild. Selten wird zuerst nur die Hüllspelze besiedelt; es entwickelt sich dann zunächst eine Ausbleichzone, die von einem dunkelbraunen Rand umringt wird.

Infektionen während der Blüte führen zum Absterben der Kornanlagen, spätere Infektionen zu Schrumpfkorn. Bei feuchter Witterung bilden die Fusarien an den Spelzenkanten dann rosa Sporenlager. Die erkrankten Ähren(teile) werden schließlich von Schwärzepilzen besiedelt. Weißährigkeit entsteht auch nach starkem Befall mit Fußkrankheitserregern, hierbei stirbt die ganze Pflanze vorzeitig ab.

Ährenbefall mit *F. nivale* erkennt man häufig an einem diffusbraunen Ring an der Basis der Hüllspelzen. Eine Unterscheidung der anderen *Fusarium*-Arten auf der Ähre anhand

Auswinterung durch Schneeschimmel

***Fusarium culmorum*-Befall zu Beginn des Schossens**

ihrer Symptome ist nicht möglich.

Biologie, befallsfördernde Faktoren

Inokulumquellen für eine *Fusarium*-Epidemie sind insbesondere befallene Ernterückstände auf der Bodenoberfläche, auf denen die Pilze Perithezien mit Ascosporen (*Gibberella* und *Monographella)* oder Sporodochien mit Konidien bilden. Infiziertes Saatgut, gelegentlich auch Gräsernebenwirte, organische Bodensubstanz mit dem Pilzmyzel oder die dickwandigen Chlamydosporen (z. B. von *F. culmorum)* im Boden kommen als weitere Infektionsquellen in Frage.

Keimschäden gehen immer auf Saatgutbefall zurück. Bei allen Erregern steigert Bodentrockenheit (langsame Keimung) die Schadenshöhe. Während niedrige Bodentemperaturen die Ausfälle durch *F. nivale* vermehren, sind bei steigenden Temperaturen die Schäden durch *F. graminearum* und *F. culmorum* am höchsten. Tiefe Saatgutablage, insbesondere auf schweren Böden, erhöht das Schadensrisiko.

Schneeschimmel durch *F. nivale* – saatgut- oder strohbürtig – wird vor allem in üppig entwickelten Getreidesaaten durch hohe Luftfeuchte und Temperaturen über dem Gefrierpunkt gefördert. Eine lange Schneebedeckung der Saaten auf ungefrorenem Boden ist deshalb gefährlich. Zur Halmbasis dringen die echten Fusarien entweder vom Saatgut oder vom Boden aus über die Kronenwurzeln vor. Gefährdet sind die Pflanzen besonders bei höheren Temperaturen und Trockenstreß.

F. nivale-Blattbefall geht von windverbreiteten Ascosporen aus, die in Perithezien auf den unteren Blattscheiden gebildet werden, oder von durch Regenspritzer verbreiteten Konidiosporen. Das Inokulum baut sich während feuchtkühler Witterungsperioden über mehrere Wochen auf. Eine Inokulumvermehrung von *F. culmorum* und *F. graminearum* erfolgt zunächst in absterbenden unteren Blattetagen, vom Landwirt nicht erkannt.

Reichlich Sporen für den gefährlichen Ährenbefall bilden sich auf abgestorbenen Blatteilen. Günstig für eine Verbreitung der Konidiosporen sind großtropfige Niederschläge. Die höchsten Temperaturansprüche hat die Art *F. graminearum*, die von (Mais-)Stoppelresten mit Perithezien auf der Bodenoberfläche über windverbreitete Ascosporen die Ähre auch unmittelbar erreichen kann. Für eine Infektion der Ähre benötigt der Erreger bei 25 °C mindestens 24 Stunden Nässe, bei 20 °C etwa 50 Stunden, und unterhalb 15 °C ist eine Infektion nicht möglich. *F. culmorum* ist etwas kältetoleranter und *F. avenaceum* noch besser an kühle Bedingungen angepaßt. *F. nivale* bildet nur bis 20 °C seine Sporen; für Sporenbildung und Infektion sind

***Fusarium nivale*-Blattflecke im Frühjahr**

***Fusarium* an Blattscheide**

***Fusarium nivale*-Befall im Frühsommer**

lange Feuchteperioden erforderlich. – Unmittelbar nach dem Ährenschieben ist das Getreide gegenüber *Fusarium*-Infektionen am empfindlichsten; Staubbeutel dienen wahrscheinlich als Eintrittspforten in einzelne Blütchen, der nährstoffreiche Pollen beschleunigt die Keimung der Pilzsporen. Infektionen der Samen sind dann noch bis zum frühen Teigreifestadium (Wassergehalt 22 %) möglich. – Die Fusarien können die Ähre schließlich auch nach systemischer Ausbreitung in den Gefäßbündeln des Halms infizieren.

Jegliche Schwächung der Kulturpflanzen durch Hitzestreß, Verätzung durch Flüssigdünger oder Befall mit anderen Schadpilzen wie z. B. Mehltau fördert die Ährenfusarien (Brückenbildung). Auch die Probe- und Sauganstiche der Blattläuse und ihr Honigtau begünstigen den Schwächeparasiten *Fusarium*. Ährenfusariosen treten vermehrt auf nach Maisvorfrucht sowie nach hoher Stickstoffdüngung (Gülle!).

Für Mensch und Tier gefährlich werden die Fusarien vor allem wegen der durch sie bereits im Feld sowie im Lager erzeugten Mykotoxine, wie z. B. das Deoxynivalenol oder das Zearalenon. Die Toxine werden im Korn bis zu einer Feuchte von 16 % gebildet. Mangel- und Streßbedingungen für den Pilz, etwa ein Absinken des Wassergehalts im Korn, scheinen die Toxinbildung einzuleiten. Bei witterungsbedingt langsamer Abreife des Getreides im Feld, bei Lagern der Bestände, bei spät abreifenden Getreidearten und -sorten sowie bei Wiederbefeuchtung des Ernteguts im Lager (z. B. durch Vorratsschädlinge) ist das Mykotoxinrisiko besonders hoch.

Bedeutung, Vorkommen

Die Fusarien gehören vor allem wegen ihres Ährenbefalls weltweit zu den gefährlichsten Krankheitserregern des Getreides. Ertragsverluste entstehen durch Herabsetzung der Kornzahl je Ähre und durch Verminderung des Tausendkorngewichts. Bei Weizen wird auch die Backqualität verschlechtert. *F. nivale* als häufigster Saatgutparasit beeinträchtigt insbesondere die Keimfähigkeit und Triebkraft von Saatware, während die echten Fusarien außerdem in Konsum- und Futtergetreide für Mensch und Tier gefährliche Toxine erzeugen.

Das Auftreten der Fusarien hängt in Westeuropa vor allem ab vom Witterungsverlauf während der Vegetationszeit, der Getreideart, bei Weizen auch von der Sorte sowie von Vorfrucht und Bodenbearbeitung. Die besonders gefährlichen Ährenfusarien haben aus folgenden Gründen erhöhte Bedeutung erlangt: Einengung der Fruchtfolge auf Getreide- und Maisglieder, vermehrte Strohdüngung und nichtwendende Bodenbearbeitung, Anbau kurzstrohiger Sorten, erhöhte Stickstoffdüngung und Halmverkürzung sowie durch Fungi-

***Fusarium nivale* an Blattachsel**

***Fusarium nivale*-Ährenbefall**

Ährenfusariose im Weizenbestand

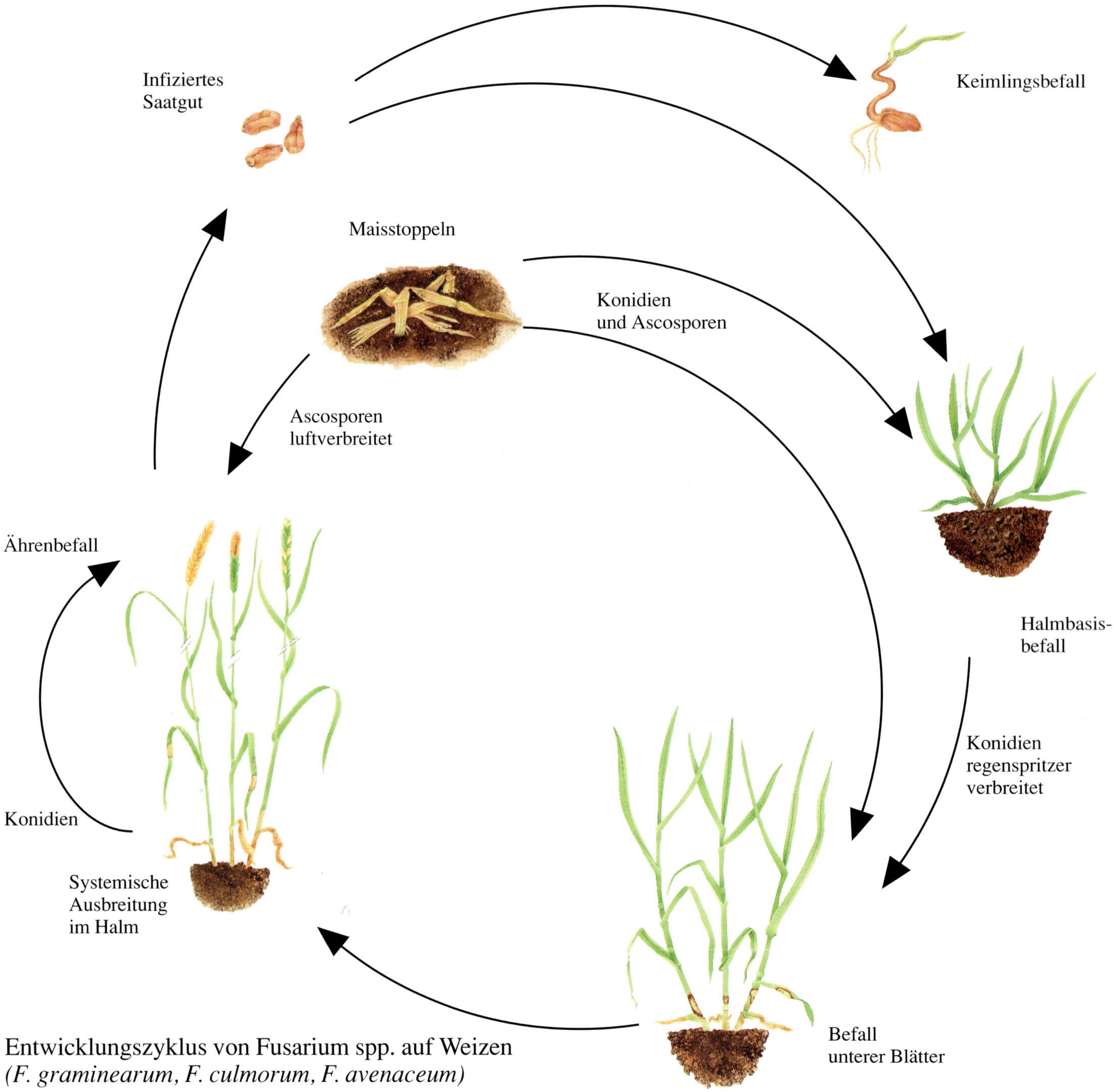

Entwicklungszyklus von Fusarium spp. auf Weizen
(F. graminearum, F. culmorum, F. avenaceum)

zideinsatz verlängerte Vegetationsdauer des Getreides.

Vorbeugende Maßnahmen

Besonders nach *Fusarium*-Jahren ist der Zukauf gesunden Saatguts wichtig; stets empfiehlt sich auch eine scharfe Reinigung der Saatware. Wegen des weiten Wirtspflanzenspektrums der Fusarien hat der Landwirt dagegen meist nur wenig Möglichkeiten einer Befallsvorbeuge durch geeignete Fruchtfolgemaßnahmen. Ernterückstände einer vorausgehenden Mais- oder Getreidevorfrucht sollten vor nachfolgendem Getreide stets sorgfältig eingepflügt werden. Man wähle möglichst gegenüber Ährenfusarien weniger anfällige Weizensorten. Vorbeugend gegen Schneefäulen vermeide man eine zu üppige Vorwinterentwicklung der Herbstsaaten. Jede Verkürzung der Getreidevegetationsdauer durch geeignete Arten- und Sortenwahl sowie Zurückhaltung bei der Halmverkürzung und bei Ausbringung reifeverzögernder Stickstoffgaben verringern die Befallswahrscheinlichkeit.

Vor allem bei drohendem Wetterumschwung sollten der Feldbestand frühzeitig und mit schonendem Druschverfahren geerntet und das Erntegut sofort auf max. 14 % Wassergehalt getrocknet oder anderweitig konserviert werden. Jedes auch kurzzeitige Feuchtwerden des Lagerguts durch Kondenswasser oder Vorratsschädlinge muß verhindert werden.

Literatur

Burgess, L.W., P. E. Nelson und T.A. Toussoun, 1982: Characterization, geographic distribution and ecology of *Fusarium crookwellense* sp. nov. Trans. Brit. Mycol. Soc. **79**, 497-505.

Diehl, T., und H. Fehrmann, 1989: Weizenfusariosen – Einfluß von Infektionstermin, Gewebeschädigung und Blattläusen auf Blatt- und Ährenbefall. Z. Pflanzenkrankh. Pflanzensch. **96,** 393-407.

Duben, J., und H. Fehrmann, 1979: Vorkommen und Pathogenität von *Fusarium*-Arten an Winterweizen in der Bundesrepublik Deutschland. II. Vergleich der Pathogenität als Erreger von Keimlings-, Halmbasis- und Ährenkrankheiten. Z. Pflanzenkrankh. Pflanzensch. **86**, 705-728.

Hutcheon, J. A., und V. W. L. Jordan, 1992: Fungicide timing and performance for *Fusarium* control in wheat. Brighton Crop Protection Conf. – Pests and Diseases, 633-638.

Jenkins, J. E. E., W. S. Clark und A. E. Buckle, 1988: *Fusarium* diseases of cereals. Home-Grown Cereals Authority, London, Research Review No. 4, 1-89.

Mánka, Malgorzata, 1989: Fusaria as pathogens of cereal seedlings. In Chełkowski, J. (Hrsg.): *Fusarium*: mycotoxins, taxonomy and pathogenicity. Elsevier Publishers, Amsterdam, 329-355.

Meyer, D., D. Weipert und H. Mielke, 1986: Beeinflussung der Qualität von Weizen durch den Befall mit *Fusarium culmorum*. Getreide, Mehl und Brot. Techn. Zeitschr. f. Getreide, Mehl und Backwaren **40**, 35-39.

Mielke, H., 1988: Untersuchungen über *Fusarium culmorum* (W. G. Sm.) Sacc. als Fuß- und Ährenkrankheitserreger beim Weizen. Mitt. Biol. Bundesanst. Land-Forstwirtsch. Berlin-Dahlem, H. 238, 1-101.

Snijders, C. H. A., 1990: *Fusarium* head blight and mycotoxin contamination, a review. Neth. J. Plant Pathol. **96**, 187- 198.

Sutton, J. C., 1982: Epidemiology of wheat head blight and maize ear rot caused by *Fusarium graminearum*. Can. J. Plant Pathol. **4**, 195-209.

Teich, A. H., 1989: Epidemiology of wheat (*Triticum aestivum* L.) scab caused by *Fusarium* spp.. In Chełkowski, J. (Hrsg.): *Fusarium:* mycotoxins, taxonomy and pathogenicity. Elsevier Publishers, Amsterdam, 269-282.

Monogr. nivalis-Perithezien

Befallsbild nach Spelzenbefall

Kümmerkorn nach *Fusarium*-Befall

Typhula-Fäule – *Typhula incarnata*

Erreger, Wirtspflanzen, Spezialisierung

An der *Typhula*-Fäule sind mehrere Arten des Basidiomyzeten *Typhula* beteiligt. Die größte Bedeutung hat *Typhula incarnata* Lasch ex Fr.; gelegentlich wird bei uns auch *Typhula ishikariensis* Imai gefunden.

Typhula-Arten sind wenig spezialisierte Schwächeparasiten mit einem weiten Wirtskreis. Dazu gehören neben Gräserarten vor allem die Winterformen von Gerste, Roggen und Weizen.

Von den Getreidearten besitzt die Wintergerste die höchste Anfälligkeit für *Typhula*-Fäule.

Schadbild, Verwechslungsmöglichkeit

Nach der Schneeschmelze erscheinen in erkrankten Wintergetreide-, vor allem Gerstebeständen einzeln, reihen- oder nesterweise, gelegentlich auch großflächig vergilbte Pflanzen. Ihre äußeren Blätter sterben von der Spitze her ab und haften graugrün verfärbt, von einem weißen Myzel überzogen am Boden; die jüngeren, noch grünen Blätter sind schmal und starr aufgerichtet. Bei starkem Befall vergilbt auch das Herz, und es kann zum Absterben des ganzen Triebes kommen. Abgestorbene bzw. stark befallene Pflanzen lassen sich leicht aus dem Boden ziehen, die Kronenwurzeln sind zerstört, der Wurzelhals wirkt faserig-morsch. Eindeutiges Kennzeichen der *Typhula*-Fäule sind die anfangs weißen, dann hell- bis rotbraunen 0,5 – 5 mm großen Dauerkörper, die Sklerotien des Pilzes. Die Sklerotien befinden sich sowohl auf als auch zwischen den Blattscheiden und im Inneren von vermorschtem Gewebe.

Die beim Auswintern von Wintergetreide auftretenden Vergilbungserscheinungen werden durch verschiedene Schadursachen hervorgerufen und sind nicht ohne weiteres zu diagnostizieren. Symptome der *Typhula*-Fäule sind mit denen des Schneeschimmels, Echten Mehltaus, der Brachfliege, mit Frostschäden und Staunässe verwechselbar. Typisch für *Typhula* ist das Ausbleichen befallener Blätter, während bei Schneeschimmelbefallsstellen die braune Umrandung erhalten bleibt. Sicheres Zeichen für *T. incarnata* sind die relativ frühzeitig sichtbaren Sklerotien. In Zweifelsfällen kann die Sklerotienbildung durch feuchte Lagerung frisch entnommener Pflanzen im Kühlschrank bei 5 – 6 °C induziert und nach etwa 14 Tagen mit bloßem Auge festgestellt werden.

Gestielte Fruchtkörper

Äußere Blätter abgestorben, mit Myzel und Sklerotien

Biologie, befallsfördernde Faktoren

T. incarnata überdauert den Sommer als Sklerotien, die im Boden 4 Jahre, selten bis 8 Jahre überleben, vor allem in leichten Böden mit geringer mikrobieller Tätigkeit. Beste Überlebensbedingungen sind an der Bodenoberfläche zu finden. Frisch gebildete Sklerotien haben etwa 4 Monate Keimruhe. Die nahe der Oberfläche liegenden Sklerotien beginnen ab Mitte Oktober, in kühleren Lagen ab September – auch ohne Anwesenheit von Wirtspflanzen – Myzel zu bilden, welches geschwächte oder verletzte Pflanzenteile infiziert. Die Sklerotien keimen bei 2–12 °C (Optimum 6 °C). Für das Myzelwachstum ist hohe Luftfeuchtigkeit unerläßlich. Günstige Verhältnisse vorausgesetzt, können Infektionen vom Spätherbst bis zu Beginn des Frühjahrs stattfinden. Rückgang der relativen Feuchte, Zunahme der Lichtintensität und Anstieg der Temperaturen im Frühjahr lösen den Übergang zum Sklerotienstadium aus. Die Entwicklung der Hauptfruchtform setzt nach der Sommerruhe ein. Aus den Sklerotien wachsen ab Mitte November gestielte Fruchtkörper (Sporophoren), die etwa 4 - 6 Wochen lang Basidiosporen produzieren. Diese werden durch den Wind verbreitet. Epidemiologisch sind sie von untergeordneter Bedeutung.

Alle Einflüsse, welche die Pflanzen im Herbst und Winter schwächen, fördern die *Typhula*-Fäule. Durch Echten Mehltau oder Staunässe geschädigte Blätter bilden ideale Eintrittspforten für den Erreger. In üppigen Beständen oder unter einer länger anhaltenden Schneedecke auf ungefrorenem Boden findet *T. incarnata* beste Entwicklungsbedingungen. Erhöhtes Befallsrisiko besteht bei hohem Wintergerstenanteil in der Fruchtfolge, nach Grünlandumbruch sowie bei Grubberbestellung nach vorausgehendem Wintergetreideanbau. Innerhalb des Wintergerstensortiments gibt es große Resistenzunterschiede; zweizeilige Sorten werden in der Regel stärker als mehrzeilige geschädigt.

Dauerkörper von *Typhula incarnata*

Dauerkörper von *Typhula ishikariensis*

Bedeutung, Vorkommen

Die *Typhula*-Fäule ist neben dem Schneeschimmel die bedeutendste Auswinterungskrankheit bei Getreide. Sie ist in kühl-feuchten und gemäßigten Klimazonen weit verbreitet. *Typhula* ist ein Schwäche- und Fruchtfolgeparasit. Ertragsverluste sind bei Wintergerste in Einzelfällen beträchtlich, wachsen sich aber normalerweise wieder aus.

Vorbeugende Maßnahmen

Auf Befallsstandorten sollten der Wintergerstenanteil in der Fruchtfolge begrenzt sowie weniger anfällige Sorten angebaut werden. Winterweizen- oder Wintergerstenstoppel ist vor Wintergerste tief umzupflügen und das Saatbett gut rückzuverfestigen. Durchwuchsgerste und Wildgräser in Raps sind ebenfalls rechtzeitig zu bekämpfen. Zudem sollte die Wintergerstensaat nicht zu früh, zu dicht und zu tief gedrillt werden.

Literatur

Amelung, D., 1974: Eine Methode zur Frühdiagnose eines Befalls durch *Typhula incarnata*. Nachrichtenbl. Pflanzenschutz DDR **28**, 15.

Andres, H., H. Hindorf, H. Fehrmann und J. Trägner-Born, 1987: Untersuchungen zum Auftreten und zur Verbreitung von *Typhula*-Arten an Wintergetreide im östlichen Franken und Bayerischen Wald. Z. Pflanzenkrankh. Pflanzensch. **94**, 491-499.

Hindorf, H., 1980: Zum Auftreten der Sporophoren von *Typhula incarnata* im rheinischen Wintergerstenanbau. Z. Pflanzenkrankh. Pflanzensch. **87**, 501-508.

Jacobs, D. L., und G. W. Bruehl, 1986: Saprophytic ability of *Typhula incarnata, T. idahoensis,* and *T. ishikariensis*. Phytopathology **76**, 695-698.

Mielke, H., 1990: Untersuchungen zur *Typhula*-Fäule unter Berücksichtigung ihrer Bekämpfung. Mitt. Biol. Bundesanst. Land-Forstwirtsch., Berlin-Dahlem H. 258, 70 S.

Smith, J. D., 1981: Snow molds of winter cereals: guide for diagnosis, culture, and pathogenicity. Can. J. Pl. Pathol. **3**, 15-25.

Halmbruchkrankheit – *Pseudocercosporella herpotrichoides*

Erreger, Wirtspflanzen, Spezialisierung

Die Halmbruchkrankheit, auch Medaillonflecken- oder Augenfleckenkrankheit genannt, wird durch den fakultativen Parasiten *Pseudocercosporella herpotrichoides* hervorgerufen. Seit dem Auffinden der Hauptfruchtform 1987 reiht man diesen Schadpilz bei den Ascomyceten ein. Wirtspflanzen sind Weizen, Roggen und Gerste, vor allem die Winterformen. Außerdem werden Kultur- und Wildgräser befallen.

Nach der Gestalt ihrer Konidien und nach ihrer Wuchsart auf künstlichen Nährböden unterscheidet man die beiden Varietäten

- *P.h.* var. *herpotrichoides* und
- *P.h.* var. *acuformis*.

Diese Differenzierung der *Pseudocercosporella*-Isolate stimmt annäherungsweise mit der im Keimlingstest ermittelten unterschiedlichen Pathogenität überein:

Die Varietät *herpotrichoides* ist im Vergleich zu Roggen und Gerste gegenüber Weizen pathogener („W-Typ"), während die Varietät *acuformis* gegenüber allen drei Getreidearten nahezu gleiche Pathogenität zeigt („R-Typ"). Eine weitere physiologische Spezialisierung innerhalb einer Getreideart auf bestimmte Sorten ist nicht bekannt. Für die beiden Varietäten gilt folgende Nomenklatur:

P. h. var. *herpotrichoides:*
Hauptfruchtform:
Tapesia yallundae Wallwork et Spooner var. *yallundae*
Nebenfruchtform:
Ramulispora herpotrichoides (Fron) von Arx var. *herpotrichoides*

P.h. var. *acuformis:*
Hauptfruchtform:
Tapesia yallundae var. *acuformis* Boerema, Pieters et Hamers
Nebenfruchtform:
Ramulispora herpotrichoides var. *acuformis* (Nirenberg) Boerema, Pieters et Hamers

Schadbild, Verwechslungsmöglichkeit

An den Blattscheiden junger Pflanzen sind u. U. bereits im Spätherbst kleine ovale bis längliche, hellbraune Flecke zu erkennen, die später breiter werden und gelegentlich schon die Form eines Augen- bzw. Medaillonflecks annehmen. Der typische Augenfleck ist im Zentrum hellgrau gefärbt und von einem hellbraunen unscharfen Rand umgeben. Die äußere Blattscheide reißt in der Mitte der Flecke oft auf. Bei jungen Pflanzen kann die gesamte Blattscheide verbräunen. Nach starkem Herbstbefall in Verbindung mit Frost können schon sehr frühzeitig ganze Pflanzen absterben (parasitäres Auswintern). Ab Beginn des Schossens findet man die typischen Halmbruchsymptome vorzugsweise nahe dem Halmgrund. Häufig fließen die augenförmigen Verbräunungen ineinander. Späte Infektionen führen zu besonders deutlichen Augenflecken, nach sehr frühen und schweren hingegen ist die Vermorschung der Halmbasis derart fortge-

Blattscheidensymptom nach Frühinfektion

Halmbefall unter der Blattscheide

Infektionskissen (ca. 100x) nach Färben

schritten, daß die Augenflecke nicht mehr feststellbar sind. Die Ausprägung der Symptome wird auch von der Getreideart und -sorte bestimmt. Während auf den Halmen von Weizen und Gerste meist deutlich ausgeprägte Augenflecke entstehen, sind sie am Roggen wesentlich dunkler, nur sehr schwach gerändert und weniger klar zu erkennen. Ihr Zentrum weist bei Weizen und Gerste oft kleine, schwarze Knötchen, die Stromata des Pilzes, auf. Im Halminnern hat der Erreger gegen Ende der Vegetationszeit unter der Befallsstelle ein dichtes weißgraues Myzel gebildet.

Die Vermorschung des Halmgewebes führt zu einem Umknicken bzw. Umbrechen an der Befallszone (Halmbruch), wobei die Halme wirr durcheinanderfallen und nesterweise lagern. Die Wurzeln bleiben stets gesund. Bei leichtem, sehr spätem oder starkem Befall mit vorangegangenem Wachstumsreglereinsatz tritt kein Halmbruch, sondern Weißährigkeit ein, die zufällig im Bestand verteilt ist.

Die frühen Befallssymptome sind wenig erregerspezifisch; der Befall kann auch latent (noch unsichtbar) sein. Zum Nachweis des Halmbrucherregers in frühen Infektionsstadien werden daher neben Labormethoden neuerdings Färbeverfahren angeboten, die in frühen Schoßstadien auf der vorletzten Blattscheide vor dem Halm die Infektionskissen oder in den Blattscheiden bestimmte Eiweißstoffe des Erregers erkennen lassen.

Augenflecke – allerdings durch einen dunkelbraunen Rand scharf abgegrenzt, von unregelmäßiger Form, häufig bis zur Höhe des dritten Halmknotens – verursacht *Rhizoctonia cerealis*. Blattscheiden- und Halmverbräunungen werden auch durch *Fusarium*-Arten, *Helminthosporium sativum, Ophibolus graminis* und *Septoria nodorum* hervorgerufen. Die im Färbetest zu beobachtenden Infektionskissen dürfen nicht mit den Sklerotien von *R. cerealis* oder den Myzelrasen von *Fusarium culmorum* verwechselt werden. Weißährigkeit entsteht auch durch Schwarzbeinigkeit, bzw. Ährenfusarien oder ist durch langanhaltende Hitze und Trockenheit bedingt.

Biologie, befallsfördernde Faktoren

P. herpotrichoides überdauert mindestens 2 Jahre lang im Boden als Dauermyzel (Stroma) an infizierten Getreidestoppeln, die langsamer als unbefallene zersetzt werden. Die Primärinfektion im Herbst oder zeitigen Frühjahr geht von Konidien aus, die an verseuchten Stoppeln am Boden, an Ausfallgetreide und Wildgräsern über Wochen und Monate bei niedrigen Wechseltemperaturen gebildet werden. Die Ausbreitung im Bestand erfolgt hauptsächlich durch Regenspritzer in einem Radius von 1-2 m. Die gealterte Koleoptile und später

Bild eines Spätbefalls

Augenfleck über Bodenoberfläche

l. Stromata am Halm, r. Myzel im Inneren

auch ältere Blattscheiden bilden die Eintrittspforten für die keimenden Konidien. An ersten Myzelverdichtungen in Gewebespalten kommt es zu einer sekundären Bildung von Konidien, Ausgangspunkt für eine weitere Verbreitung des Erregers. Hat der Pilz die erste Blatthülle um die Getreidepflanze durchdrungen, bildet er auf der Oberfläche der darunterliegenden Blattscheide typische Infektionskissen. Von ihrer Unterseite durchdringen zahlreiche Infektionshyphen die nächstfolgende Blattscheide. Entscheidend für diesen Infektionsfortgang ist genügend Feuchtigkeit. Vertrocknen die unteren Blattscheiden vor dem Übergang des Erregers auf das Halmgewebe, so wird die Halmbruchepidemie gestoppt. Zu spürbaren Ertragsschäden kommt es bei Weizen erst, wenn im Milchreifestadium bei der Hälfte der Halme mehr als 50 % des Halmumfangs verbräunt ist. Vermorscht auch die Halmbasis, so ist wegen des parasitären Lagers mit erheblichen Ertragsverlusten zu rechnen. – Roggen und insbesondere die Gerste reagieren wegen ihrer schnelleren Abreife ertragstoleranter.

Für den früher vorherrschenden W-Typ des Halmbrucherregers liegen das Sporulationsoptimum bei 3-5 °C und günstigste Infektionsvoraussetzungen bei 8-9 °C. Das Pilzwachstum in der Pflanze nimmt bis 20 °C linear zu. Im letzten Jahrzehnt ist – allerdings erst in späten Entwicklungsstadien – selbst bei Weizen ein Vorherrschen des R-Typs festzustellen. Jener beginnt seine Entwicklung bei etwas höheren Temperaturen, erreicht aber gleich hohe Befallsgrade wie der schneller wachsende W-Typ. Entscheidend hierfür ist genügend Feuchtigkeit in den Monaten Mai und Juni. Unbekannt ist die Bedeutung der windverbreiteten Ascosporen, die sich nach dem Winter in Apothezien an der stehenden Getreidestoppel bilden, für die Halmbruchepidemie und die Langstreckenverbreitung des Schadpilzes. Mit der über die sexuelle Phase gegebenen Möglichkeit der Rekombination von Erbeigenschaften kann allerdings die große Variabilität des Erregers erklärt werden.

Die Krankheit wird durch eine enge Getreidefruchtfolge, frühe Herbstsaat, tiefe Kornablage, längere feuchte und zugleich kühle Witterungsperioden und dichte, üppige Bestände auf mittelschweren bis schweren Böden gefördert. Trockenwarme Vorsommerwitterung nach starker Durchseuchung der Getreidebestände hingegen verringert den Schaden oder verhindert ihn sogar. Bei den vorhandenen Wintergetreidesorten gibt es nur geringe Unterschiede in der Anfälligkeit.

Bedeutung, Vorkommen

Der Halmbruch ist eine weitverbreitete Fruchtfolgekrankheit, die in allen Getreideanbaugebieten mit milder Winter-

Vermorschen und Umknicken an der Befallsstelle

und/oder feuchtkühler Frühjahrswitterung auftritt. Das allgemeine Vorherrschen des sich spät entwickelnden R-Typs wird mit dem hohen Anteil von Wintergerste an der Getreidefläche und mit der verbreiteten Anwendung von Triazolfungiziden erklärt, gegen die er – anders als der W-Typ – wenig empfindlich ist. Der Hauptschaden besteht in der Unterbindung der Wasser- und Nährstoffversorgung durch Zerstörung der Leitgefäße am Halmgrund (Notreife, Kümmerkorn).

Vorbeugende Maßnahmen

Zu den wichtigsten vorbeugenden Maßnahmen gehören eine zumindest zweijährige Anbauphase für stark anfällige Getreidearten, Bekämpfung von Ungräsern und Ausfallgetreide, eine sorgfältige Stoppelbearbeitung und späte und flache Saat, um die Herbstinfektion niedrig zu halten. Der empfindliche Winterweizen sollte an erster Stelle innerhalb einer Getreidefolge stehen; nur der gegenüber dem Halmbrucherreger widerstandsfähige Hafer darf noch davor angebaut werden. Stets wähle man Sorten mit guter Standfestigkeit. Nicht zu frühe Kalkstickstoffgaben (3-4 dt/ha) im Frühjahr wirken befallsmindernd und verhindern frühzeitiges Lagern. Der Einsatz von Wachstumsreglern vermindert hingegen das Befallsrisiko nicht; er beugt jedoch der Schadwirkung Halmbruch vor. Ein gezielter Fungizideinsatz wird in Winterweizen im frühen Schoßstadium bei einer Befallshäufigkeit von 20-30 % empfohlen. Ähnliche Bekämpfungsschwellenwerte gelten für Winterroggen und Triticale, während bei Wintergerste sich ein Fungizdeinsatz nur bei gleichzeitigem Auftreten von Blattkrankheitserregern rentiert.

Literatur

Daniels, Alison, J. A. Lucas und J. F. Peberdy, 1991: Morphology and ultrastructure of W and R pathotypes of *Pseudocercosporella herpotrichoides* on wheat seedlings. Mycol. Res. **95**, 385-397.

Frahm, J., und A. Knapp, 1986: Ein einfaches Modell zur Optimierung von Fungizidbehandlungen gegen *Pseudocercosporella herpotrichoides* in Weizen. Gesunde Pflanzen **38**, 139-150.

Goulds, A., und B. D. L. Fitt, 1991: The development of eyespot on stems of winter wheat and winter barley in crops inoculated with W-type or R-type isolates of *Pseudocercosporella herpotrichoides*. Z. Pflanzenkrankh. Pflanzensch. **98**, 490-502.

Käsbohrer, M., G. M. Hoffmann und G. Fischbeck, 1988: Zur Entwicklung der Halmbruchkrankheit (Erreger: *Pseudocercosporella herpotrichoides*) in vergleichbaren Weizenanbausystemen. Z. Pflanzenkrankh. Pflanzensch. **95**, 611-629.

King, Amber C., H. Berndt und H. Fehrmann, 1990: Aspects of eyespot control in wheat. Z. Pflanzenkrankh. Pflanzensch. **97**, 237-249.

Mauler-Machnik, Astrid, und P. Naß, 1990: Einfache Methode zur Frühdiagnose von *Pseudocercosporella herpotrichoides* mit dem Bayer Getreide-Diagnose-System nach Verreet/Hoffmann. Gesunde Pflanzen **42**, 130-132.

Nirenberg, Helgard I., 1985: Differenzierung der Erreger der Halmbruchkrankheit. III. Vorkommen an Winterweizen. Z. Pflanzenkrankh. Pflanzensch. **92**, 464-476.

Schreiber, Maria-Teresa, und H.-G. Prillwitz, 1986: Untersuchungen zur Pathogenität, Virulenz und Wirtsspezifität von *Pseudocercosporella*-Taxa an Wintergetreide. Nachrichtenbl. Deut. Pflanzenschutzd. (Braunschweig) **38**, 65-71.

Pseudocercosporella – bedingte Weißährigkeit, im Bestand zufällig verteilt

Scharfer Augenfleck – *Rhizoctonia cerealis*

Erreger, Wirtspflanzen, Spezialisierung

Erreger des Scharfen oder Spitzen Augenflecks ist der nach seiner Myzelform benannte Pilz *Rhizoctonia cerealis* van der Hoeven. Nur selten findet sich die Hauptfruchtform *Ceratobasidium gramineum* (Ikata et Matsuura) Oniki et al. ex Ogoshi et al., (Syn. *Ceratobasidium cereale* Murray et Burpee).

R. cerealis ist hoch pathogen auf allen Getreidearten und vielen Gräsern, kommt jedoch auch auf Dikotylen, z.B. Kartoffeln und Erbsen, vor.

Charakteristisch für alle *Rhizoctonia*-Arten sind nach dem Anfärben im Lupenbild rechtwinklige Myzelverzweigungen.

Schadbild, Verwechslungsmöglichkeit

An den äußeren Blattscheiden erscheinen bei der Bestockung ovale bis unregelmäßige, hellbraune Verfärbungen. Später bilden sich am Halmgrund längliche, zunächst spitz zulaufende, dann unregelmäßige, oft etwas gezackte Flecke mit hellgrauem Zentrum, die mit einem dunkelbraunen, relativ breiten Saum scharf gegen das gesunde Gewebe abgegrenzt sind. Sie treten meist in Mehrzahl am ersten und zweiten Internodium auf. Darauf findet man häufig die kleinen braunen Sklerotien, bei starkem Befall auch im Halminnern. Die Stengelvermorschungen führen nur in Ausnahmefällen zu Halmbruch, jedoch zur Weißährigkeit. Der Halmbefall tritt in der Regel nesterartig auf. Selten verursacht ein frühzeitiger Befall des Keimlings Ausfälle beim Auflaufen des Getreides.

Neben *R. cerealis* kommt auf Getreide und Gräsern auch *R. solani* vor. Die Hauptfruchtform entwickelt an den Halmbasen das von der Kartoffel her bekannte Weißhosigkeits-Symptom, auch verursacht der Erreger Wurzelfäulen.

Ähnliche Augenflecke erzeugt *Pseudocercosporella herpotrichoides*. Typisch für *R. cerealis* sind der scharf abgegrenzte dunkelbraune Saum sowie die leicht abkratzbaren Sklerotien.

Symptome auf und im Halm

Flecke unregelmäßig, mit braunem Rand und Sklerotien

Rechtwinklige Verzweigungen

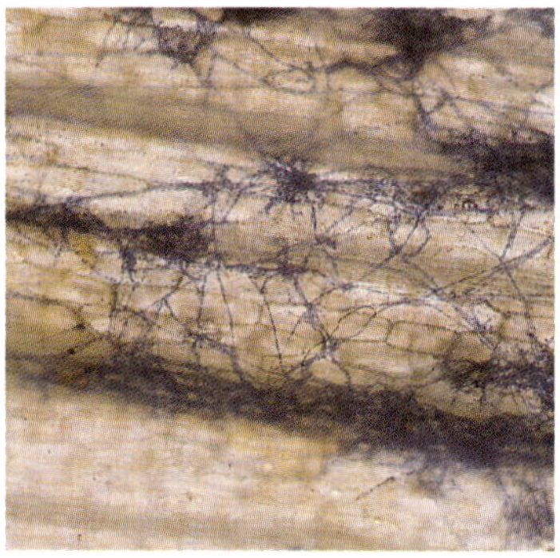

Biologie, befallsfördernde Faktoren

R. cerealis überdauert saprophytisch als Myzel und Sklerotien auf befallenen Strohresten im Boden. Die Infektion seiner Wirtspflanzen erfolgt durch Hyphen.

Über das Ausmaß des Befalls entscheidet vor allem die Prädisposition der Wirtspflanze. So läßt sich keine Fruchtfolgeabhängigkeit feststellen. *R. cerealis* infiziert hingegen bevorzugt auf sandigen und sauren Böden sowie bei geringer Bodenfeuchte und niedrigen Temperaturen. Es gibt Unterschiede in der Anfälligkeit von Weizensorten. Pfluglose Bodenbearbeitung sowie zeitige und tiefe Saat von Wintergetreide begünstigen den Befall.

Bedeutung, Vorkommen

Der Scharfe Augenfleck ist im Getreidebau weltweit verbreitet und tritt gelegentlich verstärkt auf. Ertragsverluste sind bisher selten nachgewiesen worden.

Vorbeugende Maßnahmen

Zu den wichtigsten Maßnahmen zählt die Verbesserung des Bodengarezustandes. Spät gesäter Winterweizen wird weniger befallen.

Literatur

Kataria, H. R. und G. M. Hoffmann, 1988: A critical review of plant pathogenic species of *Ceratobasidium* Rogers. Z. Pflanzenkrankh. Pflanzensch. **95,** 81-107.

Reinecke, P. und H. Fehrmann, 1979: *Rhizoctonia cerealis* van der Hoeven an Getreide in der Bundesrepublik Deutschland. Z. Pflanzenkrankh. Pflanzensch. **86,** 190-204.

Weller, D. M., R. J. Cook, G. MacNish, E. N. Bassett, R. L. Powelson und R. R. Petersen, 1986: *Rhizoctonia* root rot of small grains favored by reduced tillage in the Pacific Northwest. Plant Disease **70,** 70-73.

Schwarzbeinigkeit – *Ophiobolus graminis*

Erreger, Wirtspflanzen, Spezialisierung

Die Schwarzbeinigkeit wird durch den Ascomyzeten *Gaeumannomyces graminis* (Sacc.) v. Arx et Olivier hervorgerufen. Gebräuchlicher ist die frühere Bezeichnung *Ophiobolus graminis*, während die Nebenfruchtform Phialophora sp. nur wenige kennen.

Man unterscheidet auf Getreide bei *G. graminis* drei Varietäten. Die größte Bedeutung hat bei uns *G. graminis* var. *tritici* J. Walker, die in abnehmender Stärke Weizen, Triticale, Gerste und Roggen befällt. In Haferpflanzen verhindern Avenacine den Befall, da die Varietät *tritici* diese Glycoside nicht abbauen kann. Wintergetreide wird in der Regel stärker als Sommergetreide geschädigt. Viele Gräser, vor allem die Quecke, haben Bedeutung als Nebenwirte.

G. graminis var. *avenae* (E. M. Turner) Dennis ist stark pathogen an Hafer und kann auch auf Weizen und Gerste übergehen. Ebenso sind Rasengräser (insbesondere Agrostis-Arten) und Futtergräser gute Wirtspflanzen. – *G. graminis* var. *graminis* ist insgesamt weniger pathogen. Sie hat in warmen Regionen z. B. auf Reis einige Bedeutung.

Zwischen den verschiedenen Isolaten einer Varietät wie auch zwischen den Varietäten werden große Pathogenitätsunterschiede festgestellt. Darüber hinaus liegt auch eine gewisse physiologische Anpassung des Erregers an bestimmte Wirtspflanzen vor.

Schadbild, Verwechslungsmöglichkeit

Erste Schäden durch *O. graminis* sind oft schon im Spätherbst zu beobachten. Befallene Jungpflanzen weisen Blattvergilbungen und geschwärzte Keimwurzeln auf. Sie sind äußerst frostempfindlich, so daß sie häufig auswintern. Dunkelbraune abgegrenzte Läsionen an Haupt- und Nebenwurzeln dehnen sich später auf alle Wurzelteile und über den Wurzelhals bis zur Halmbasis aus. Wurzeln und Halmbasis sind schwarz verfärbt (Schwarzbeinigkeit!) und vermorscht. Die Pflanzen lassen sich leicht aus dem Boden ziehen. Bestockung und Wachstum der Pflanze können beeinträchtigt sein. Störungen in der Wasser- und Nährstoffversorgung führen zu einem von unten nach oben fortschreitenden Vergilben der Blätter und zur Notreife mit schlechter Kornausbildung, Schmachtkorn oder tauben Ähren. Auf notreifen Pflanzen siedeln sich bald Schwärzepilze an. – Die kranken Pflanzen sind oft in einzelnen Nestern konzentriert, zuweilen aber auch gleichmäßig über das ganze Feld verteilt.

Halmbasisverfärbungen durch *Ophiobolus* sind von jenen durch *Fusarium, Rhizoctonia* oder *Helminthosporium* zu unterscheiden. Nesterweise Weißährigkeit entsteht auch durch Bodenunterschiede in

Durch die Schwarzbeinigkeit zerstörter Halmgrund einer Weizenpflanze; rechts gesundes Wurzelwerk

Verbindung mit Trockenheit und nach Befall mit dem Getreidezystenälchen. Weißährigkeit, zufällig im Bestand verteilt, kann durch *Pseudocercosporella herpotrichoides* oder durch Ährenfusarien bedingt sein.

Biologie, befallsfördernde Faktoren

Die Infektion mit dem bodenbürtigen Pilz erfolgt durch Myzel an Resten der Getreidevorfrucht und Ungräsern. Die Verbreitung durch Ascosporen – an der geschwärzten, abgestorbenen Halmbasis in flaschenartigen Perithezien gebildet – hat hingegen in unseren Breiten nur geringe Bedeutung. Das Pilzmyzel breitet sich mit seinen breiten dunkelbraunen „Laufhyphen" rasch auf der Oberfläche von Wurzeln und Halmbasis aus (wichtiges Merkmal für eine Differentialdiagnose!). Mit dünnen, farblosen, verzweigten „Infektionshyphen" dringt der Pilz in das Wurzelgewebe und die Leitungsbahnen ein. Geschädigte Pflanzen versuchen, durch Ersatzwurzeln ihre Wasser- und Nährstoffversorgung zu sichern. Für das Schadensmaß ist entscheidend, wann der Pilz die Halmbasis erreicht und dort zentral Kronenwurzeln und Halm zerstört.

O. graminis entwickelt sich am besten in mäßig feuchten, gut durchlüfteten Böden bei 12–20 °C. Nitratdüngung und Kalkung fördern über eine Erhöhung des pH-Werts die Entwicklung des Pilzes, während Ammonium-Stickstoff durch ein Ansäuern des Bodens den Befall vermindert. Milde, feuchte Winter und kühle, nasse Vorsommer verstärken das Schadensausmaß, da die Pflanzen bei hohem Wasserangebot nur geringes Wurzelwerk bilden, das dann schneller von dem Erreger zerstört werden kann. Anschließende Trockenheit im Juli beschleunigt noch die Notreife.

Befallsfördernd wirkt auf den Fruchtfolgeparasiten vor allem eine enge Folge anfälliger Getreidearten. Ausfallgetreide und Ungräser setzen die Infektkette auf der Stoppel und in Nichtgetreidegliedern fort. Bei Monokultur von Weizen oder Gerste steigt der Befall innerhalb weniger Jahre auf ein sehr hohes Niveau an und pendelt sich dann bei einer mittleren Stärke ein. Dieser sog. „decline"-Effekt, wird schon durch einmaligen Anbau einer Nichtwirtspflanze aufgehoben. - Alle Maßnahmen, die das Bodenleben stören, begünstigen damit das saprophytische Überleben und die parasitische Ausbreitung von *O. graminis*.

Innerhalb des Weizen- und Gerstensortiments bestehen nur geringe Unterschiede in der Anfälligkeit; allerdings gibt es vor allem bei Weizen gewisse Unterschiede im Wurzelregenerationsvermögen.

Var. trit.-Myzel auf Koleoptile

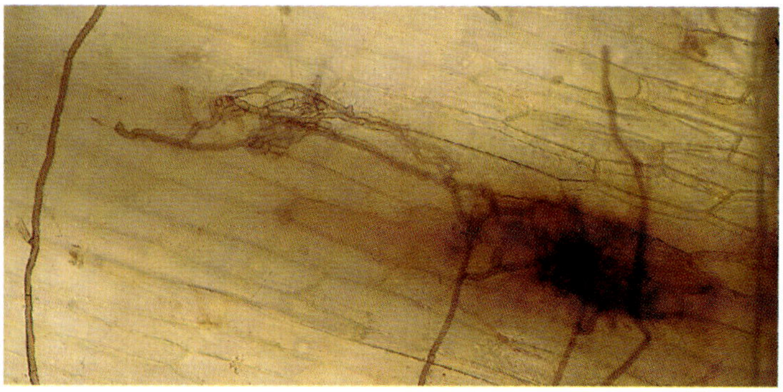

Getreidehalm mit Perithezien

Bedeutung, Vorkommen

Die Schwarzbeinigkeit ist vor allem im gemäßigten Klima auf leichten und mittleren Böden von wirtschaftlicher Bedeutung. Doch können bei enger Getreidefruchtfolge in feuchten Jahren und bei Kulturfehlern auch auf besten Weizenböden schwerwiegende Ertragseinbußen entstehen. Insgesamt nimmt mit dem verstärkten Getreideanbau die Bedeutung dieser Krankheit besonders bei Winterweizen und Wintergerste zu. Bei Weizen sind Ertragsausfälle bis zu 70 % möglich, die teils auf Frühschäden durch Bestandesauslichtung, teils auf Spätschäden durch Notreife zurückzuführen sind. Auch bei der weniger empfindlichen Wintergerste, kann es durch frühe Bestandsauslichtung zu 30 % Ertragsverlust kommen. Da *O. graminis* vor allem schwer erkennbare Wurzelfäulen hervorruft, wird das Schadensmaß oft unterschätzt.

Vorbeugende Maßnahmen

Die wichtigste Vorbeuge gegen den bodenbürtigen Fruchtfolgeparasiten ist in einer günstigen Anbaufolge zu sehen. Weizen sollte in der Fruchtfolge nicht über 33 %, Weizen und Gerste zusammen nicht über 66 % und Getreide insgesamt nicht über 75 % Anteil einnehmen. Schon ein einmaliger Anbau von Blattfrüchten reicht im allgemeinen aus, um nachfolgenden Winterweizen weitgehend vor Schwarzbeinigkeit zu schützen. Die gute Vorfruchtwirkung des Rapses wird durch Ausfallgetreide in dieser Kultur vermindert. Auf sorgfältige Queckenbekämpfung ist zu achten.

In den Anbaupausen für *Ophiobolus*-Wirtspflanzen sollten durch garefördernde Bodenbearbeitung und reichliche Zufuhr organischer Substanz eine schnelle Stoppelrotte eingeleitet und das Bodenleben aktiviert werden. Vor der Neuansaat von Wintergetreide achte man besonders bei leichten Böden auf guten Bodenschluß. Unsachgemäße Bodenbearbeitung, die zu einem Verdichten und Verschlämmen der Böden führt, beeinträchtigt die Wurzelentwicklung und schwächt die Regenerationskraft der Pflanzen. Auch die Minimalbodenbearbeitung begrenzt die Ausbreitung des Schwarzbeinigkeitserregers im Boden.

Spätsaat oder Dünnsaat sowie ein flaches Drillen gut bestockender Sorten fördern die Wurzelentwicklung. Wichtig ist auch die Verwendung eines gesunden reservestoffreichen Saatguts. Der wachsende Bestand sollte stets gut mit Nährstoffen versorgt sein; man vermeide eine Überkalkung der Böden. Erhöhte Ammonium-Düngung in mehreren Teilgaben kann die Schäden durch *O. graminis* z. T. kompensieren. – Alle Anbaumaßnahmen, die eine schnelle und kräftige Jugendentwicklung fördern, mindern indirekt die Schäden durch *O. graminis*.

Es gibt keine resistenten oder toleranten Weizen- und Gerstensorten, doch sind Sorten mit guter Bewurzelung und Wurzelregenerationsfähigkeit von Vorteil.

Literatur

Hollins, T. W., und P. R. Scott, 1990: Pathogenicity of *Gaeumannomyces graminis* isolates to wheat and rye seedlings. Pl. Pathol. **39**, 269-273.

Hornby, D., G. L. Bateman, R. J. Gutteridge, P. Lucas, F. Montfort und A. Cavelier, 1990: Experiments in England and France on fertilisers, fungicides and agronomic practices to decrease take-all. Proceedings British Crop Protection Conf., 771-776.

Lemaire, J. M., G. Doussinault, N. Cavelier, B. Perraton und B. Tivoli, 1981: Le piétin-échaudage. Perspectives Agricoles No **53**, 34-39.

Mielke, H., 1992: Untersuchungen zum Befall der Gerste durch *Gaeumannomyces graminis* (Sacc.) von Arx et Oliver var. *tritici* Walker unter Berücksichtigung der Arten- und Sortenanfälligkeit. Mitt. Biol. Bundesanst. Land- Forstwirtsch., Berlin-Dahlem H. 276, 74 S.

Trolldenier, G., 1984: Trends in der Erforschung und Bekämpfung der Schwarzbeinigkeit bei Getreide. Gesunde Pflanzen **36**, 105-110.

Walker, J., 1975: Take-all diseases of Gramineae: A review of recent work. Rev. Pl. Pathol. **54**, 113-144.

Notreifesymptome, nesterweise auftretend, als Folge eines Befalls mit *O. graminis*

Echter Mehltau – *Erysiphe graminis*

Erreger, Wirtspflanzen, Spezialisierung

Echter Mehltau an Getreide wird durch den Ascomyzeten *Erysiphe graminis* DC., der neuerdings *Blumeria graminis* (DC.) Speer genannt wird, hervorgerufen. Die Nebenfruchtform des Pilzes heißt *Oidium monilioides* (Nees) Link.

Zu den Wirtspflanzen gehören neben Weizen, Gerste, Roggen, Hafer die meisten Futter- und Wildgräser. Für jede Getreideart gibt es eine Spezialform (forma specialis = f. sp.) die nicht auf andere Wirtsarten übergehen kann. An Weizen tritt *E. graminis* f. sp. *tritici* (Em. Marchal) auf, an Gerste f. sp. *hordei* (Em. Marchal), an Roggen f. sp. *secalis* (Em. Marchal) und an Hafer f. sp. *avenae* (Em. Marchal). Innerhalb der Spezialformen gibt es zahlreiche physiologische Rassen (Pathotypen), die nach ihren Virulenzgenen (den Resistenzgenen in der Wirtspflanze entsprechend) charakterisiert werden.

Schadbild, Verwechslungsmöglichkeit

Echter Mehltau äußert sich am auffälligsten durch die Bildung weißer, watteartiger Pilzgeflechte, die sich zu mehr oder weniger großen Polstern entwickeln und allmählich zu einem mehligen, abwischbaren Belag verdichten. Die weißen Pusteln erscheinen zuerst auf der Oberseite der Blätter, an den Blattscheiden und Halmen, bei Weizen auch an Ähren, zunächst an der Längskante der Spelzen. Ältere Pusteln verfärben sich zu pelzigen, graubraunen Belägen, in denen gegen Vegetationsende die etwa 0,2 mm großen, dunkelbraunen bis schwarzen, kugeligen Fruchtkörper (Kleistothezien) zu erkennen sind. Erste Mehltau-Symptome zeigen sich vorzugsweise an dichten Stellen im jungen Getreidebestand. Stark erkrankte Blätter vergilben und sterben vorzeitig ab. Alle oberirdischen Pflanzenteile, einschließlich Grannen, können befallen werden. An alten, abgewaschenen Mehltau-Pusteln erscheinen nach ungünstiger Witterung, bei auftretender Altersresistenz oder an teilresistenten Getreidesorten schwarzbraune Blattflecke („Teerflecke"), die mit Symptomen der Netzfleckenkrankheit, Braunfleckenkrankheit, Magnesium-Mangel oder an den Ähren mit der Spelzenbräune verwechselbar sind.

Biologie, befallsfördernde Faktoren

E. graminis kann als obligater Parasit nur lebendes grünes Pflanzengewebe befallen; er lebt auf der Oberfläche des Wirtsgewebes und ernährt sich mit Hilfe spezieller Saugorgane (Haustorien) nur aus den Epidermiszellen. Mit Luftbewegungen gelangen die Konidio- und Ascosporen des Pilzes auf das auflaufende Wintergetreide. Dort keimen sie bei geeigneten Bedingungen mit einer kurzen Keimhyphe aus, deren Ende sich zu einem Haftorgan (Appressorium) entwickelt, mit dem

Starker Mehltaubefall an Weizen, Nahaufnahme (links) und Bestandsbild (Mitte); Befall an Hafer (rechts)

sie sich an der Wirtspflanze festhalten. Vom Appressorium dringt eine Infektionshyphe direkt durch die Blattoberfläche in die Epidermiszelle ein und wächst sich zu einem fingerartigen Haustorium aus. Auf der Pflanzenoberfläche entwickeln sich bei fortlaufender Neubildung von Haustorien an eng verzweigten Hyphen dicht nebeneinander Konidiosporenträger mit etwa 8 fest aneinander haftenden Konidiosporen. Nur die jeweilige Spitzenspore wird reif und löst sich durch Wind ab.

E. graminis ist heterothallisch, d. h. er benötigt für seine Sexualphase geschlechtlich unterschiedliche Pilzkörper. In alternden Myzelien werden gegen Vegetationsende männliche und weibliche Sexualorgane (Antheridien, Ascogonien) gebildet, und es entstehen die zunächst hellbraunen, später schwarzen, kugeligen, derbwandigen Fruchtkörper (Kleistothezien). Sie sind in ein sekundäres Myzel aus wolligem Haarfilz mit Borsten eingebettet. In ihrem Inneren reifen bis zu 25 Schläuche (Asci) mit jeweils 8 ovalen, einzelligen Ascosporen. Die Kleistothezien dienen zur Überdauerung der heißen Jahreszeit; sie reißen vor allem bei kühlem, nassem Herbst auf, wobei die Ascosporen aktiv ausgeschleudert werden und mit dem Wind auf auflaufendes Wintergetreide gelangen. Der Echte Mehltau überdauert Sommer- und Nachernteperioden in Form von Kleistothezien an Ernterückständen sowie als Myzel auf aufgelaufenem Ausfallgetreide, von dem neugebildete Konidiosporen das Getreide infizieren. Die Überwinterung erfolgt als Myzel an lebendem Wirtsgewebe (Wintergetreide). Beim Anbau von Wintergerste und Sommergerste in einer Region besteht für den Gerstenmehltau fast das ganze Jahr über eine „grüne Brücke", bei der Übersommerung des Weizenmehltaus hingegen gibt es diesbezüglich eine große Lücke. Weizenmehltau bildet in der warmen Jahreszeit reichlich Kleistothezien; beim Gerstenmehltau ist die Kleistothezienbildung unter nordwesteuropäischen Klimabedingungen weniger ausgeprägt. Letzterer vermehrt sich und übersommert hauptsächlich im asexuellen (kleinen) Zyklus, der Anteil der Ascosporen an den Herbstinfektionen ist gering. Durch die ganzjährige Konidienvermehrung des Gerstenmehltaus wird alljährlich eine Langstreckenverbreitung über ca. 100 km in der Hauptwindrichtung von West nach Ost festgestellt. Im Unterschied zum Weizenmehltau dominieren beim Gerstenmehltau nur einige wenige Pathotypen; die Sensitivität gegenüber systemischen Fungiziden verändert sich schneller.

Der Weizenmehltau wechselt regelmäßig vom asexuellen Zyklus in den sexuellen (großen) Zyklus über; die Primärinfektion des Winterweizens erfolgt zu einem hohen Anteil durch Ascosporen. In der sexuellen Phase findet eine Rekombination der Erbeigenschaften statt. Beim

Teilresistente Gerstensorte mit Mehltauabwehrnekrosen; unten: Mehltauhaustorien in Epidermiszellen

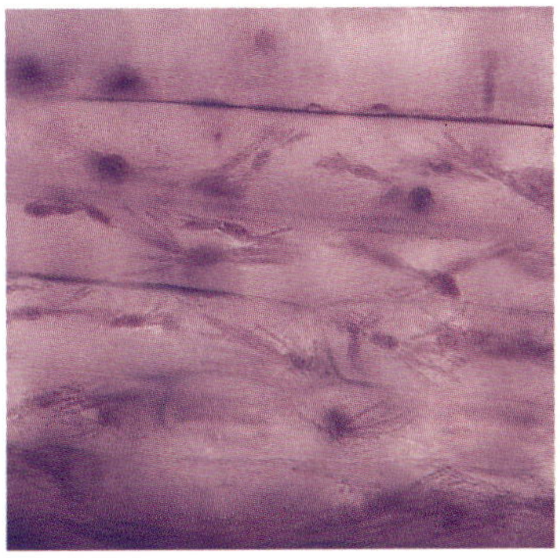

Typisch für Weizenmehltau: Pilzmyzel mit Kleistothezien

Weizenmehltau gibt es daher in der Population eine große Vielfalt an Pathotypen; es kommt kaum zu einer Dominanz des einen oder anderen Mehltaugenotypen. Auch die Sensitivität gegenüber systemischen Fungiziden verändert sich trotz eines Selektionsdrucks nur langsam.

Beim Weizenmehltau findet im Unterschied zum Gerstenmehltau kein regionaler Austausch von Erregerpopulationen statt. Optimale Temperaturvoraussetzungen für eine epidemische Vermehrung bestehen für den Weizenmehltau im Bereich von 12–20 °C; er sporuliert in dem weiten Temperaturbereich von 7–24 °C. Gleichzeitig ist hohe Luftfeuchte erforderlich, wie sie in einem dichten Weizenbestand nach geringen Niederschlägen oder bei einer feuchten Bodenoberfläche zu erwarten ist. Dieses befallsfördernde Mikroklima stellt sich vor allem an Tagen mit geringer Sonneneinstrahlung und geringen Tag-Nacht-Temperaturunterschieden ein; es verhindert zugleich die Ausbildung einer dicken Wachsschicht, welche die Mehltauinfektion erschweren könnte. Wassermangel bei Getreide begünstigt die Ausprägung eines weniger anfälligen Gewebes; bei länger anhaltender Trockenheit erfolgt außerdem im Boden keine befallsfördernde N-Mobilisation. Für den Gerstenmehltau liegen die v. g. Temperaturbereiche um 2–4 °C höher. Er ist allerdings gegen niedrige Luftfeuchtigkeit empfindlicher als der Weizenmehltau, so daß gerade bei höheren Temperaturen oder bei großen Tag-Nacht-Unterschieden die Vermehrung des Gerstenmehltaus oft gebremst wird.

Der optimale Temperaturbereich für eine starke Sporulation des Mehltaus an Roggen ist mit dem an Weizen vergleichbar; im unteren Grenzbereich sporuliert der Roggenmehltau besser, im oberen der Weizenmehltau.

Mit starkem Mehltaubefall ist also bei warmer, relativ trockener Frühjahrs- oder Herbstwitterung zu rechnen (reichliche Sporenproduktion und starker Sporenflug). Hohe Luftfeuchtigkeit, nicht aber Regen, Temperaturen zwischen 18 und 22 °C, abwechselnd warme und feuchte Tage wirken befallsfördernd. Dies trifft z. B. in windgeschützten Lagen, Flußauen und Nebelsenken, sogenannten Mehltaulagen, zu. Die Zeitspanne von Beginn der Infektion bis zur Konidienbildung, also die Generationszeit, beträgt bei 15 °C 5 Tage, d. h. 75 Gradtage. Bei höheren Temperaturen um 25–30 °C entstehen meist keine Pusteln, sondern nur gelbe bis braune Flecke (trifft gleichfalls bei resistenten Sorten zu).

Die Mehltauentwicklung kann im Bestand explosionsartig erfolgen, da bereits zwei Sporengenerationen, die unter günstigen Bedingungen in etwa 10 Tagen gebildet werden, für einen Epidemiebeginn ausreichen. Unter optimalen Bedingungen entstehen auf 1 mm^2 Blattfläche etwa 5000-6000 Konidiosporen. Sie sind nur weni-

Stark befallener Weizenbestand

Schwarzbraune Blattflecke (Teerflecke) nach ungünstigen Witterungseinflüssen

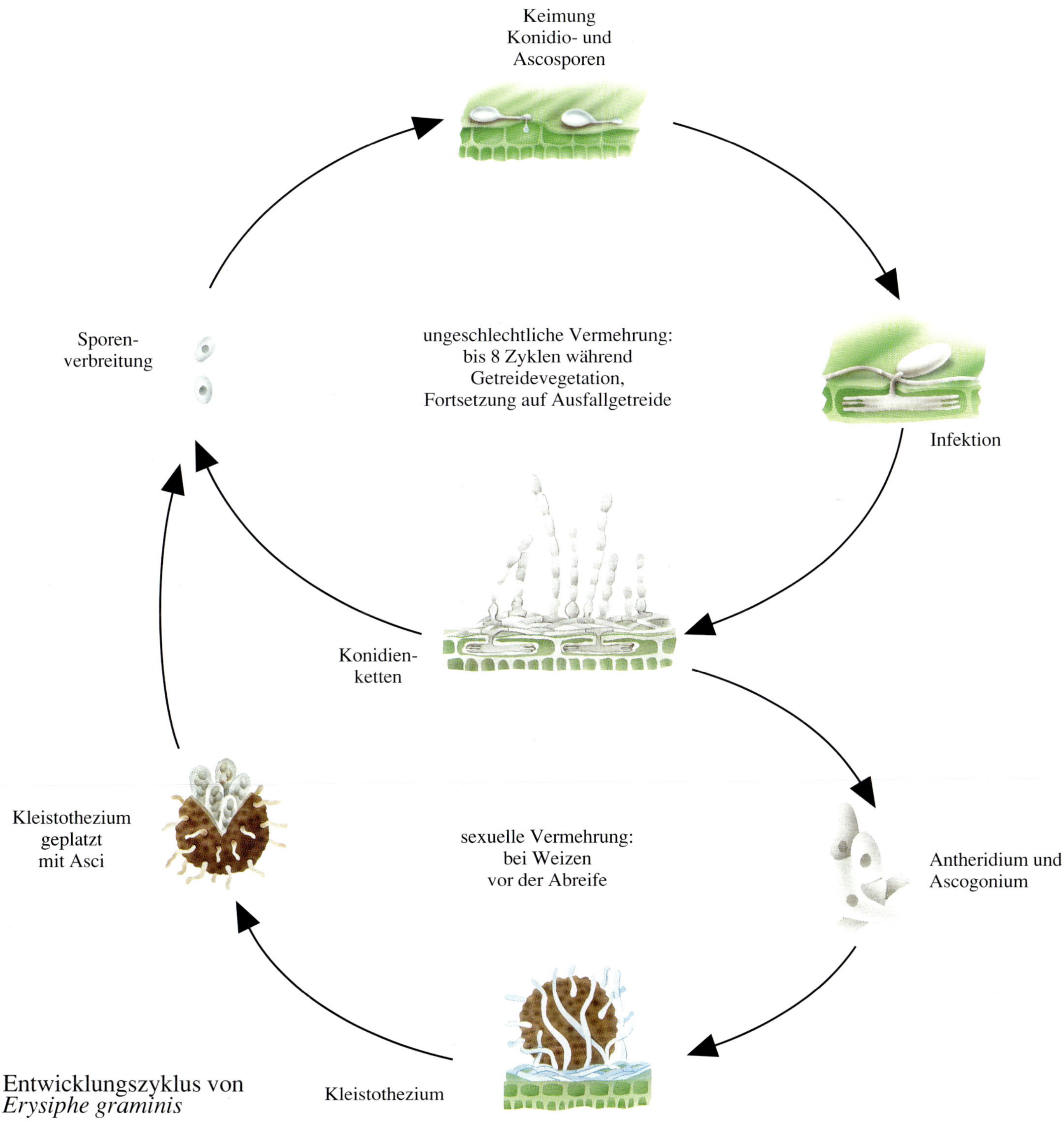

Entwicklungszyklus von
Erysiphe graminis

ge Tage lebensfähig. In den Sortimenten der Hauptgetreidesorten gibt es Sorten mit sehr unterschiedlich ausgeprägter vertikaler (= rassenspezifischer) und horizontaler (= rassenunspezifischer) Resistenz. Je größer die Verbreitung einer Sorte mit einem oder mehreren rassenspezifischen Resistenzgenen ist, desto größer ist auch der Druck auf die Mehltaupopulation zur Selektion virulenter (= die Resistenz überwindender) Mehltaupathotypen.

Bedeutung, Vorkommen

Der Echte Mehltau an Getreide ist weltweit verbreitet. Er ist die wichtigste Blattkrankheit der Gerste, oft auch des Weizens. Gerste ist anfällig zwischen Auflaufen und Ende Schossen, danach tritt Altersresistenz ein. Befall während ihrer Jugendentwicklung kann sich besonders nachteilig auf die Bestandesdichte und die Kornzahl/Ähre auswirken. Weizen reagiert empfindlich zwischen Bestockungsende und Milchreife, er toleriert allerdings Frühbefall besser als Gerste. Dagegen reagiert Weizen empfindlich auf den Befall des Fahnenblattes und der Spelzen, und häufig kann der Ährenmehltau durch Verringerung des Tausendkorngewichtes den Ausschlag geben.

Die Bedeutung des Mehltaus hat mit der Intensivierung des Getreidebaus zugenommen. Die Ertragsverluste können je nach Befallsbeginn und Epidemieverlauf im Einzelfall über 25 % betragen. Mehltau ist Wegbereiter für andere Krankheitserreger, wie z. B. *Septoria nodorum* (Spelzenbräune) und *Typhula incarnata* (*Typhula*-Fäule). Nach Herbstbefall ist Gerste weniger frostresistent und anfälliger für Auswinterungsschäden.

Vorbeugende Maßnahmen

Zu den wichtigsten pflanzenbaulichen Maßnahmen gegen Getreidemehltau zählen die rechtzeitige Beseitigung von Ausfallgetreide im Herbst, bei Wintergetreide eine nicht zu frühe, aber bei Sommergetreide eine möglichst frühe Aussaat. In einer Flur sind von einer Getreideart möglichst mehrere Sorten mit unterschiedlichen Resistenzgenen (s. Beschreibende Sortenliste), auch empfohlene Sortenmischungen anzubauen. Sommergerste sollte nicht in der Hauptwindrichtung von Wintergerste stehen. Man vermeide überhöhte Bestandesdichten und sorge für eine ausgewogene, maßvolle N-Versorgung. Vor allem frühe Düngungsgaben sind niedrig zu bemessen (Ausnahme Trockengebiete). Eine Silikatdüngung (z. B. Hüttenkalk) fördert die Verkieselung der Blattepidermis und verringert somit das Infektionsrisiko. Der Fungizideinsatz ist sinnvoll bei Anfangsbefall nach regional unterschiedlichen Bekämpfungsschwellen, wenn zugleich günstige Witterungs- und Anbauvoraussetzungen für eine weitere Mehltauentwicklung gegeben sind.

Weizenmehltau an Spelzenrändern

Abwehrnekrose durch Gerstenmehltau

Literatur

Ellingboe, A. H., 1972: Genetics and physiology of primary infection by *Erysiphe graminis*. Phytopathology **62**, 401-406.

Felsenstein, F. G., 1991: Virulenz und Fungizidsensitivität des Weizenmehltaus *Erysiphe graminis* DC. f. sp. *tritici* Marchal in Europa. Diss. Techn. Univ. München, LS f. Pflanzenbau und Pflanzenzüchtung in Freising-Weihenstephan, 179 S.

Gutsche, V., und E. Kluge, 1988: Identität und Spezifik der Epidemiemodelle SIMERY (W) und SIMERY (G) für den Weizen- bzw. den Gerstenmehltau. Tag.-Ber., Akad. Landwirtsch.-Wiss. DDR (Berlin), Nr. 271, 207-211.

Hartleb, H., 1990: Partielle Resistenz der Gerste gegen *Erysiphe graminis* DC. f. sp. *hordei* Marchal – Erkennung, Bewertung und Nutzung. Arch. Phytopathol. Pflanzenschutz, Berlin **26**, 511-524.

Hau, B., 1985: Epidemiologische Simulatoren als Instrumente der Systemanalyse mit besonderer Berücksichtigung eines Modells des Gerstenmehltaus. Acta Phytomedica **9**, 101 S.

Heun, M., und G. Fischbeck, 1987: Identification of wheat powdery mildew resistance genes by analysing host-pathogen interactions. Plant Breeding **98,** 124–129.

Lindner, B., und B. Hau, 1990: Weiterentwicklung des Simulationsmodells GEMETA aufgrund neuerer Versuchsergebnisse. Z. Pflanzenkrankh. Pflanzensch. **97**, 341-348.

Müller, Petra, 1988: Untersuchungen zur Biologie des Echten Mehltaus an Winterweizen und Winterroggen unter kontrollierten Bedingungen. Tag-Ber., Akad. Landwirtsch.-Wiss. DDR (Berlin), Nr. 271, 173-176.

Spencer, D.M., (Hrsg.), 1978: The powdery mildews. Academic Press, London, 565 S.

Gelbrost des Getreides – *Puccinia striiformis*

Erreger, Wirtspflanzen, Spezialisierung

Erreger des Getreidegelbrostes ist der zur Klasse der Ständerpilze (Basidiomyzeten) zählende Pilz *Puccinia striiformis* Westend. var. *striiformis* (Syn.: *P. glumarum*). Verschiedentlich wird der Gelbrost auch Streifenrost genannt.

Auf Weizen und Gerste kommen jeweils spezialisierte Formen vor, die in der Regel nicht auf die andere Getreideart übergehen; allerdings ist eine strenge Abgrenzung in formae speciales nicht möglich. Gelbrost wird gelegentlich auch auf Roggen sowie auf zahlreichen Gräsern jedoch nicht auf Hafer gefunden. Die Grasnebenwirte haben für Gelbrostepidemien auf Weizen keine Bedeutung. Auch der Gelbrostpilz kommt auf jeder Getreideart in zahlreichen physiologischen Rassen (Pathotypen) vor, die auf Differentialsortimenten mit unterschiedlichen Resistenzgenen unterschieden werden. Gleiche Gelbrostpathotypen auf Roggen und Weizen wurden auf Weizensorten mit dem vom Roggen stammenden Resistenzgen Yr9 festgestellt.

Schadbild, Verwechslungsmöglichkeit

Charakteristisch für Rostkrankheiten sind rostähnliche Pusteln, die einen pulverigen Inhalt, die Sporen, freisetzen. Die Rostpusteln des Gelbrostes sind im Jugendstadium des Getreides orangegelb und über die ganze Blattspreite verstreut, ab Schossen erscheinen sie leuchtend gelb in sehr langer streifenförmiger bzw. perlschnurartiger Anordnung zwischen den Blattadern. Geschädigte Blatteile vergilben und vertrocknen. Blattscheiden und Halme werden nur selten befallen, häufiger jedoch die Ähren , wobei die Sommersporenlager (Uredosori) an den Spelzen der Ährchen sich nach innen öffnen. Nicht immer kommt es zu einer derart typischen Ausprägung der Sommersporenlager. Je nach Erregerrasse, Weizensorte und Temperatur reicht die Spannweite der sogenannten Infektionstypen von großen Rostpusteln ohne weitere Vergilbungen bis zu chlorotischen oder nekrotischen Flecken ohne Sporulation. Anders als die anderen Rostarten tritt Gelbrost in frühen Epidemiestadien stets nesterweise auf; die Gelbrostherde sind zufällig im Feld verteilt. Gegen Ende der Wachstumsphase entwickeln sich vorzugsweise auf Blattscheiden, aber auch auf Blattspreiten und Ähren als Strichel braunschwarze Wintersporenlager (Teleutosori). Diese bleiben meist lange von der Epidermis bedeckt.

Typisch ist in frühen Epidemiestadien das nesterweise Auftreten

Bei Befallsbeginn kann der Gelbrost mit Braunrost verwechselt werden.

Biologie, befallsfördernde Faktoren

Gelbrost kann sich als obligater Parasit nur an lebenden Pflanzen ernähren und vermehren und ist das ganze Jahr über auf eine lebende Wirtspflanzenkette angewiesen.

Der Pilz bildet auf seinem Hauptwirt im Laufe seiner Entwicklung Uredo- und Teleutosporen. Letztere können zwar auskeimen und Basidiosporen bilden; da aber der für ihre weitere Entwicklung erforderliche Zwischenwirt fehlt, haben die Teleutosporen keine weitere Funktion. Der Gelbrostpilz besitzt also einen unvollständigen Zyklus, d. h. seine Sexualphase ist nicht bekannt.

Die Überwinterung erfolgt als Uredosporen oder Myzel in Ausfall- und Wintergetreide. Für die Keimung der Gelbrostsporen ist flüssiges Wasser nötig. In mildem Winter oder zeitigem Frühjahr können bei Temperaturen wenig über 0 °C bereits Infektionen stattfinden. Die Uredosporen werden durch den Wind verbreitet. Sie keimen bei Dunkelheit in einem Wasserfilm mit einer Keimhyphe aus, die durch eine Spaltöffnung in eine Wirtspflanze eindringt. In der Atemhöhle schwillt sie zu einer Blase, aus der zwei bis drei Hyphen entwachsen, die sich zwischen den Zellen ausbreiten und über spezielle Hyphenfortsätze (Haustorien) in den angrenzenden Wirtszellen ihre Nahrung aufnehmen. Der Erreger bildet entlang der Blattadern Laufhyphen mit zahlreichen Uredosporenlagern, die als streifenförmige Pusteln erscheinen. Gelbrost unterscheidet sich von allen anderen Getreiderostarten insofern, als durch seine Ausbreitung im Blatt mehr Pusteln entstehen als durch Neuinfektionen. Da der Gelbrostpilz sich im Wirtsgewebe halbsystemisch ausbreitet, reichen bereits relativ wenige Uredosporen aus, um eine starke Infektion der Wirtspflanzen zu erzielen. Die Entwicklung der Pusteln ist stark temperaturabhängig. Die ersten Uredosporenlager treten bei 15 °C nach 12–15 Tagen, bei 5 °C nach etwa 25 Tagen auf. Die Gefahr einer Epidemie ist bei 10–15 °C und hoher Luftfeuchte am größten. Auch in Hitzeperioden wird eine Gelbrostepidemie sich weiterentwickeln, solange nachts Tau fällt und die Temperatur unter 15 °C sinkt. Mit erhöhter Gelbrostgefahr ist zu rechnen nach Herbstinfektion von Ausfallgetreide mit anschließend mildem Winter oder einer Schneedecke für die Überwinterung, in feuchtkühlen Lagen, bei Anbau anfälliger Sorten und hoher Stickstoffversorgung.

Streifenförmige Sporenlager auf Gerste

Streifenförmige Sporenlager auf Weizen

Wintersporenlager, von Blattoberhaut bedeckt

Bedeutung, Vorkommen

Der Gelbrost ist eine Krankheit vornehmlich des feuchtkühlen Klimas Nordwesteuropas und feuchter Höhenlagen. Er tritt sehr unregelmäßig auf. Vom Erscheinen der ersten Rostpusteln bis zu einem u. U. epidemischen Auftreten benötigt er ein bis zwei Jahre.

Starker Jugendbefall beeinträchtigt die Entwicklung der oberirdischen Pflanzenteile sowie des Wurzelwerks und folglich Bestandesdichte und Kornzahl je Ähre. Eine epidemische Ausbreitung erfolgt meist erst im Mai, gefährdet sind vor allem die obersten Blätter und Ähren. Ihr Befall führt zu verringertem Tausendkorngewicht. Durch verminderte Assimilation und erhöhte Atmung sind Mindererträge bis zu 50 % möglich. Wirtschaftlich bedeutsam ist der Gelbrost hauptsächlich an Weizen.

Vorbeugende Maßnahmen

Von entscheidender Bedeutung ist die Beseitigung des Ausfallgetreides vor dem Auflaufen der Herbstsaaten. Man wähle resistente Sorten und achte darauf, daß in einer Region Sorten mit unterschiedlichen Resistenzgenen angebaut werden. Überhöhte Stickstoffdüngung ist zu vermeiden.

Literatur

Hassebrauk, K, 1970: Der Gelbrost *Puccinia striiformis* West. II. Befallsbild. Morphologie und Biologie der Sporen. Infektion und weitere Entwicklung. Wirkungen auf die Wirtspflanze. Mitt. Biol. Bundesanst. Land-Forstwirtsch., Berlin-Dahlem, H. 139, 111 S.

Johnson, R., R. W. Stubbs, E. Fuchs und N. H. Chamberlain, 1972: Nomenclature for physologic races of *Puccinia striiformis* infecting wheat. Trans. Brit. Mycol. Soc. **58**, 475–480.

v. Kröcher, Carolin, und G. Bartels, 1991: Aktuelle Virulenzsituation bei Weizengelbrost *(Puccinia striiformis* West. f. sp. *tritici* Eriks. et. Henn.) in der Bundesrepublik Deutschland. Nachrichtenbl. Deut. Pflanzenschd. **43**, 245–249.

McGregor, A. J. , und J. G. Manners, 1985: The effect of temperature and light intensity on growth and sporulation of *Puccinia striiformis* on wheat. Pl. Pathol. **34**, 263–271.

Opel, H., und Christa Lausch, 1987: Unterscheidung von Gelbrost *(Puccinia striiformis* West.) und Zwergrost *(Puccinia hordei* Otth) der Gerste an ihren Uredosporen und in frühen Phasen der Pathogenese. Arch. Phytopathol. Pflanzenschutz, Berlin **23**, 333–335.

Rapilly, F., 1979: Yellow rust epidemiology. Ann Rev. Phytopathol. **17**, 59-73.

Zadoks, J. C., 1961: Yellow rust on wheat: Studies in epidemiology and physiologic specialization. Tijdschr. Plantenziekten **67**, 69–256.

Fortgeschrittener Befall im Weizenbestand

Rostlager an Spelzen nach innen öffnend

Weizen- und Roggenbraunrost – *Puccinia recondita*

Erreger, Wirtspflanzen, Spezialisierung

Verschiedene formae speciales der Art *Puccinia recondita* aus der Klasse der Ständerpilze (Basidiomyzeten) sind die Ursache für den Braunrost an Weizen und Roggen. Erreger des Weizenbraunrostes ist *Puccinia recondita* Rob. ex Desm. f. sp. *tritici* (Erikss.) O. C. Johnston (Syn.: *P. triticina*). Der Roggenbraunrost wird durch *Puccinia recondita* f. sp. *recondita* (Syn.: *P. dispersa)* hervorgerufen.

Wirtspflanzen von *P. recondita* f. sp. *tritici* sind Weich- und Hartweizen sowie Triticale, daneben auch Gerste, Roggen und einige Gräser. Im Mittelmeerraum bildet der Erreger Äzidien auf dem Zwischenwirt Wiesenraute *(Thalictrum speciosissimum)*. – *Recondita* f. sp. *recondita* kommt nur auf Kulturroggen vor. Als Zwischenwirt dienen Ochsenzunge *(Anchusa* sp.), Natternkopf *(Echium* sp.) und andere Vertreter der Rauhblattgewächse.

Die formae speciales *tritici* bzw. *recondita* spalten sich im Mittelmeerraum in Rassen auf, die auf unterschiedliche Zwischenwirte wechseln. Auch auf ihren Hauptwirten splittern sich die beiden Braunrostarten in eine Vielzahl physiologischer Rassen auf, die nach ihren Virulenzgenen definiert werden. So wurden beim Weizenbraunrost in Westdeutschland in den Jahren 1986–88 insgesamt 212 verschiedene Virulenzkombinationen nachgewiesen. Einzelne Rostisolate hatten bis zu 18 verschiedene Virulenzgene in sich vereint.

Schadbild, Verwechslungsmöglichkeit

Der Name Braunrost weist auf die Farbe der Rostpusteln hin, die vor allem auf der Blattoberseite erscheinen, seltener auf Blattscheiden, Ähren und Grannen. Befallene Blattflächen vergilben und vertrocknen. Die ca. 2 mm großen Sommersporenlager (Uredosori) des Weizenbraunrostes sind ockerbraun, rundlich, unregelmäßig auf der Blattfläche angeordnet. Die rostbraunen Uredosporenlager des Roggenbaunrostes sind von länglich-ovaler Gestalt. Die Uredosori treten ab dem Schossen auf. Gegen Ende der Vegetationsperiode werden an Weizen und Roggen, vorzugsweise auf Blattunterseite und Blattscheide, schwarzbraune Pusteln sichtbar, die Wintersporenlager (Teleutosori), welche im Gegensatz zu den Sommersporenlagern nicht aufreißen, sondern von der Blattoberhaut (Epidermis) bedeckt bleiben. Braunrost ist mit Gelbrost wegen der ähnlichen Färbung verwechselbar, die Uredosporenlager des Gelbrostes sind jedoch streifenförmig angeordnet.

Befall in Weizen, Sommersporenlager auf der Blattfläche unregelmäßig verteilt

Die Rostpusteln im Lupenbild

Biologie, befallsfördernde Faktoren

Der Braunrost benötigt als obligater Parasit für Ernährung und Vermehrung ganzjährig eine lebende Wirtspflanze, und er überwintert als Myzel oder Uredosporen an Ausfallgetreide, Herbstsaaten und Gräsern. Er bildet ungeschlechtlich Sommer- und Wintersporen. Letztere können zwar keimen und Basidiosporen entwickeln, nur die Roggenform kann bei uns im Spätsommer auch die geschlechtliche Äzidiosporenphase auf Raublattgewächsen durchlaufen.

Die Uredosporen sind gegenüber tiefen Temperaturen sehr widerstandsfähig, überleben unter Schnee monatelang. Sie keimen nur in einem Wasserfilm. Die Keimhyphe sucht auf der Blattoberfläche eine Spaltöffnung, bildet dort ein blasenförmiges Haftorgan und dringt von diesem sog. Appressorium mit einer dünnen Penetrationshyphe in die Atemhöhle der Spaltöffnung ein. Dieser Beginn der Infektion erfolgt nur bei Dunkelheit. Der Pilz bildet dann eine substomatäre Blase und beendet mit Infektionshyphen und Haustorienmutterzellen in angrenzenden Wirtszellen die Infektion. Die Hyphen breiten sich interzellulär weiter aus. Schließlich verdichtet sich das Myzel zu Uredosporenlagern.

Nach Durchbrechen der Epidermis werden die Sporen vom Wind verbreitet. In Mitteleuropa erfolgt die Ausbreitung der Braunrostarten nur durch Uredosporen.

Anders als Gelb- und Schwarzrost kann Braunrost sich in einem weiten Temperaturbereich vermehren. Die Entwicklung beginnt für einzelne Stadien des Krankheitszyklus bereits bei 2 °C. Optimale Infektionsvoraussetzungen bestehen bei Nachttemperaturen um 15 °C und einer Blattbenetzungsdauer von wenigstens 4 Stunden.

Für eine reichliche Sporenbildung ist dann intensive Lichteinstrahlung notwendig. Die Generationzeit von Beginn der Infektion bis zum Auftreten erster Uredosporenlager beträgt bei anfälligen Sorten im Jugendstadium etwa 140 Gradtage.

Im Vergleich zu Weizenbraunrost ist der Roggenbraunrost etwas besser an niedrige als an hohe Temperaturen angepaßt. Mit einer schnellen Braunrostvermehrung ist bei Tagestemperaturen von 20–26 °C und Nachttemperaturen nicht unter 12 °C zu rechnen. Günstig sind also Tage mit hoher Sonneneinstrahlung, Niederschlag gegen Abend oder einer langen Tauphase.

Erhöhte Braunrostgefahr entsteht bei mildem Herbst- und Winterwetter, warmem Frühjahr, Auftreten von Rost bereits im Vorjahr, Anbau anfälliger Sorten – die neuen Hybridroggensorten sind gegenüber Braunrost deutlich anfälliger als die alten Populationssorten – sowie bei hoher Stickstoffdün-

Starker Befall, bis auf das Fahnenblatt fortgeschritten

Hyperparasit in Rostpusteln

gung. Die bessere Licht- und Wärmeeinstrahlung in dünn stehenden Beständen begünstigt die Braunrostentwicklung gleichfalls. Die Rostsporenlager können durch den Hyperparasiten *Darluca filum* (Biv.-Bern) Cast. parasitiert werden; für eine wirkungsvolle Begrenzung einer Rostepidemie erfolgt sein Aufbau allerdings zu spät.

Bedeutung, Vorkommen

Der Braunrost kommt in allen Anbaugebieten vor, besonders in warmen Anbaulagen und Jahren an spät reifenden Getreidearten und -sorten. Er ist weltweit die wirtschaftlich wichtigste Rostart. Ein Epidemiebeginn kann noch im Stadium der wäßrigen Kornbildung (EC 71) zu großen Ertragseinbußen führen. Braunrostbefall beeinträchtigt neben dem Ertrag stets auch die Erntequalität, z.B. durch die Herabsetzung des Eiweißgehaltes. Unter den Ertragsfaktoren sind besonders Kornzahl pro Ähre und Tausendkorngewicht betroffen. Braunrostbefall setzt auch die Winterfestigkeit des Getreides herab und prädisponiert es für den Befall durch fakultative Parasiten, wie z.B. *Septoria nodorum*.

Vorbeugende Maßnahmen

Zur Minderung des Befallsrisikos sollten frühzeitig Ausfallgetreide und Stoppeln vernichtet sowie resistente oder wenig anfällige und frühreife Sorten angebaut werden; in einer Region sind Sorten mit verschiedenen Resistenzgenen zu wählen. Ebenfalls ist auf eine ausgewogene N-Düngung zu achten. Als Bekämpfungsschwelle gilt für Weizenbraunrost vorläufig 30% Befallshäufigkeit.

Literatur

Clifford, B. C., und R. G. Harris, 1981: Controlled environment studies of the epidemic potential of *Puccinia recondita* f. sp. *tritici* on wheat in Britain. Trans. Brit. Mycol. Soc. **77**, 351-358.

Herdam, Ludmila, 1990: Zum Resistenzverhalten von Triticale gegenüber Braunrost (*P. recondita* Rob. ex Desm.) Ber. 6. Internat. Symp. Schaderreger des Getreides, Teil II, 499-500.

v. Kröcher, Carolin, 1990: Untersuchungen zum Rassenspektrum bei Weizenbraunrost (*Puccinia recondita* Rob. ex. Desm. f. sp. *tritici* Eriks. et Henn.). Diss. Instit. Pflanzenpathol. u. Pflanzenschutz der Georg-August-Universität Göttingen, 105 S.

Manisterski, J., und Y. Anikster, 1988: Main and alternate hosts of *Puccinia recondita tritici*. Proceedings 7th Europ. a. Mediterr. Cereal Rusts Conference, Vienna/Austria, 133-134.

Roelfs, A. P., und W. P. Bushnell (Hrsg.): The Cereal Rusts. Vol. II, diseases, distribution, epidemiology, and control. Academic Press Orlando, 1-606. .

Stuckey, R. E., und J. C. Zadoks, 1989: Effect of interrupted leaf wetness periods on pustule development of *Puccinia recondita* f. sp. *tritici* on wheat. Neth. J. Plant Pathol 95, Supplement **1**, 175-185.

Urban, Z., 1992: Recent taxonomic evaluation of some European *Puccinia* species of *Gramineae*. Vortr. Pflanzenzüchtg. **24**, 51-53.

Roggenbraunrost Nahaufnahme

Roggenbraunrost im Bestand

Roggenbraunrost mit *Darluca filum*

Braunrost der Gerste – *Puccinia hordei*

Erreger, Wirtspflanzen, Spezialisierung

Der Braunrost der Gerste, wegen seiner sehr kleinen Uredosporenlager auch Zwergrost genannt, wird durch den Basidiomyzeten *Puccinia hordei* Otth (Syn.: *P. simplex)* hervorgerufen.

Alle Kulturformen der Gerste und die Wildform *H. spontaneum* dienen dem Pilz als Hauptwirtspflanze. Zwischenwirte, allerdings nur im Mittelmeerraum, sind hauptsächlich Milchsternarten *(Ornithogalum* spp.). Der Erreger bildet zahlreiche physiologische Rassen mit unterschiedlichen Virulenzkombinationen.

Schadbild, Verwechslungsmöglichkeit

Zur Zeit des Ährenschiebens erscheinen vor allem auf der Blattoberseite, selten auf Blattscheiden, Halmen, Spelzen und Grannen relativ kleine, mehr oder weniger kreisförmige, gelborange bis hellbraune Rostpusteln, die Uredosporenlager, die später dunkler werden. Die Lager sind meist durch einen gelblichen Hof vom Blattgrün abgegrenzt. Bei wenig anfälligen Sorten oder ungünstigen Infektionsbedingungen entstehen nadelstichartige chlorotische Flecke, die den Blättern ein gesprenkeltes Aussehen geben. Bei starkem Befall sterben die Blätter vorzeitig ab, und die Pflanzen werden früher reif. Zur Reife der Gerste erscheinen vor allem auf Blattunterseite und Blattscheide der älteren Blätter unter der Epidermis schwärzliche, sehr kleine Teleutosporenlager.

Der Braunrost kann nur an junger Gerste mit Gelbrost verwechselt werden, da letzterer später die Pusteln in Streifen anlegt.

Biologie, befallsfördernde Faktoren

P. hordei ist ein wirtswechselnder Rostpilz und kann einen vollständigen Entwicklungszyklus durchlaufen. In Nordwest- und Mitteleuropa lebt *P. hordei* das ganze Jahr über im Uredostadium auf seinem Hauptwirt. Nach der Ernte geht er über auf Nachschosser, aufgelaufenes Ausfallgetreide, Frühsaaten von Wintergerste, im Frühjahr dann auf Sommergerste. Uredosporen können mit dem Wind über große Entfernungen verbreitet werden. Sie keimen in einem Temperaturbereich von 5–25 °C (Optimum 15–20 °C). Für die Keimung ist 100%ige Luftfeuchte erforderlich. Auch die Zeitspanne von der Infektion bis zum Aufbrechen der Pusteln sowie die Anzahl neugebildeter Sporen sind temperaturabhängig (ab 5 °C, Max. bei 20 °C).

Typische Zwergrostpusteln mit gelbem Hof

Das Endstadium der Erkrankung

Höhere Temperaturen und ausreichende Taubenetzung der Pflanzen fördern also die Ausbreitung des Braunrostes. Starker Befall setzt oft erst im Juli ein; heiße Sommertage schwächen das Auftreten wieder, denn bei 30 °C stirbt das Myzel ab. Von Beginn der Infektion bis zum Aufbrechen erster Sporenlager benötigt der Braunrost auf dem drittobersten Blatt einer anfälligen Sorte 180 Gradtage, d.h. bei 20 °C 9 Tage. Die meisten Gerstensorten sind mittel bis sehr anfällig. Hohe Stickstoffdüngung, die Anwendung von Wachstumsreglern und geringe Bestandesdichten begünstigen den Braunrostbefall.

Bedeutung, Vorkommen

Der Gerstenbraunrost kommt in allen Anbaugebieten vor. Der Pilz ist an das gemäßigte Klima angepaßt und tritt verstärkt in warmen und trockenen Jahren auf. Auf Sommergerste erreicht er oft gleiche wirtschaftliche Bedeutung wie der Echte Mehltau, auf Wintergerste ist er jedoch meist weniger bedeutsam, da er später auftritt. Bei frühzeitigem Befall können allerdings beachtliche Verluste an Ertrag und Qualität entstehen, da die Kornzahl pro Ähre, das Tausendkorngewicht und der Eiweißgehalt verringert werden.

Vorbeugende Maßnahmen

Zu den wichtigsten pflanzenbaulichen Maßnahmen zählen: Mehrmalige Stoppelbearbeitung zur Unterbrechung der Infektionskette zur Wintergerste, die nicht zu früh gesät werden sollte, Bekämpfung der Ausfallgerste in Winterraps, kein Anbau von Sommergerste neben Wintergerste. In Befallslagen wähle man frühreife, wenig anfällige Sorten. Stickstoffdünger sollte maßvoll, Wachstumsregler gar nicht verwendet werden.

Unter den Bedingungen eines schnellen Befallsfortschritts sollte ein Fungizideinsatz frühzeitig, d.h. bei Befallsbeginn auf 30% der Pflanzen erfolgen.

Literatur

Beresford, R. M., und D. J. Royle, 1988: Relationships between leaf emergence and latent period for leaf rust *(Puccinia hordei)* on spring barley, and their significance for disease monitoring. Z. Pflanzenkrankh. Pflanzensch. **95**, 361-371.

Focke, Ingeborg, Ellen Schüler und H.-J. Knopf, 1981; Differentialdiagnostische Bestimmung von Gelb- und Zwergrost an der Gerste bei epidemischem Auftreten. Nachrichtenbl. Pflanzenschutz DDR **35**, 51-52.

Grunewald-Stöcker, Gisela, 1981: Untersuchungen zur Rassenanalyse von *Puccinia hordei* OTTH und zur Braunrostresistenz der Gerste. Diss. Univ. Hannover, 171 S.

Simkin, M. B. und B. E. J. Wheeler, 1974: The development of *Puccinia hordei* on barley cv. Zephyr. Ann. appl. Biol. **78**, 225-235.

Smit, G. und J. E. Parlevliet, 1990: Mature plant resistance of barley to barley leaf rust, another type of resistance. Euphytica **50**, 159-162.

Wahl, J., Y. Anikster und J. Manisterski, 1988: Evolution of host-parasite relations in the *Puccinia hordei - Hordeum* spp. system at the center of its origin. Proceedings 7th Europ. a. Mediterr. Cereal Rusts Conference, Vienna/Austria, 122-123.

Kurz vor der Reife entwickeln sich die Wintersporenlager

Auch die Grannen werden befallen

Schwarzrost des Getreides – *Puccinia graminis*

Erreger, Wirtspflanzen, Spezialisierung

Der Schwarzrost des Getreides wird durch den zur Klasse der Ständerpilze (Basidiomyzeten) zählenden obligaten windbürtigen Pilz *Puccinia graminis* verursacht. Im einzelnen wird der Erreger des Weizenschwarzrostes *P. graminis* Pers.: Pers. subsp. *graminis* f. sp. *tritici* (Erikss. et Henn.) genannt, der an Roggen *P. graminis* subsp. *graminis* f. sp. *secalis* (Erikss. et Henn.) und der an Hafer *P. graminis* subsp. *graminis* f. sp. *avenae* (Erikss. et Henn.). Wirtspflanzen des Schwarzrostes sind alle Getreidearten sowie zahlreiche Gräser, u.a. Knaulgras und Quecke. Der Weizenschwarzrost kommt nur auf Weizen vor, im Mittelmeerraum auch auf einigen Gräsern wie *Hordeum, Aegilops, Avena* und *Agropyron.* Wirtspflanzen des Roggenschwarzrostes sind außer Roggen auch Gerste und einige Gräser (Quecke). Der Haferschwarzrost befällt Hafer, Flughafer und einige Gräserarten. Als Zwischenwirte dienen dem Schwarzrost hauptsächlich wilde Berberitzen, teilweise auch Mahonie-Arten. Die nur auf Kultur- und Wildgräsern parasitierende Subspezies *graminicola* wechselt im Frühjahr ebenfalls auf den Zwischenwirt Berberitze. Der hochspezialisierte Schwarzrosterreger neigt zur Bildung einer Vielzahl von Rassen (Pathotypen) mit unterschiedlicher Virulenz. Viele von ihnen besitzen mehrere Virulenzgene.

Schadbild, Verwechslungsmöglichkeit

Der Name Schwarzrost ist von den gegen Ende der Vegetationsperiode an Halmen und Blattscheiden auftretenden schwärzlichen Wintersporenlagern (Teleutosori) hergeleitet. An Halmen und Blattscheiden, weniger an Blattspreiten und Ähren, entstehen zunächst die ziegelroten bis schokoladenbraunen Sommersporenlager (Uredosori). Sie sind auf Blättern verstreut, auf Halmen und Blattscheiden streifig angeordnet und auffällig von Resten der Oberhaut (Epidermis) umsäumt, wobei einzelne Pusteln eine Länge von 1 cm und mehr erreichen. Gegen Ende der Getreidereife bilden sich langgestreckte schwarze Teleutosporenlager, die oft aus den Uredosporenlagern hervorgehen. Anders als bei allen anderen Rostarten sind die Teleutosporenlager nicht von der Epidermis bedeckt.

Der Schwarzrost kann mit Braunrost verwechselt werden. Im Unterschied zu diesem sind die Rostpusteln aber in Streifen angeordnet. Man findet sie insbesondere auf Halm- und Blattscheiden. Die aufgerissene Epidermis umsäumt in auffälliger Weise das Sporenlager.

Biologie, befallsfördernde Faktoren

P. graminis ist ein wirtswechselnder Pilz mit vollständigem Entwicklungszyklus. Seine Sexualphase vollzieht er auf den Zwischenwirten Berberitze und Mahonie, seine asexuelle Phase

Berberitze: Spermogonien blattoberseits, Äzidien -unterseits

Auf dem Hauptwirt Getreide erst braune Sommersporenlager

auf den Hauptwirten Getreide und Gräser. Der Schwarzrost überwintert in Mitteleuropa normalerweise im Stadium der Wintersporen (Teleutosporen) auf Strohresten. Es besteht auch die Möglichkeit, daß Uredosporen im Frühjahr über weite Strecken (Roststraßen) aus der Ferne herangeweht werden und unter günstigen Bedingungen das Getreide direkt infizieren. Im Frühjahr keimt jede der beiden Zellen einer überwinternden Teleutospore mit einer quergeteilten keulenförmigen Hyphe (Basidie), die vier Ständersporen (Basidiosporen) hervorbringt. Diese Sexualsporen vermögen sich nicht auf Getreide weiter zu entwickeln, sondern müssen einen Wirtswechsel vornehmen. Sie gelangen mit Hilfe des Windes auf ihren Zwischenwirt, die Berberitze oder Mahonie, wo sie direkt durch die Oberhaut (Epidermis) dringen und an den Oberseiten der Blätter eingesenkte, kleine, orangerote Sporenlager, die Spermogonien, bilden. Später entstehen auf sexuellem Weg blattunterseits kleine, gelbe becherförmige Lager (Äzidien), in denen kettenförmig angeordnete Bechersporen (Äzidiosporen) gebildet werden. Die große Rassenvielfalt beim Schwarzrost ist auf diese Möglichkeit zur sexuellen Rekombination des Erregers auf der Berberitze zurückzuführen. Die Äzidiosporen werden bei feuchtem Wetter ausgeschleudert, mit dem Wind forttransportiert und gelangen auf das Getreide. Dort keimen sie bei tropfbar flüssigem Wasser im Temperaturbereich von 5–18 °C und infizieren das Getreide durch Spaltöffnungen. Es entstehen vor allem auf Halmen und Blattscheiden die

Schwarzrost am Halm (Uredosporenlager): Aufreißen der Epidermis

rostfarbigen Sommersporenlager mit den Uredosporen, die sich in rascher Folge vermehren und die Krankheit im Bestand und langstreckig mit dem Wind verbreiten. Im weiteren Lebenszyklus des Schwarzrostpilzes bilden sich zur Reife des Getreides an denselben oder neuen Stellen die Wintersporenlager mit den Teleutosporen, die der Überwinterung dienen. Unter günstigen Klimabedingungen können auch die Uredosporen überwintern, so daß für den Entwicklungsgang des Schwarzrostes der Zwischenwirt dann entbehrlich ist. Günstig für eine Infektion des Getreides sind Tage mit einer Blattbenetzungsdauer (Tau, Regen) von über 8 Stunden und mehr als 15 °C. Sie verläuft bei 22–24 °C in 8 - 10 Stunden. Die Uredosporenlager brechen bei einer Durchschnittstemperatur von 22 °C etwa 8–10 Tage nach der Infektion aus dem Pflanzengewebe hervor. Die Generationszeit, also die Zeitspanne, die für eine neue Generation von Uredosporen benötigt wird, ist bei 26 °C und starker Lichteinstrahlung am kürzesten, sie beträgt dann nur wenige Tage. Schwarzrost tritt stets flächenweise auf. Bedingt durch den notwendigen Wirtswechsel und die hohen Wärmeansprüche erscheint die Krankheit relativ spät im Jahr, etwa ab Juni, und gefährdet vor allem Sommergetreide. Das Auftreten wird begünstigt durch nahe Zwischenwirte, feuchtwarmes Frühsommerwetter und spätreife Sorten.

Bedeutung, Vorkommen

Der Schwarzrost ist weltweit verbreitet und kann in warmen Anbaugebieten zur wichtigsten Getreidekrankheit werden. In Deutschland kommt er allerdings selten ertragsschädigend vor.

Vorbeugende Maßnahmen

Um dem Befall vorzubeugen, sollten möglichst frühreife und wenig anfällige bzw. resistente Sorten angebaut werden. Eine ausgewogene Düngung und Durchführung aller Kulturmaßnahmen, die eine Förderung einer Pflanzenentwicklung, d.h. frühe Reife bedingen, sind hilfreich. Zwischenwirte wie Berberitze und Grasnebenwirte wie z.B. Quecke, Flughafer, sollten vernichtet werden.

Literatur

Green, G. J., 1971: Physiologic races of wheat stem rust in Canada from 1919 to 1969. Canad. J. Bot. **49**, 1575-1588.

Hassebrauk, K., 1967: Zur Epidemiologie des Schwarzrostes in Mitteleuropa. Phytopathol. Z. **60**, 169-176.

Rintelen, J., 1979: Beobachtungen zum Schwarzrostauftreten mehr als 20 Jahre nach der Beberitzenbekämpfung in Bayern. Gesunde Pflanzen **31**, 190-192.

Roelfs, A. P., 1982: Effects of barberry eradication on stem rust in the United States. Plant Disease **66**, 177-181.

Roelfs, A. P., 1985: Wheat and rye stem rust. In: Roelfs, A. P., Bushnell, W. R. The Cereal Rusts. Vol. II, 3-37. Academic Press, Orlando.

Šebesta, J., und B. Zwatz, 1980: Virulenz der mitteleuropäischen Populationen des Schwarzrostes des Hafers *(Puccinia graminis* Pers. f. sp. *avenae* Erikss. et Henn.) unter besonderer Berücksichtigung der Wirksamkeit der Resistenzgene. Pflanzenschutzberichte, Wien, **46**, 1-41.

Šebesta, J., D. E. Harder und B. Zwatz, 1988: Breeding oats for resistance to rusts in central Europe. Proceedings 7th Europ. a. Mediterr. Cereal Rusts Conference, Vienna/Austria, 36-38.

oben: Uredosori; unten: Teleutosori

Später auf Getreide schwarze Wintersporenlager

Auf Spelzen Uredo- u. Teleutosori

Haferkronenrost – *Puccinia coronata*

Erreger, Wirtspflanzen, Spezialisierung

Der Haferkronenrost wird durch den obligaten und windbürtigen Basidiomyzeten *Puccinia coronata* Corda hervorgerufen. Die Sammelart *Puccinia coronata* umfaßt die Varietät *graminicola* (Urban) mit zahlreichen auf Gräser spezialisierten formae speciales sowie *P. coronata* var. *avenae* Fraser et Led.

Diese Varietät ist in Mitteleuropa nur auf Kultur- und Flughafer, im Mittelmeerraum auf weiteren Avena- und Grasarten anzutreffen. Von der Hafervarietät sind weltweit eine große Zahl von Rassen (etwa 300) mit verschiedenen Kombinationen von Virulenzgenen bekannt.

Der Name Haferkronenrost weist auf die Gestalt der Teleutosporen (Wintersporen) bei mikroskopischer Betrachtung hin, die am verdickten Scheitel ungleich lange, seitlich oder aufwärts gerichtete Fortsätze in Form einer Krone bilden. Die vorgenannten Wirtspflanzen zählen zu den Hauptwirten, auf denen der Kronenrostpilz seine Uredosporen- und Teleutosporenlager bildet. Zwischenwirt ist der Kreuzdorn, d.h. hier entwickelt er seine Spermogonien und Äzidiosporen (Bechersporen).

Schadbild, Verwechslungsmöglichkeit

In erster Linie blattoberseits, aber auch blattunterseits und auf den Blattscheiden treten leuchtend orangerote, runde bis strichförmige, pulvrige, kaum 0,5 mm große Rostpusteln, die Uredosporenlager des Pilzes auf. Sie erscheinen normalerweise etwa Ende Juni zur Zeit der Kornfüllungsphase, gelegentlich auch vor dem Rispenschieben. Die einzelnen Uredolager fließen allmählich zu größeren Befallsstellen zusammen. Der Rost ist manchmal an Blattscheiden, Spelzen und Körnern zu finden. Gegen Ende der Vegetationszeit bilden sich schwarze Teleutosporenlager, die von der Blattepidermis bedeckt bleiben. Sie umgeben ringförmig die orangeroten Uredosporenlager oder sind als schwärzliche Striche auf Blattscheiden, Halm und Rispe anzutreffen.

Symptome des Haferkronenrostes sind mit denen des Schwarzrostes *(P. graminis* subsp. *graminis* f. sp. *avenae)* verwechselbar.

Biologie, befallsfördernde Faktoren

Der Pilz ist wirtswechselnd und kann einen vollständigen Entwicklungszyklus mit allen fünf Sporenformen vollziehen. Im Gegensatz zum Gelb- und Braunrost vermag er in unseren Breiten nicht in der Uredosporenform oder im Myzelstadium zu überwintern. Es überdauern vielmehr die Teleutosporen auf

Haferkronenrostepidemien starten alljährlich im Frühjahr auf dem Zwischenwirt Kreuzdorn

Äzidien auf Blattunterseite

Ernterückständen. Sie keimen im Frühjahr aus und bilden eine weitere Sporenform, die Basidiosporen, welche den Zwischenwirt, bei uns in Mitteleuropa einzig und allein den Kreuzdorn, infizieren. Von seinen leuchtend orangefarbigen Bechersporenlagern (Äzidien), die an Blattunterseiten und jungen Trieben erscheinen, werden die Äzidiosporen auf den Hafer geweht, der dann infiziert wird. Bald sind dort die ersten Uredosporenlager zu sehen. Die Uredosporenkeimung erfolgt entweder in Wasser oder in wassergesättigter Atmosphäre. Das Temperaturoptimum liegt bei 20–25 °C, das Minimum bei 2 °C, das Maximum bei 32 °C. Keimung und Infektion verlaufen wie bei anderen Rostpilzen. Die Infektion für den Haferkronenrost findet ab 4 °C statt, verläuft am besten bei 20–22 °C und hat das Maximum bei 31 °C. Er verhält sich epidemiologisch ähnlich wie der Schwarzrost, auch wenn er meist früher als dieser auftritt.

Der Haferkronenrostpilz benötigt für seine Entwicklung und Vermehrung relativ hohe Temperaturen. Das erklärt auch sein meist spätes Auftreten in Mitteleuropa. Bei Temperaturen bis 16 °C beträgt die Generationszeit für die Uredosporen etwa 11 Tage, bei 22 °C etwa 8 Tage.

Bedeutung, Vorkommen

Der Haferkronenrost ist weltweit verbreitet. In wärmeren Anbaugebieten ist er die wirtschaftlich wichtigste Rostkrankheit des Hafers. Wegen seiner höheren Temperaturansprüche und dem im gemäßigten Klima obligaten Wirtswechsel tritt der Haferkronenrost erst verhältnismäßig spät im Jahr, meist erst kurz vor der Ernte, auf und führt selten zu spürbaren Ertragsverlusten. Nur Spätsaaten und spätreifende Sorten sind deshalb gefährdet. Daß bei Grünhaferverfütterung ein Rostbefall das Vieh durch Toxine belastet, ist wissenschaftlich nicht belegt.

Vorbeugende Maßnahmen

Folgende Maßnahmen sind in gefährdeten Regionen durchzuführen: sorgfältiges Unterpflügen der befallenen Haferernterückstände zur Unterbrechung der Befallskette, Anbau frühreifender sowie resistenter oder wenig anfälliger Hafersorten sowie frühe Aussaat. In Gebieten mit regelmäßig starkem Auftreten des Haferkronenrostes ist eine Rodung des Zwischenwirtes Kreuzdorn in Feldnähe angebracht.

Literatur

Šebesta, J., und D. E. Harder, 1983: Occurrence and distribution of virulence in *Puccinia coronata* var. *avenae* in Europe, 1977 - 1980. Plant Disease **67**, 56-59.

Simons, M. D., 1970: Crown rust of oats and grasses. Monograph No. 5, The American Phytopathol. Soc., St. Paul, Minnesota, U.S.A., 1-47.

Rost- und Mehltaubefall auf Haferblatt

Sommer- und Wintersporenlager von *Puccinia coronata*

Blatt- und Spelzenbräune des Weizens – *Septoria nodorum,*

Erreger, Wirtspflanzen, Spezialisierung

Der nach seiner Hauptfruchtform zur Klasse der Ascomyceten zählende Pilz *Septoria nodorum* ist einer der wichtigsten Blatt- und Ährenparasiten des Weizens; weniger bekannt ist seine Bedeutung auch als Auflaufschaderreger.

S. avenae f.sp. *triticea* verursacht ähnliche Krankheitsbilder im gleichen Wirtspflanzenkreis und breitet sich unter gleichen biologisch-epidemiologischen Voraussetzungen aus, deshalb gelten alle Ausführungen auch für *S. avenae* f. sp. *triticea.*

Septoria nodorum (Berk.) Berkeley apud Berkeley et Brome; Syn. der Konidienform *Stagonospora nodorum* (Berk.) Cast. et Germ.

Leptosphaeria nodorum E. Müller; Syn. der Hauptfruchtform *Phaeosphaeria nodorum* (E. Müller) Hedjaroude

Septoria avenae Frank f. sp. *triticea* T. Johnson; Syn. der Konidienform *Stagonospora avenae* (Frank) Bissett f. sp. *triticea* (T. Johnson) Bissett

Leptosphaeria avenaria G. F. Weber f. sp. *triticea* T. Johnson; Syn. der Hauptfruchtform *Phaeosphaeria avenaria* (G. F. Weber) O. Eriksson f. sp. *triticea* (T. Johnson) Shoem. et Babcock

S. nodorum wird vor allem auf Weizen gefunden, aber auch auf Gerste, Triticale, Roggen sowie zahlreichen Gräsern; ein stärkeres Auftreten auf einigen Triticalesorten läßt neben Weizen auch auf dieser Getreideart wirtschaftliche Schäden erwarten. Eine strenge Spezialisierung des Erregers auf einzelne Wirtspflanzenarten besteht nicht, wenn auch nach Wirtspassagen eine gewisse Anpassung der *Septoria*-Isolate festgestellt wird. Eine Spezialisierung von *S. nodorum*-Herkünften auf einzelne Weizensorten ist nicht bekannt. Aggressive Isolate des Erregers erzeugen große Mengen eines Phytotoxins, nämlich Mellein, das das Pflanzenwachstum hemmt.

Schadbild, Verwechslungsmöglichkeit

Bei günstigen Witterungsvoraussetzungen entstehen während der Schoßphase des Weizens zuerst auf den untersten noch grünen Blättern 1-2 mm große, spindelförmige Blattflecke, die sich nach und nach zu Nekrosen ausdehnen; z.T. erkennt man noch die Infektionsstellen in Form von dunkelbraunen Punkten. Die Flecke sind oft von einem gelblichen Hof umgeben. Typisch für *S. nodorum* sind derartige Befallssymptome in der Blattachsel; sie breiten sich auch in die Blattscheide aus.

Erst auf vollkommen abgestorbenen Gewebeteilen bilden sich nach weiterer Einwirkung von Feuchtigkeit und Licht Pyknidien, die eine sichere Diagnose des Blattfleckenerregers erlauben. Die Pyknidien sind kugelig mit einer ringförmigen Öffnung in das Blattgewebe eingesenkt. Im Durchlicht erscheinen sie honigbraun. Bei

Auf Blattspreite spindelförmige Flecke

Typisch der Befall am Blattgrund: kleine Verbräunungen mit gelbem Hof

Septoria avenae f. sp. *triticea*

Befeuchtung treten rosa Sporenschleimranken heraus.

Das Endstadium der Erkrankung ist schließlich der Befall der Ähren. In der Regel beginnt die Verbräunung der Hüllspelzen von der Spitze her; die Deckspelze wird meist nur in ihrem oberen Teil braun, der von der Hüllspelze nicht überdeckt ist. Eine Infektion der Samen hat einen lückenhaften und ungleichmäßigen Feldaufgang zur Folge. Die Koleoptilen der Keimpflanzen sind verbräunt, verkürzt und verdreht, z. T. mit stecknadelkopfgroßen Vorwölbungen. – Durch *S. nodorum* werden alle oberirdischen Pflanzenteile befallen, auch die Halme.

Die Blattspreitensymptome gleichen z. T. jenen von *Helminthosporium tritici-repentis*. Ähnliche Blattscheidensymptome werden von *Fusarium nivale* verursacht. Kugelige Fruchtkörper bilden auch *S. tritici* und *Ascochyta*.

Biologie, befallsfördernde Faktoren

Befallene Ernterückstände auf der Bodenoberfläche und infiziertes Saatgut stellen die wichtigsten Inokulumquellen für die alljährlichen *Septoria*-Epidemien dar. Auf den Pflanzenresten überdauert der Erreger in Myzelform; seine Pyknosporen werden durch Regenspritzer nur über kürzeste Entfernung verbreitet, so daß Weizenvorfrucht das Befallsrisiko erhöht. Im Herbst und Frühjahr werden auch Ascosporen der Hauptfruchtform mit dem Wind über mehrere Kilometer verteilt. Bei Aussaat von befallenem Saatgut ist ohnehin eine gleichmäßige räumliche und zeitliche Verteilung des Erregers sichergestellt. Demgegenüber haben Gerste, Roggen und Gräser als Nebenwirte nur geringe epidemiologische Bedeutung.

Warmfeuchte Bedingungen im Verlaufe des Schossens begünstigen die sekundäre Ausbreitung des Schaderregers, die allein über Pyknosporen erfolgt. So bilden sich auf Blattflecken die Pyknidien nur nach Blattbenetzung. Durch auftreffende Regentropfen werden die Pyknosporen, die als Sporenschleimranken aus den Pyknidien hervorquellen, auf benachbarte höher liegende Blattetagen sowie die Ähre transportiert. Dafür ist Niederschlag ab 0,5 mm/Std. ausreichend. Bei heftigen Gewitterböen kann sich der Erreger während eines einzigen Infektionsschubes gleichzeitig auf mehrere Blattetagen nach oben ausbreiten. Ein ausreichender Infektionserfolg setzt Tagesminimumtemperaturen von 8-10 °C voraus; am Folgetag sollte die Luftfeuchtigkeit dann weniger als 6 Stunden unter 60 % sinken.

In den frühen Infektionsstadien kann *S. nodorum* nicht direkt in die Epidermiszellen der Blätter eindringen; der Schaderreger löst vielmehr nur die Kutikula auf. Unter der Wachshaut der obersten Zellschicht erfolgt anschließend eine starke My-

Der Befall der Blattachsel setzt sich in die Blattscheide fort

Blatt- und Spelzenbräune

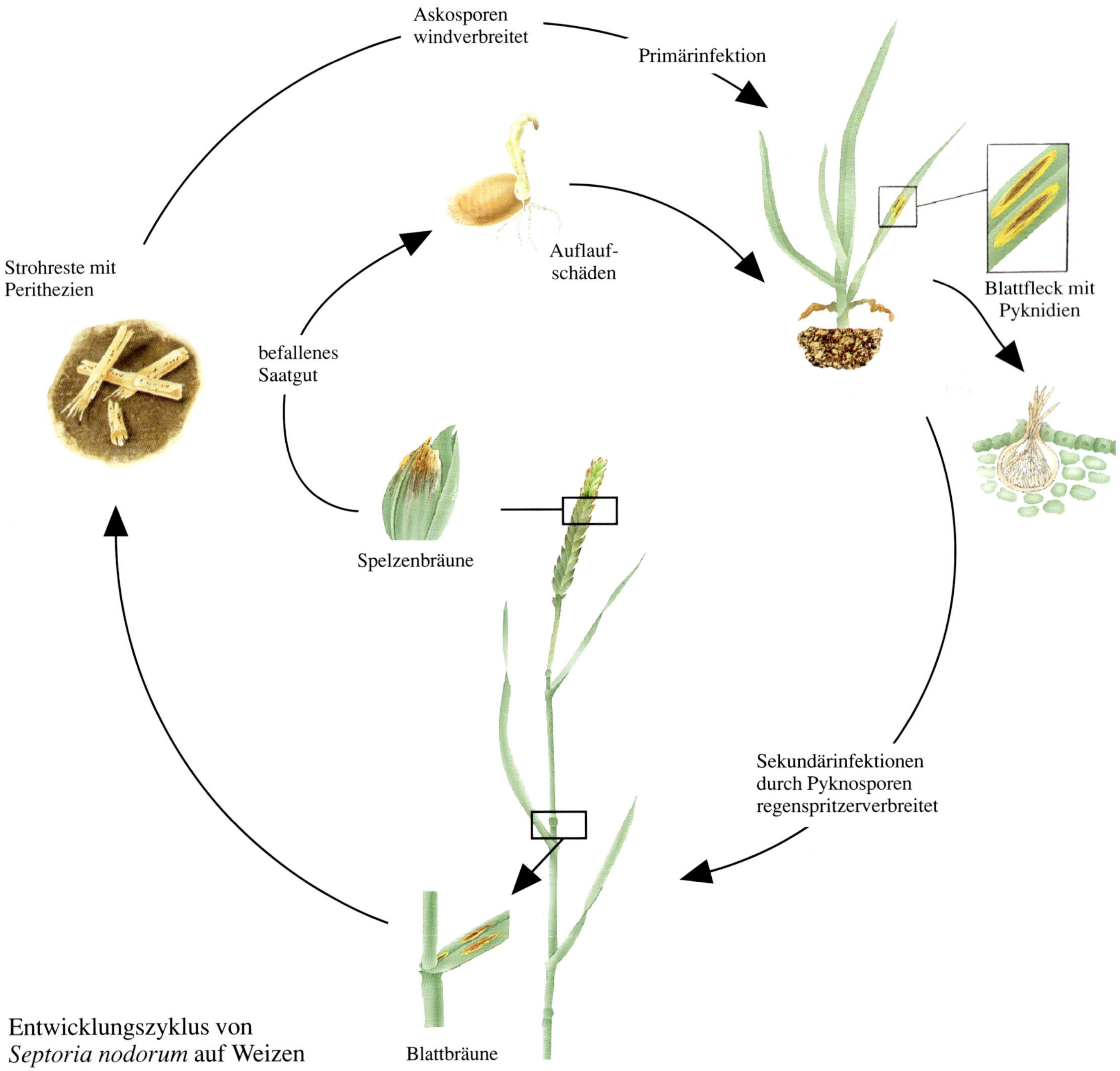

Entwicklungszyklus von
Septoria nodorum auf Weizen

zelentwicklung. Der Pilz tötet durch Toxine erst die Epidermiszellen ab, bevor er diese besiedelt. In gleicher Weise breitet er sich dann in begrenztem Maße interzellulär in tiefere Gewebebereiche aus. Schließlich bildet der Erreger unter den Spaltöffnungen seine Pyknidien. *S. nodorum* ist also ein Perthophyt. – Dies erklärt seine rasche Vermehrung auf alterndem und totem Pflanzengewebe. Der Pilz wurde sogar auf durch Herbizide abgetöteten Unkräutern gefunden.

Die Dauer der Inkubationszeit ist von der Temperatur, der weiteren Blattnässe sowie dem physiologischen Blattalter abhängig; sie beträgt bei einem jungen Blatt und einer Blattnässedauer von 12 Std/Tag 130 Gradtage, d. h. bei einer Durchschnittstemperatur von 13 °C etwa 10 Tage. Auf älteren Blättern und/oder bei längerer Benetzungsdauer ist die Zeit zwischen Beginn der Infektion und Auftreten erster Symptome kürzer. Bei kontinuierlicher Blattnässe bilden sich auf den Blattflecken nach weiteren 5 Tagen (66 Gradtagen) erste Pyknidien. Auf abgestorbenem Gewebe sporuliert der Pilz dreimal so schnell wie auf voll lebendem.

In der Anfälligkeit der Weizensorten gegenüber *S. nodorum* gibt es begrenzte Sortenunterschiede, die sich vor allem auf unterschiedliche Ausbreitungsraten des Erregers im Wirt, d. h. unterschiedliche Wachstumsraten der Läsionen, zurückführen lassen. In der quantitativen Resistenz in Blatt bzw. Ähre reagieren die Weizensorten häufig nicht parallel. In der Regel werden frühreife und kurzstrohige Sorten stärker als spätreife und langstrohige befallen. Jegliche Schwächung der Weizenpflanzen, z. B. durch unsachgemäße Düngungs- oder Herbizidmaßnahmen sowie durch Befall mit anderen Blattparasiten, beschleunigt die Befallsentwickung. So wurde auch festgestellt, daß ein hoher Stickstoffgehalt im Fahnenblatt im Entwicklungsstadium 39 mit einem geringeren *Septoria*-Befall im Stadium 75 korreliert ist, und umgekehrt. Ein Lagern des Getreidebestandes, auch eine starke Halmverkürzung, begünstigen über eine Verkürzung des Infektionsweges sowie eine Veränderung des Bestandesklimas die epidemische Vermehrung.

Bedeutung, Vorkommen

Die durch *S. nodorum* verursachte Blatt- und Spelzenbräune entwickelt sich im Verlaufe der Weizenvegetation erst relativ spät. Durch eine schnelle Generationsfolge in sommerfeuchten Anbaulagen können dennoch über eine Verringerung des Tausendkorngewichts sowie der Kornzahl je Ähre Ertragsverluste bis zu 30 % entstehen. Der Befall der obersten beiden Blätter sowie der Ähre vermindert nicht nur die Assimilationsfläche; in den befallenen Pflanzenorganen werden auch die Assimilate zurückgehalten. Darüber hinaus schädigt

Von der Spelzenspitze her Verbräunung mit Pyknidien

Septoria nodorum – Fruchtkörper im Auflicht und Durchlicht

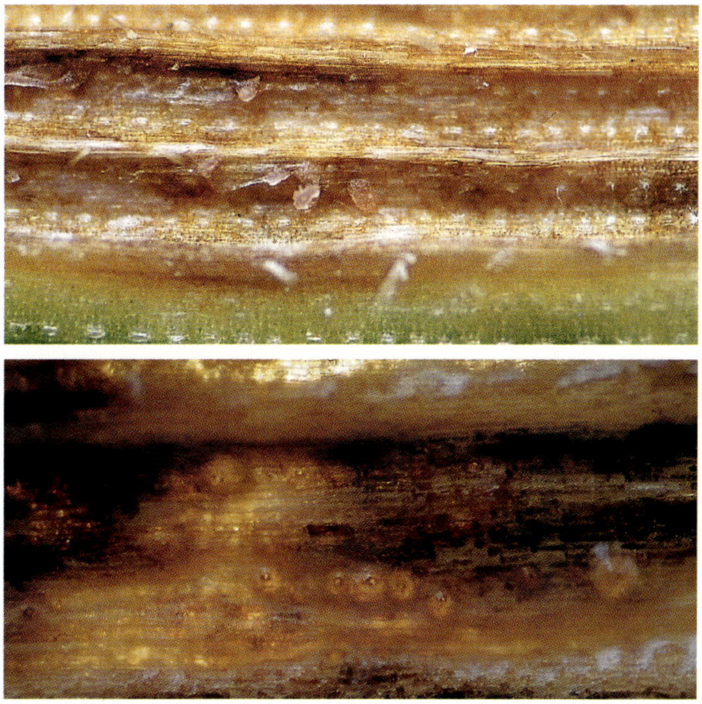

der Parasit seine Wirtspflanze unmittelbar durch Pilzgifte. Wirtschaftliche Schäden können durch Infektionen bis zum Wasserreifestadium (ES 71) entstehen. Da die Beizmittel *Septoria*-Wirkung besitzen, hat bei Durchführung einer fungiziden Saatgutbehandlung die Auflaufschädigung keine Bedeutung.

Vorbeugende Maßnahmen

Zur Minderung des Befallsrisikos wird ein sorgfältiges Einarbeiten der Weizenernterückstände empfohlen. Man wähle in Blatt und Ähre weniger anfällige Sorten; in Befallslagen Vorsicht mit frühreifen und kurzstrohigen Sorten. Ein Lagern des Getreides sollte auf jeden Fall verhindert werden, doch ist bei der Anwendung von Wachstumsreglern Zurückhaltung geboten. Man vermeide jegliche Schwächung der Weizenbestände durch unsachgemäße Kulturmaßnahmen oder andere Schaderreger; denn abgestorbene Gewebeteile bilden Eintrittspforten für den Pilz.

In Hauptbefallslagen mit nahezu kontinuierlicher Ausbreitung von *S. nodorum* gilt als Bekämpfungsschwelle im Fahnenblattstadium eine Pyknidie auf dem 6.- oder 5. obersten Blatt, dies entspricht einer Befallshäufigkeit von 12 %. Ersatzweise wird der Praktiker auf das Auftreten erster typischer Blattachselinfektionen in der untersten noch grünen Blattetage achten. – Bei nur vereinzelten Niederschlagsereignissen sollte der Landwirt auch das Infektionsgeschehen berücksichtigen. Gut kurativ wirksame Fungizide setze man möglichst unmittelbar vor einem Infektionsschub oder nach einem Regen in den ersten 40 % der Inkubationszeit ein.

Literatur

Eyal, Z., A. L. Scharen, J. M. Prescott und M. van Ginkel, 1987: The *Septoria* diseases of wheat. Concepts and methods of disease management. Mexiko, D. F.: CIMMYT, 52 S.

King, J. E., R. J. Cook und S. C. Melville, 1983: A review of *Septoria* diseases of wheat and barley. Ann appl. Biol. **103**, 345-373.

Krüger, J., und G. M. Hoffmann, 1978: Differenzierung von *Septoria nodorum* Berk. und *Septoria avenae* Frank f. sp. *triticea* T. Johnson. Z. Pflanzenkrankh. Pflanzensch. **85**, 645-650.

Mittelstädt, A. und H. Fehrmann, 1987: Zum Auftreten der Hauptfruchtform von *Septoria nodorum* in der Bundesrepublik Deutschland. Z. Pflanzenkrankh. Pflanzensch. **94**, 380-385.

Obst, A., 1977: Untersuchungen zur Epidemiologie, Schadwirkung und Prognose der Spelzenbräune *(Septoria nodorum)* des Weizens. Bayer. Landwirtsch. Jahrb. **54**, 72-117.

Rapilly, F., P. Auriau, Y. Laborie und C. Depatureaux, 1984: Recherches sur la résistance partielle du blé tendre à *Septoria nodorum* Berk. Agronomie **4**, 639-651.

Shearer, B. L. und J. C. Zadoks, 1974: The latent period of *Septoria nodorum* in wheat. 2. The effect of temperature and moisture under field conditions. Neth. J. Plant Pathol. **80**, 48-60.

Verreet, J. A., G. M. Hoffmann und A. Amberger, 1987: Der Einfluß des Blatt- und Ährenbefalls durch *Septoria nodorum* in verschiedenen Entwicklungsstadien des Weizens auf Chlorophyll- und Kohlenhydratgehalt. Z. Pflanzenkrankh. Pflanzensch. **94**, 462-477.

Verreet, J. A., und G. M. Hoffmann, 1989: Schwellenorientiertes Entscheidungsschema für eine epidemiebezogene Bekämpfung von *Septoria nodorum* (Berk.) Berk. an Weizen. Gesunde Pflanzen **41**, 147-159.

Zinkernagel, V., F. Riess, M. Wendland und H.-Chr. Bartscherer, 1988: Infektionsstrukturen von *Septoria nodorum* in Blättern anfälliger Weizensorten. Z. Pflanzenkrankh. Pflanzensch. **95**, 169-175.

Knotenartige Anschwellungen der Koleoptile

Keimschaden auch verkürzt und verkrummt

Septoria-Blattdürre des Weizens – *Septoria tritici*

Erreger, Wirtspflanzen, Spezialisierung

Auf Getreide und Gräsern parasitieren etwa 100 *Septoria*-Arten; zwei von ihnen verursachen insbesondere an Weizen hohe Ernteverluste. So gilt *S. tritici* weltweit als gefährlicher Blattkrankheitserreger.

Konidienform: *Septoria tritici* Rob. ex Desm.

Hauptfruchtform: *Mycosphaerella graminicola* (Fückel) Schröter

Nach seiner Hauptfruchtform gehört der Erreger zur Klasse der Ascomyceten. Bei Weizen besteht eine Spezialisierung, die jedoch nicht zur Definition von physiologischen Rassen ausreicht. Weitere Wirtspflanzen sind Triticale, Roggen, gelegentlich auch einige Gräser.

Schadbild, Verwechslungsmöglichkeit

Oft schon im Herbst, stets aber im zeitigen Frühjahr, erkennt man auf unteren Blättern erste ovale, gelbgrüne bis wäßrig-graugrüne Flecke. In der fortgeschrittenen Jahreszeit bei Strahlungswetter sind die Nekrosen streifig, seitlich von Blattadern begrenzt. Die Blattflecke fließen zu unregelmäßig geformten Nekrosen zusammen, die Blätter sterben schließlich ab und vertrocknen (Blattdürre!). – Ährenbefall tritt nur selten auf.

Anders als bei *S. nodorum* findet man in den Befallssymptomen von *S. tritici* auf beiden Blattseiten bei Lupenbetrachtung stets die in Reihen angeordneten schwarzen Pyknidien. Die ersten Fruchtkörper entstehen schon im vergilbenden Pflanzengewebe. Die Pyknidien erscheinen im Durchlicht anfangs hellbraun, dann braun bis schwarz mit heller Öffnung. Bei Befeuchtung entlassen sie eine weiße Sporenschleimranke.

Oft treten auf einem Weizenblatt gleichzeitig *S. tritici* und *S. nodorum* auf. Die Schaderreger können an ihren Fruchtkörpern unterschieden werden. — Befall mit *Helminthosporium tritici-repentis* führt ebenfalls zu einer Blattdürre.

Biologie, befallsfördernde Faktoren

Befallene Strohreste auf der Bodenoberfläche stellen alljährlich die wichtigste Inokulumquelle dar. Bei Spätsommerniederschlägen bilden sich schwarze Pseudothezien, die etwa ab Anfang Oktober ihre windbürtigen Ascosporen entlassen. Diese infizieren noch im Herbst und Winter die junge Weizensaat. Wird Weizen unmittelbar nach Weizen angebaut, kann die Saat auch von den durch Regenspritzer verbreiteten Pyknosporen der Vorfrucht infiziert werden. Anders als *S. nodorum* bildet *S. tritici* allerdings auf dem toten Weizenstroh keine neuen Pyknidien, und die Pyknidien erzeugen keine weiteren Sporen, nachdem sie ihre ersten entlassen haben. Die weitere Ausbreitung im Bestand erfolgt stets nur durch Pyknosporen. Alle Stadien eines Infektionszyklus, von Sporenfreisetzung, Sporenverbreitung, Infektion bis zur Entwicklung

Blattflecke im Anfangsstadium

Bei Strahlungswetter Nekrosenstreifen

Bei feuchter Witterung unregelmäßig begrenzte Nekrosen

der Blattflecke und Pyknidien, hängen von den Feuchtebedingungen (Regen und Tau) ab. Mit erstem Befall ist bei Tagesminimumtemperaturen ab 4 °C zu rechnen. Bei 8–10 °C läuft die Epidemie viel schneller, ihr Optimum liegt bei 20–25 °C. Selbst bei diesen Temperaturen benötigt der Pilz für eine Infektion mindestens 20 Std. Blattnässe, bei 12 °C sogar über 50 Std. Mit einem hohen Infektionserfolg ist zu rechnen, wenn bei günstigen Temperaturen einer Blattnässedauer von 35 Stunden weitere 48 Stunden mit einer Luftfeuchte über 80 % folgen. *S. tritici* dringt in die Blätter hauptsächlich durch die Spaltöffnungen ein, seltener auch direkt durch die Zellwände der Blattepidermis. Das Pilzmyzel breitet sich dann nur zwischen den Wirtszellen aus. Schließlich werden die Pyknidien in den Hohlräumen unter den Spaltöffnungen gebildet. Licht und Feuchtigkeit fördern das Eindringen des Schadpilzes in das Wirtsgewebe, seine Ausbreitung und seine Fruchtkörperbildung. Eine Pyknidie enthält in Form einer Schleimranke mehrere tausend Pyknosporen.

Da der Erreger auch bei niedrigen Temperaturen sehr aggressiv ist, breitet er sich bereits bei milder Winterwitterung aus. Andererseits ist seine Generationenfolge langsamer als jene von *S. nodorum*. – Bis 10 °C benötigt *S. tritici* zur Bildung erster Symptome (und Fruchtkörper) 210 Gradtage, d. h. bei 7 °C etwa 30 Tage.

Gegenüber *S. tritici* gibt es bei Weizen deutliche Sortenunterschiede (Unterschiede in der Pyknidiendichte, auch der Blattfleckengröße). Das Verbleiben von Ernterückständen und Ausfallgetreide auf dem Feld und die frühzeitige Saat des Winterweizens begünstigen den Epidemiestart. Kurzstrohige Sorten, Halmverkürzung sowie hohe Stickstoffversorgung der Pflanzen fördern *S. tritici*-Epidemien.

Bedeutung, Vorkommen

S. tritici kommt auf Weizen weltweit als Blattdürreerreger vor; die Hauptschadgebiete liegen im maritimen Klimabereich. Durch intensivere Anbautechniken des Weizens und ein sich änderndes Sortenspektrum hat die Bedeutung der Blattdürre zugenommen. Bei starkem Befall werden Ertragsverluste bis 30 % festgestellt. Im Milchreifestadium ist bei 10 % Befallsstärke auf dem Fahnen- und dem zweitobersten Blatt mit einer Ertragsminderung von etwa 7 % zu rechnen.

Vorbeugende Maßnahmen

Alle Fruchtfolge-, Strohbergungs- und Bodenbearbeitungsmaßnahmen, die großräumig die Ernterückstände von Weizen und das auflaufende Ausfallgetreide beseitigen, verringern das Befallsrisiko im Herbst. Der Verzicht auf Winterweizenfrühsaaten, die Wahl wenig anfälliger Sorten sowie Zurückhaltung bei der N-Düngung und Ausbringung von Wachstumsreglern beugen gefährlichen *S. tritici*-Epidemien vor.

Septoria-Blattdürre im Weizenbestand

Pyknidien im Lupenbild

Literatur

Benedict, W. G., 1971: Differential effect of light intensity on the infection of wheat by *Septoria tritici* Desm. under controlled environmental conditions. Physiol. Plant Pathol. **1**, 55-66.

Eyal, Z., A. L. Scharen, J. M. Prescott und M. van Ginkel, 1987: The *Septoria* diseases of wheat. Concepts and methods of disease management. Mexico, D. F.: CIMMYT, 52 S.

Forrer, H. R., und J. C. Zadoks, 1983: Yield reduction in wheat in relation to leaf necrosis caused by *Septoria tritici*. Neth. J. Plant Pathol. **89**, 87-98.

Hess, D. E., und G. Shaner, 1987: Effect of moisture and temperature on development of *Septoria tritici* blotch in wheat. Phytopathology **77**, 215-219.

Maren, A., und H. Mielke, 1989: Untersuchungen zum Befalls- und Sporulationsverlauf von *Septoria tritici* Rob. ex Desm. an Winterweizen im Reußenkoog (Kreis Nordfriesland). Gesunde Pflanzen **41**, 2-8.

Scott, P. R., F. R. Sanderson and P. W. Benedikz, 1988: Occurrence of *Mycosphaerella graminicola*, telemorph of *Septoria tritici*, on wheat debris in the UK. Pl. Pathol. **37**, 285-290.

Shaw, M. W., 1990: Effect of temperature, leaf wetness and cultivar on the latent period of *Mycosphaerella graminicola* on winter wheat. Pl. Pathol. **39**, 255-268.

Septoria-Blattfleckenkrankheit des Hafers – *Septoria avenae*

Erreger, Wirtspflanzen, Spezialisierung

Meist wenig beachtet wird bei der „Gesundungsfrucht" Hafer eine Blatt- und Halmbruchkrankheit, verursacht durch den Pilz *Septoria avenae* Frank f. sp. *avenae* (Hauptfruchtform *Leptosphaeria avenaria* G. F. Weber f. sp. *avenaria).* Die neuesten wissenschaftlichen Bezeichnungen für die Konidienform sind *Stagonospora avenae* (Frank) Bisset f. sp. *avenae* und für die Hauptfruchtform *Phaeosphaeria avenaria* (G. F. Weber) O. Eriksson f. sp. *avenaria.* – Von den Getreidearten ist allein der Hafer gefährdet. Befallen werden darüber hinaus Wildhaferarten wie z. B. der Flughafer.

Schadbild, Verwechslungsmöglichkeit

Infektionen der Blattspreite zeigen sich anfangs als kleine rotviolette Flecke von spindelartiger, seltener runder oder ovaler Form. Daraus entstehen unregelmäßig runde, rotbraune bis braungraue Nekrosen, mitunter von einem rötlichen oder gelbbraunen Rand umgeben. Bei massiver Infektion fließen mehrere Flecke zusammen, wobei die charakteristische spindelartige oder ovale Form der Einzelnekrosen erhalten bleibt. Große Blatteile verdorren. Auf den abgestorbenen Gewebeteilen entstehen schließlich dunkelbraune Fruchtkörper (Pyknidien), die bei Benetzung einen rötlich-violetten Sporenschleim entlassen.

Die Nekrosen des Blattspreitengrundes setzen sich meist tief in die Blattscheide fort. Der darunter liegende Halm verfärbt sich braun und schließlich schwarz. An stark befallenen Stellen bricht der Halm bei Belastung um; der Hafer lagert. Da die Halme meist in einer Höhe von 20-30 cm umknicken, nennt man das Krankheitsbild „Hoher Halmbruch".

Der Befall kann sich sogar auf Rispen und Spelzen fortsetzen, und zwar in Form kleiner brauner bis violetter Flecke. – Die dann aus verseuchtem Saatgut entstehenden Primärsymptome werden nur selten wahrgenommen, nämlich kleine schwarze strichförmige Nekrosen an der Basis der Koleoptile. Nur bei sehr starker Saatgutverseuchung stirbt der Keimling bereits vor dem Erreichen der Bodenoberfläche ab.

Ähnliche Blattfleckensymptome verursacht auch der Schadpilz *Helminthosporium avenae.* Die rotbraunen Flecke haben oft eine ovale durchscheinende Mitte und sind seitlich von Blattadern begrenzt. Blattscheide und Halm werden durch diesen Erreger jedoch nicht besiedelt.

Hoher Halmbruch bei Hafer durch *Septoria avenae*

Biologie, befallsfördernde Faktoren

Septoria avenae-Erstbefall scheint sowohl von verseuchtem Saatgut als auch von befallenen Ernterückständen auszugehen. Auf den Strohresten bilden sich in der kühlen Jahreszeit Pseudothezien. Ihre Ascosporen werden durch den Wind verbreitet und können zu erstem Befall führen. Der weitere Epidemieaufbau erfolgt dann – wie bei dem Weizenparasiten *Septoria nodorum* – ausschließlich über die durch Regenspritzer verbreiteten Pyknosporen.

Regenreiche, kühle Sommerwitterung begünstigt eine schnelle Generationenfolge. Feuchte Standorte und offene, dünne Bestände beschleunigen den Befallsablauf. Die zugelassenen Hafersorten sind gegenüber *Septoria avenae* überwiegend hoch anfällig. Sie unterscheiden sich allerdings im krankhaften Halmbruch, bedingt durch Unterschiede in der natürlichen Standfestigkeit.

Bedeutung, Vorkommen

Septoria avenae tritt vor allem in feuchtkühlen Küstenregionen sowie in Mittelgebirgslagen auf. Die Befallshöhe schwankt entsprechend dem Standort und dem Jahreswitterungsverlauf in weiten Grenzen; zu verbreiteten Schäden dürfte es allerdings nur in Einzeljahren kommen. In Extremfällen wurden Verluste bis zu einem Drittel des Haferertrages festgestellt.

Vorbeugende Maßnahmen

Zur Minderung des Infektionsrisikos sollten Hafererntерückstände sorgfältig eingearbeitet und Saatgut – möglichst von gesunden Beständen – nur gebeizt ausgesät werden. In Befallslagen bevorzuge man standfeste sowie frühreifende Hafersorten. Naturgemäß wird auch in Hafer-Gerst-Gemengen der Befallsaufbau gebremst. Eine Begrenzung des Flughaferbesatzes seiner Felder strebt der Landwirt ohnehin für alle Fruchtfolgeglieder an. Durch eine geregelte Fruchtfolge lassen sich Haferbestände von der Blattflecken- und Halmbruchkrankheit nicht freihalten.

Literatur

Amelung, D., 1990: Die Bedeutung pilzlicher Schaderreger des Hafers. Nachrichtenbl. Pflanzenschutz **44**, 235-238.
Mielke, H., 1980: Septoriakrankheit des Hafers. Die Landtechn. Zeitschrift **31**, 494.
Müller, H., 1964: Blattfleckenkrankheiten des Hafers in der DDR. Nachrichtenbl. Dt. Pflanzenschutzd. (Berlin) NF **18**, 125-128.

Septoria-Blattfleckenkrankheit

Befall von Blattgrund und Halm

Rhynchosporium-Blattfleckenkrankheit – *Rhynchosporium secalis*

Erreger, Wirtspflanzen, Spezialisierung

Der Erreger dieser vor allem an Gerste bedeutungsvollen Blattfleckenkrankheit gehört zur Gruppe der imperfekten Pilze. *Rhynchosporium secalis* (Oud.) J. J. Davis kommt aber auch auf Roggen und sogar Triticale vor; Roggen wird allerdings meist weniger als Gerste geschädigt. Auf Wintergerste ist das Befallsrisiko i. d. R. höher als auf Sommergerste. Außerdem ist der Schadpilz auf Quecke und weiteren Gräserarten zu finden.

Die verschiedenen Herkünfte des Erregers sind nicht streng auf jeweils eine Wirtspflanze spezialisiert. Andererseits wird innerhalb der Gerstenisolate eine physiologische Spezialisierung auf bestimmte Sorten festgestellt, die eine Einteilung in Pathotypen erlaubt.

Schadbild, Verwechslungsmöglichkeit

Erste Befallssymptome können bei Wintergerste schon 4-6 Tage nach Auflaufen der Saat sichtbar werden. An den Spitzen der Koleoptilen sind dann wäßrige Flecke zu erkennen, stark befallene junge Blätter welken und sterben ab.

Das charakteristische Schadbild wird aber erst im Frühjahr deutlich. Auf Blattspreiten, häufig auch in der Blattachsel, entstehen 1-2 cm lange wäßrig-blaugrüne Flecke, die von der Mitte her vertrocknen und dann grauweiß wirken. Die ovalen oder unregelmäßigen Flecke sind durch einen dunkelbraunen bis purpurroten Rand scharf vom gesunden Gewebe abgegrenzt. Mehrere Flecke können miteinander verschmelzen. Schließlich vergilbt das gesamte Blatt und stirbt vorzeitig ab. Nach Blattachselinfektion knicken oft noch weitgehend grüne Blattspreiten ab. – Die Symptomausbildung bei Roggen und Triticale verläuft ähnlich, nur fehlt hier die dunkle Randzone.

Die Befallssymptome treten vor allem an den unteren Blättern auf, doch können auch die höheren Blattetagen und die Ähre befallen sein. Auf den Spelzen finden sich dann 5 mm große helle Flecke, schwach rot bis dunkelbraun gesäumt. Befallene Grannen färben sich dunkel. – Wegen der Schwierigkeiten beim Erregernachweis wird Saatgutverseuchung mit *R. secalis* selten erkannt.

Die unterschiedliche Sortenreaktion erschwert oft eine sichere Diagnose und kann zu Verwechslungen führen mit *Ascochyta hordei* bei den Blattflecken, mit *Botrytis cinerea* bei Ährenbefall oder mit Ätzschäden durch Herbizide.

Biologie, befallsfördernde Faktoren

Erstinfektionen gehen von stromatischem Myzel aus, das sowohl in Blättern als auch in Körnern befallener Pflanzen überdauert. Bei der Keimung des Korns wird das Ruhemyzel aktiviert und bildet Konidien, die die Koleoptilen infizieren.

Rhynchosporium-Blattflecke auf Blattspreite

Rhynchosporium-Blattflecke am Blattgrund

Saatgutbürtige Infektionen werden durch flache Saat und mäßig feuchten, nicht zu warmen Boden (Optimum 16 °C) begünstigt, während rasche Keimung bei höheren Temperaturen sie verhindert. Darüber hinaus bilden befallene Ernterückstände nur auf der Bodenoberfläche eine Infektionsgefahr.

Sekundärinfektionen kommen nur durch regenspritzerverbreitete Konidien zustande. *R. secalis* ist also ein standortgebundener Erreger. Bei günstigen Witterungsvoraussetzungen keimen die meisten Konidien innerhalb von 24 Stunden, und Infektionshyphen durchdringen dann die Blattkutikula. Die subkutikulären Pilzhyphen breiten sich auf den Epidermiszellen vor allem in Richtung Blattbasis aus und verdichten sich nach 10-14 Tagen zu einem Stroma. U. U. bereits nach 3 Tagen kollabieren durch Toxineinwirkung des Pilzes die ersten Epidermiszellen, wenige Tage später die darunter liegenden Mesophyllzellen; dies wird durch die wäßrig-blaugrüne Verfärbung der Läsionen angezeigt. Erst in sehr späten Stadien der Erkrankung wird das Pilzmyzel auch zwischen und in den abgetöteten Mesophyllzellen gefunden.

Schließlich werden neue Sporen gebildet, und zwar sowohl in den abgestorbenen Gewebezonen als auch vor allem in den angrenzenden, noch gesund aussehenden Blattabschnitten, wo konidienbildende Pilzhyphen aus der intakten Blattkutikula hervordringen. Zur Sporulation kommt es stets nur auf jener Blattseite, auf der auch die Infektion erfolgt ist.

Rhynchosporium-Befall erhöht die Nährstoffdiffusion aus den Wirtszellen, die Erweiterung der Spaltöffnungen führt zu Turgorverlusten in der Pflanze, und auch die Nährstoffveratmung ist erhöht. Schließlich wird in den Blättern das Assimilationsgewebe zerstört.

Die *Rhynchosporium*-Vermehrung beginnt bei Temperaturen um 4 °C; das Optimum liegt bei 15-20 °C. Für die Bildung der Konidien ist eine Blattbefeuchtung über mehr als 140 Gradstunden (z. B. bei 10 °C über 14 Stunden) nötig. Kurze großtropfige Regenschauer begünstigen ihre Verbreitung, und Infektionen kommen bei weiterer Blattnässe über mindestens 100 Gradstunden zustande. Hierbei sind die Blatt-Tüte am jüngsten Blatt sowie der Achselbereich älterer Blätter durch das Sammeln sporenbeladener Regenspritzer besonders gefährdet. Erste Krankheitssymptome erscheinen bei Gerste etwa 190 Gradtage nach einer Infektion. – Bei relativ niedrigen Temperaturen wird Roggen schneller als Gerste befallen.

Wenn also *R. secalis* im Vergleich zu Mehltau und Rost relativ viel Zeit für eine Erregergeneration braucht, so besitzt der Pilz durch seine Anpassung auch an niedrige Temperaturen sowie durch sein hohes Sporenbildungsvermögen dennoch die

Junge Befallssymptome

Befall auf untersten Blättern

Fähigkeit zu einem epidemischen Auftreten schon im zeitigen Frühjahr wie auch in einem feuchtkühlen Sommerhalbjahr.

Gegen *R. secalis* auf Gerste kennt man gegenwärtig 11 Resistenzgene. Bisher sind nur zwei Resistenzmechanismen erforscht, nämlich die Hemmung der Sporenkeimung und des Keimhyphenwachstums (Resistenzgen Rrs1) sowie die Hemmung der subkutikulären Myzelentwicklung (Rrs2). Wegen der hohen Anpassungsfähigkeit des Erregers wurde in der Vergangenheit die Resistenz einzelner Gene meist schnell überwunden. – Bei Roggen sind die Resistenzunterschiede weniger ausgeprägt als bei Gerste.

Bedeutung, Vorkommen

R. secalis ist in gemäßigten Klimaräumen weltweit verbreitet. Bei uns zählt er zu den wichtigsten Krankheitserregern der Wintergerste, und auch Roggen wird durch *R. secalis* geschädigt. Vor allem unter den kühlfeuchten Witterungsbedingungen der Mittelgebirgslagen und in Küstengebieten kommt es zu verstärktem Auftreten. Nach milder Winterwitterung wird auch in anderen Regionen bei anfälligen Sorten hoher Anfangsbefall festgestellt.

Die Ertragseinbußen allein durch *Rhynchosporium* betragen in anfälligen Sorten oft 10-15 %, erreichen in einzelnen Lagen und Jahren auch 25 % und mehr. Durch Verringerung der Assimilationsfläche werden vor allem die Kornzahl pro Ähre und das Tausendkorngewicht beeinträchtigt.

Vorbeugende Bekämpfung

Durch Reduzieren des Gerstenanteils in der Fruchtfolge, tiefes Unterpflügen der Getreidestoppeln und Beseitigung von Ausfallgetreide und Schadgräsern läßt sich das Inokulum dieses Schaderregers verringern. Um saatgutbürtigen Infektionen vorzubeugen, darf die Saat nicht zu früh erfolgen. Eine Beizung mit Oberflächenmitteln erfaßt den Pilz nicht zuverlässig, da das Myzel in die Fruchtwand des Samens eindringt. In gefährdeten Anbaulagen spielt die Sortenwahl eine entscheidende Rolle. Kurzstrohige Sorten sollten in Befallslagen ebenso vermieden werden wie die Anwendung von Wachstumsreglern.

Literatur

Beer, W. W., 1991: Review – Leaf blotch of barley *(Rhynchosporium secalis)*. Zentralbl. Mikrobiol. **146**, 339-358.

Hosemans, D., und M. Branchard, 1985: Étude in vitro de la rhynchosporiose de l'orge: cycle de reproduction du parasite – histopathologie de l'hôte. Phytopathol. Z. **112**, 127-142.

Lehnackers, H., und W. Knogge, 1990: Cytological studies on the infection of barley cultivars with known resistance genotypes by *Rhynchosporium secalis*. Can. J. Botan. **68**, 1953-1961.

Mille, B., 1990: Application de l'immunofluorescence à la détermination de *Rhynchosporium secalis* sur semence d'orge. Agronomie **2**, 115-120.

Skoropad, W. P., 1959: Seed and seedling infection of barley by *Rhynchosporium secalis*. Phytopathology **49**, 623-626.

Volk, Th., und J. Frahm, 1989: Gezielter Fungizideinsatz gegen *Rhynchosporium*-Blattflecken an Wintergerste. Gesunde Pflanzen **41**, 338-343.

Fortgeschrittener Befall bei Gerste (links) und Roggen (rechts)

Braunfleckenkrankheit von Gerste und Weizen

Erreger, Wirtspflanzen, Spezialisierung

Obwohl weltweit verbreitet, hat *Helminthosporium sativum* als Krankheitserreger von Getreide in Deutschland bisher wenig Beachtung gefunden. Die korrekten Bezeichnungen sind für die Nebenfruchtform *Bipolaris sorokiniana* (Sacc.) Shoem., für die Hauptfruchtform *Cochliobolus sativus* (Ito et Kuribay.) Drechsler ex Dastur.

Wirtschaftlich bedeutende Schäden entstehen bei uns nur in Gerste und Weizen, und zwar häufiger bei den Sommerformen. Gerste wird meist am stärksten befallen, aber auch Durumweizen ist besonders anfällig. Weitere Wirtspflanzen sind Roggen, Hafer, Mais, viele Gräser und auch zweikeimblättrige Pflanzen (z. B. Leguminosen). Verschiedene Isolate des Pilzes zeigen gegenüber Gersten- und Weizensorten unterschiedliche Virulenzeigenschaften. Diese physiologische Spezialisierung der Pilzherkünfte wird allerdings häufig von einer hohen Variabilität des Erregers überdeckt.

Schadbild, Verwechslungsmöglichkeit

Der Erreger verursacht Symptome auf allen Teilen der Pflanze. Vom Samen ausgehend zeigen sich an der Koleoptile braunschwarze, längliche Nekrosen. Der Keimling stirbt oft noch vor dem Auflaufen ab. An Blättern der Jungpflanzen treten Läsionen in Bodennähe auf, die sich über die ganze Blattspreite ausdehnen können. An der Halmbasis sind bei schwächerem Befall streifenförmige dunkelbraune Nekrosen zu erkennen, nicht scharf vom gesunden Gewebe abgegrenzt. Bei starkem Befall färbt sich der Bereich bis zum untersten Halmknoten schwarz und vermorscht. – Nur in trockenwarmen Gebieten verursacht der Pilz auch eine Wurzelfäule. Wurzeln und Wurzelhals werden trockenfaul und verfärben sich schwarz; die Pflanzen lassen sich leicht aus dem Boden ziehen.

Bei uns ist hin und wieder der Blattbefall bedeutsam. Auf den Blattspreiten erscheinen punkt-, spindel- bis streifenförmige dunkelbraune Flecke ("Teerflecke"). Größere Nekrosen können eine Zonierung aufweisen. Die Flecke fließen schließlich zusammen und haben unterschiedliche Form und Größe. Auch bei abgestorbenen Blättern bleibt die schwarzbraune Färbung der Nekrosen erhalten. Befallene Bestände reifen vorzeitig ab.

Starker Blattbefall setzt sich häufig auf die Ähre fort. Auf einzelnen Spelzen, Grannen und Körnern zeigen sich braunschwarze Nekrosen. Das Pilzmyzel wird nur in Frucht- und Samenschale der Körner gefunden, während Verbräunungen des Embryos auf Pilztoxine zurückzuführen sind.

Am wenigsten bekannt ist das Schadbild des Halmknickens. Wenige Wochen vor der Ernte sind die mittleren Halmknoten des Getreides verbräunt, vermorscht und mit einem schwarzen Pilzrasen überzogen. Von diesen Knoten aufwärts erscheint der Halm deutlich dünner und schwächer. Nach Belastung durch einen Gewitterregen tritt im Bestand starkes Lager auf, kein bodennahes Knicklager, sondern ein Hohllager über dem gesunden Teil des Halmes.

Die Symptome durch *H. sativum* an der Halmbasis können leicht mit jenen der Schwarzbeinigkeit oder von *Fusarium*-Arten verwechselt werden. Blattnekrosen ähnlicher Art verursacht auf Gerste der Flecken-Typ des Netzfleckenerregers.

Biologie, befallsfördernde Faktoren

Der Pilz wird vor allem durch verseuchtes Saatgut übertragen, doch ist eine Infektion

Samenbürtiger Keimlingsbefall, rechts gesunder Keimling

– *Helminthosporium sativum*

auch durch Konidien an Pflanzenresten möglich. Für die Infektion des Keimling und der Halmbasis bieten warme, trockene Böden günstige Bedingungen, deshalb sind frühgesäte Wintergetreide und spätgesäte Sommergetreide stärker gefährdet.

Die Sekundärinfektion der Blätter und Ähren geschieht durch Konidien, die auf totem Gewebe an Konidienträgern aus den Spaltöffnungen und zwischen den Epidermiszellen hervorwachsen. Sie werden durch Wind verbreitet und keimen auf der Blattoberfläche. Wenn sie vorwiegend interzellulär in das Gewebe eindringen, bilden sich durch Toxine des Pilzes Nekrosen. Blattflecke (durch die Toxine) können schon bei Sporenkeimung auf der Blattoberfläche entstehen. – Daneben kommt auch eine symptomlose Besiedlung vor, die zu einem schnellen Vergilben der Blätter führt.

Für eine epidemische Ausbreitung in Blatt und Ähre sind hohe Temperaturen und genügend Feuchtigkeit notwendig (ab 20 °C mindestens 16 Stunden Blattnässedauer). Bei anhaltend hoher Feuchtigkeit benötigt der Erreger von Infektion bis Sporenbildung höchstens eine Woche. Der höhere Befall der Sommergetreidearten ist auf diese epidemiologischen Voraussetzungen zurückzuführen. – Für die Nekrosenbildung ist außerdem eine hohe Lichtintensität erforderlich; geringere Belichtung führt vermehrt zu einem Befall ohne Symptome.

Wachstumsregler fördern den Befall, da sie die Infektionswege verkürzen. Hohe Stickstoffgaben – insbesondere in der Nitratform – machen über eine üppige vegetative Entwicklung die Pflanzen anfälliger für Streßfaktoren.

Bedeutung, Vorkommen

Die Braunfleckenkrankheit hat große wirtschaftliche Bedeutung in trockenwarmen Getreideanbaugebieten. Auch in unseren gemäßigt-feuchtwarmen Regionen können in Einzelfällen vor allem durch Blattbefall spürbare Verluste auftreten. In Extremfällen wurde über eine Beeinträchtigung der Kornausbildung der Ertrag um 25 % vermindert.

Vorbeugende Maßnahmen

Da das Erntegut, vor allem bei Gerste, stark befallen sein kann, muß diese Infektionsquelle durch Zukauf gesunden Saatguts und durch Beizung ausgeschaltet werden. Strohreste und Ausfallgetreide sind sorgfältig einzuarbeiten. Man vermeide dichte Folgen von Gerste und Weizen. Wenn es auch keine vollresistenten Sorten gibt, so weisen die Sorten doch große Unterschiede in der Anfälligkeit auf. Das Getreide sollte im Herbst nicht zu früh und im Frühjahr nicht zu spät gesät werden. Man sorge für zügiges Wachstum der Jungpflanzen durch gute Bodenstruktur und nicht zu tiefe Saat. In Höhe, Zeitpunkt und Art der Stickstoffdüngung (Ammoniumform!) orientiere man sich am Pflanzenbedarf.

Literatur

Couture, L., und J. C. Sutton, 1978: Relation of weather variables and host factors to incidence of airborne spores of *Bipolaris sorokiniana*. Can. J. Botan. **56**, 2162-2170.

Dehne, H.-W., und E.-C. Oerke, 1985: Untersuchungen zum Auftreten von *Cochliobolus sativus* an Gerste und Weizen. II. Infektion, Besiedelung und Schädigung von Halm und Blättern. Z. Pflanzenkrankh. Pflanzensch. **92**, 606-617.

Müller, H. E. H., 1956: Die Verbreitung von *Helminthosporium sativum* P., K. und B. in Bayern und seine Bedeutung als Krankheitserreger an Gerste und Weizen. Bayer. Landwirtsch. Jahrb. **33**, 610-640.

Stevensen, I. L., 1981: Timing and nature of seed infection of barley by *Cochliobolus sativus*. Pl. Pathol. **3**, 76-85.

Weisig, V., 1990: *Drechslera sorokiniana* (Sacc.) Subram und Jain, der Erreger der "Braunfleckigkeit": Epidemieverlauf, Bekämpfung und Rassendifferenzierung auf Sommergerste. Diss. Georg-August-Univ. Göttingen, Institut für Pflanzenpathologie und Pflanzenschutz, 111 S.

Whittle, A. M., 1977: *Cochliobolus sativus* on barley in Scotland. Pl. Pathol. **26**, 67-74 und Bildtafel I.

An Gerste dunkelbraune Blattflecke, z.T. zoniert

Halmknoten mit Pilzrasen

Helminthosporium-Blattdürre des Weizens

Erreger, Wirtspflanzen, Spezialisierung

Seit Beginn der achtziger Jahre tritt die *Helminthosporium*-Blattdürre an Weizen in wärmeren Anbaugebieten vor allem Süddeutschlands häufiger auf. Diese Krankheit wird von einem Vertreter der Ascomyceten verursacht:

Hauptfruchtform: *Pyrenophora tritici-repentis* (Died.) Drechsler

Nebenfruchtform: *Drechslera tritici-repentis* (Died.) Shoem. syn.: *Helminthosporium tritici-repentis* Died.

H. tritici-repentis (HTR) kommt in erster Linie auf Weizen, auch Durum-Weizen vor. Daneben sind auch Triticale und Roggen gegenüber HTR empfindlich. Unter den Schadgräsern gelten besonders die Quecke und die Wehrlose Trespe als weitere Wirtspflanzen; ein Befall wurde auf insgesamt 26 Gräserarten beobachtet. Bei diesem perthotrophen Erreger wird in begrenztem Maße eine physiologische Spezialisierung festgestellt: Zahlreiche Erregerherkünfte lassen sich zu mehreren Pathotypen zusammenfassen, die sich in ihrer Virulenz gegenüber ausgewählten Weizensorten unterscheiden; die Differenzierung der Erregerisolate reicht allerdings nicht aus zur Definition unterscheidbarer physiologischer Rassen. Hohe Virulenz eines Erregerisolats gegenüber einer Weizensorte scheint mit hoher Empfindlichkeit gegenüber den Pilztoxinen gekoppelt zu sein.

Schadbild, Verwechslungsmöglichkeit

Häufig übersieht man die Primärinfektionen, die nur im April und Mai von Strohresten auf der Bodenoberfläche durch Ascosporen aus kleinen schwarzen Fruchtkörpern (Pseudothezien) ausgehen: Es sind rundliche, gleichmäßig hellbraun gefärbte Flecke auf bodennahen Blättern. Charakteristisch sind erst die Sekundärinfektionen durch die Konidiosporen: Es bilden sich zuerst dunkelbraune Infektionspunkte, auf einzelnen Sorten auch dunkelbraune Ringsymptome mit 3 mm Durchmesser. Darum herum entsteht – bedingt durch die Toxine des Pilzes – ein gelber Hof. Die Befallsstellen wandeln sich dann in Nekrosen um, in denen die dunklen Infektionszentren noch lange erhalten bleiben. In diesen Blattnekrosen können auf Konidienträgern (im Lupenbild: einzeln stehend, langgestreckt, dunkelbraun) neue Konidiosporen gebildet werden. Das Endstadium der Erkrankung ist schließlich eine von der Blattspitze her fortschreitende Blattdürre. Die Blattachsel bleibt allerdings – anders als bei *Septoria nodorum* – lange nahezu befallsfrei. Ährenbefallssymptome findet man nur selten. Einige wenige dunkelbraune Punkte von höchstens 2 mm Länge und 1 mm Breite auf den Hüllspelzen zeigen starken Infektionsdruck durch HTR an. Diese Befallszeichen entstehen schon in der frühen Kornbil-

Primärinfektion im Frühjahr von Ernterückständen der Weizenvorfrucht

Pseudothezien auf Strohresten

– *Helminthosporium tritici-repentis*

dungsphase und verändern ihre Größe bis zur Reife nicht mehr. Den mit HTR verseuchten Weizenkörnern ist der Befall äußerlich nicht anzusehen. Typische Symptome eines Keimlingsbefalls sind vereinzelt bis zu 2 mm lange strichförmige Verbräunungen auf der Koleoptile. HTR-Blattsymptome können leicht mit jenen von *Septoria nodorum* verwechselt werden. Eine Unterscheidung ist häufig nur anhand ihrer Vermehrungsorgane (Lupe oder Stereomikroskop mit mindestens 30facher Vergrößerung!) – Konidienträger und Konidien bzw. Pyknidien – möglich.

In Trockenjahren wurden bei einzelnen Weizensorten auch HTR-ähnliche Symptome beobachtet, die allein auf den nichtparasitären Streß zurückzuführen waren.

Biologie, befallsfördernde Faktoren

Der Pilz überdauert auf Stoppelresten an der Bodenoberfläche. Schon im März reifen in kleinen schwarzen Fruchtkörpern (Pseudothezien), die ab September/Oktober angelegt wurden, die Ascosporen. Die Sporenbildung setzt sich bis Ende Mai fort und erreicht ihren Höhepunkt Mitte/Ende April. Zum Ausstoßen der Sporen ist Feuchtigkeit erforderlich, schon nächtlicher Tau reicht aus. Primärinfektionen durch Ascosporen sind ausschließlich bei Weizenvorfrucht möglich, da sie nur über wenige Zentimeter bis Dezimeter verbreitet werden. Nach dem Entleeren der Pseudothezien werden auf der Fruchtkörperwand auch Konidiosporen gebildet. – Ob darüber hinaus auch verseuchtes Saatgut sowie befallene Gräsernebenwirte eine epidemiologische Bedeutung besitzen, erscheint fraglich. Für die sekundäre Ausbreitung im Bestand und über größere Entfernungen sind die windverbreiteten Konidiosporen verantwortlich, die bis 3,50 m Höhe nachgewiesen wurden. Sie bilden sich nur auf frischen Blattnekrosen, da *H. tritici-repentis* in älteren Blattflecken schnell der Konkurrenz von Schwärzepilzen unterliegt. Das Myzelwachstum ist in einem breiten Temperaturbereich von 5-36 °C möglich, die Ausbildung der Konidiosporen erfolgt ab 10 °C. Eine epidemische Vermehrung des Erregers setzt eine zeitliche Abfolge unterschiedlicher Feuchtebedingungen bei Temperaturen möglichst über 20 °C voraus: Die Ausbildung der Sporenträger erfordert tagsüber Regenschauer, die Sporenbildung folgt dann bei feuchtwarmer Nacht, während die Sporenverbreitung durch Wind an warmen, trockenen Tagen geschieht. Für die Infektion sind schließlich je nach Resistenzgrad der Weizensorte 6-48 Std. Blattbenetzung erforderlich. Warme, wechselfeuchte Witterung mit ausreichender Taubildung begünstigt also die HTR-Ausbreitung.

Das Befallsrisiko ist hoch bei Weizen nach Weizen, Ernterückständen auf der Boden-

Typische Befallssymptome im Bestand

Blattbefallsbilder(oben); HTR-Konidienträger (unten)

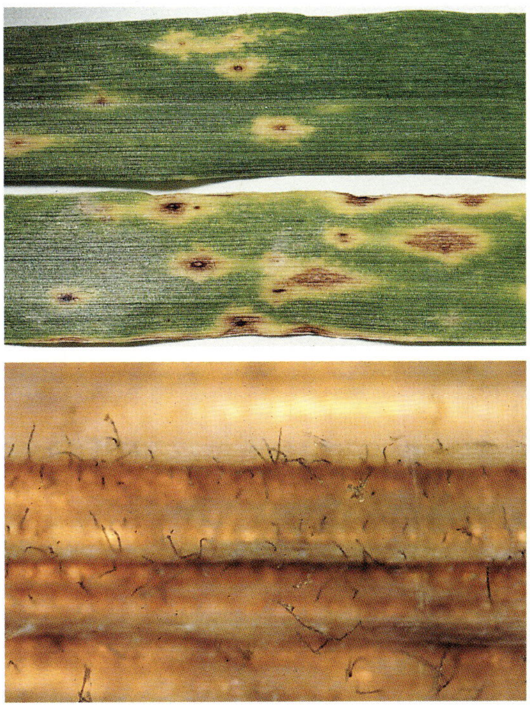

***Helminthosporium*-Blattdürre**

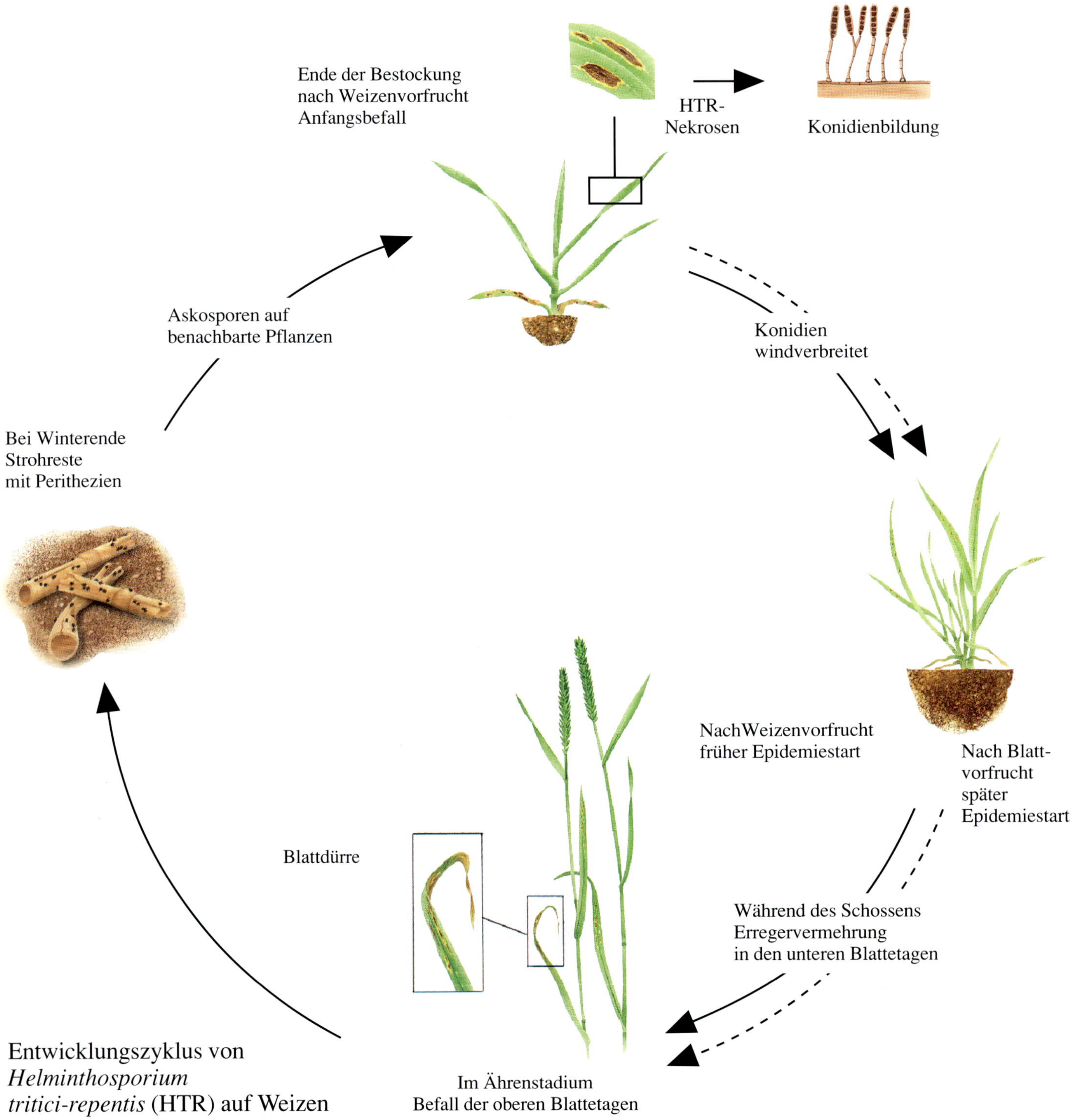

Entwicklungszyklus von *Helminthosporium tritici-repentis* (HTR) auf Weizen

oberfläche und anfälligen Sorten. Es gibt zwischen den Weizensorten nur quantitative Resistenzunterschiede. Sie werden erst wirksam, wenn die Pilzhyphen in die Zellzwischenräume des Mesophylls eingedrungen sind (Ausbreitungsresistenz). Die Anfälligkeit des Weizens steigt mit zunehmendem Blattalter. – Befall mit *H. tritici-repentis* wird – besonders bei Durum-Weizen – auch durch Streß der Wirtspflanzen (z. B. nach unsachgemäßer Herbizidbehandlung) gefördert.

Bedeutung, Vorkommen

Die Bedeutung der *Helminthosporium*-Blattdürre nimmt aufgrund veränderter Produktionstechnik zu. Hoher Weizenanteil in der Fruchtfolge, verminderte Bodenbearbeitung, Veränderung im Sortenspektrum und Verwendung von Wachstumsreglern begünstigen den Schaderreger. Bei Weizen nach Weizenvorfrucht sind Ertragsverluste bis 30 % aufgetreten, die auf eine Verringerung der Kornzahl pro Ähre sowie des Tausendkorngewichts zurückzuführen waren. Die Schadenshöhe wird bestimmt durch die Höhe des Anfangsinokulums, die Dauer günstiger Witterungsbedingungen für eine epidemische Vermehrung, die Sortenresistenz und das Weizenentwicklungsstadium zum Zeitpunkt des Erstbefalls.

Vorbeugende Maßnahmen

Um dem Primärbefall vorzubeugen, sollte man Anbau von Weizen nach Weizen möglichst vermeiden oder wenigstens die Stoppelreste sorgfältig einarbeiten. Günstig wirkt sich jede Bodenbelebung, z. B. durch Gründüngung, aus. Eine wichtige Rolle spielt die Wahl wenig anfälliger Sorten. Sie werden zwar befallen, aber die Läsionen wachsen wesentlich langsamer.

In hoch anfälligen Weizenbeständen ist eine direkte Bekämpfung notwendig, sobald der Schaderreger auf ersten Befallsstellen Sporenträger und Konidiosporen gebildet hat und günstige Witterungsbedingungen für eine weitere Ausbreitung vorherrschen.

Literatur

Arnold-Reimer, K., und A. von Tiedemann, 1991: Kommt HTR auch im Roggen? DLG Pflanzenschutz-Praxis H. 2, 4-5.

Hosford, R. M., Jr., C. R. Larez und J. J. Hammond, 1987: Interaction of wet period and temperature on *Pyrenophora tritici-repentis* infection and development in wheats of differing resistance. Phytopathology **77**, 1021-1027.

Lamari, L., und C. C. Bernier, 1989: Toxin of *Pyrenophora tritici-repentis:* host specifity, significance in disease, and inheritance of host reaction. Phytopathology **79**, 740-744.

Obst, A., 1988; HTR, eine neue Krankheit. DLG Pflanzenschutz-Praxis H. 1, 42-44.

Raymond, P. J., W. W. Bockus and B. L. Norman, 1985: Tan spot of winter wheat: procedures to determine host response. Phytopathology **75**, 686-690.

Sah, D.N., und H. Fehrmann, 1992: Virulence patterns of geographically differing isolates of *Pyrenophora tritici-repentis* and sources of resistance in wheat. Plant Dis. **76**, 712–716.

Befallsbild im Weizenbestand

Ährenbefallssymptome

Befall auf Koleoptile

Netzfleckenkrankheit der Gerste – *Helminthosporium teres*

Erreger, Wirtspflanzen, Spezialisierung

Ein Befall der Gerstenblätter mit dem Netzfleckenerreger *Helminthosporium teres* kann große Ertragsauswirkungen haben. Die korrekten Bezeichnungen für den Schadpilz sind

Konidienstadium: *Drechslera teres* (Sacc.) Shoem.

Hauptfruchtform: *Pyrenophora teres* Drechsl.

Die Hauptwirtspflanze ist Gerste; gelegentlich wird der Erreger auch auf Weizen, Hafer und einigen Gräsern gefunden. Beim Befall der Gerste zeigt *Helminthosporium teres* eine große physiologische Variabilität, die mit der Vielkernigkeit des Pilzmyzels erklärt wird. So werden nicht nur zwei Erregerformen mit unterschiedlichen Befallsbildern, nämlich der Netzflecken- (net type) und der Flecken-Typ (spot type) differenziert, sondern diese spalten sich in Pathotypen mit unterschiedlichen Virulenzen gegenüber den Gerstensorten auf. An der Virulenz eines Isolats sind seine wirtspflanzenspezifischen Toxine beteiligt.

Gelegentlich wird von Gerste auch *Drechslera tuberosa* (Atk.) Shoem. (Hauptfruchtform *Pyrenophora japonica* Ito et Kuribay.) isoliert. Dieser Pilz ruft augenfleckähnliche Symptome hervor.

Schadbild, Verwechslungsmöglichkeit

Infektionen durch das Pilzgeflecht in der Samenschale zeigen sich nur auf Koleoptile und Primärblatt der Gerste als graugrüne, später dunkelbraune Streifensymptome. Das Blatt ist an der Befallsstelle eingeschnürt, vergilbt von der Spitze her und stirbt frühzeitig ab.

Nach sekundären Infektionen entwickeln sich auf den Blättern längliche gelbe Aufhellungen mit einem braunen Netzmuster, seitlich von den Blattadern begrenzt. Später verfärben sich diese Blattflecke einheitlich dunkelbraun, so daß die typische Netzzeichnung wieder verloren geht; stets bleiben sie von einem chlorotisch-gelben Hof umgeben. Die Flecke dehnen sich in Längsrichtung aus, fließen mit anderen zusammen und bilden dann längere Streifensymptome. Bei anfälligen Sorten stirbt durch die von der Blattspitze zusätzlich einsetzende Vergilbung die gesamte Blattspreite ab.

Auf den oberen Blattetagen können bei ungünstigeren Witterungsbedingungen und auf teilresistenten Sorten auch atypische Blattflecke entstehen. Befall mit dem weniger verbreitet vorkommenden Spot-Typ des Erregers verursacht ebenfalls dunkelbraune elliptische Verbräunungen, umgeben von einem chlorotischen Hof. Eine sicherere Diagnose ist dann nur möglich, wenn auf abgestorbenen Gewebeteilen die meist einzeln stehenden Konidienträger und die Konidien des Erregers gefunden werden (Lupe mit mindestens 30facher Vergrößerung!). – Außer den Blattspreiten werden noch Blattscheiden,

Streifensymptom saatgutbürtig

Längliche Blattflecke eines Sekundärbefalls

Junge Symptome mit Netzmuster

Spelzen und Grannen befallen. Fleckensymptome entstehen auch bei Mehltauabwehrreaktion einzelner Gerstensorten, bei Befall teilresistenter Sorten mit dem *Rhynchosporium*-Blattfleckenerreger oder dem Erreger der Braunfleckenkrankheit, bei Magnesium- oder Mangan-Mangel sowie nach anderen nichtparasitären Belastungen der Gerstenpflanze.

Streifensymptome, die schließlich aufreißen, sind charakteristisch für die Streifenkrankheit der Gerste. Nach Befall mit *Drechslera tuberosa* entstehen runde bis längliche, z.T. unregelmäßig geformte Flecke mit einem grünlich-gelben Zentrum und einem dunkelbraunen Rand. Die Flecke sind von einer gelben Zone umgeben; es fehlen die für *H. teres* charakteristischen bräunlichen Längs- und Querstreifen. – Ähnliche Befallsbilder kann auch der Blattfleckenerreger *Rhynchosporium secalis* hervorrufen.

Biologie, befallsfördernde Faktoren

Wichtige Quellen für die alljährlichen *Helminthosporium teres*-Epidemien sind im Herbst und Frühjahr auf der Bodenoberfläche liegende Strohreste sowie Ausfallgerste, auf denen der Schadpilz unter feuchtwarmen Bedingungen seine windverbreiteten Konidien bildet. Ebenso kann Sommergerste von benachbarten Wintergerstenbeständen befallen werden. Im Winterhalbjahr entsteht auf den Ernterückständen darüber hinaus die Hauptfruchtform (Pseudothezien) des Erregers, die ihre Ascosporen wegen der schleimigen Umhüllung nur im Umkreis von wenigen Zentimetern ausschleudert. Erstbefall kann schließlich auch von verseuchtem Saatgut ausgehen.

Für die Primärinfektion der Keimpflanze sind niedrige Bodentemperaturen (3–10 °C) und/oder trockene Auflaufbedingungen förderlich. – Konidien für sekundäre Ausbreitung entwickeln sich stets nur auf abgestorbenen Gewebeteilen, optimal bei 12–18 °C und Feuchtigkeit. Da die vorausgehende Bildung der Konidienträger zugleich langwelliges UV-Licht (aus der Sonneneinstrahlung) erfordert, ist in offenen, dünn stehenden Gerstenbeständen eher mit günstigen Licht- und Temperaturvoraussetzungen zu rechnen. Die Konidiosporenablösung und -verbreitung erfolgen nach einem starken Abfall der relativen Luftfeuchte (meist in den Mittagsstunden warmer Tage) bei mittleren Windgeschwindigkeiten (ca. 3 m/sec.). Nachfolgende Infektionen setzen dann Blattbenetzung über mindestens 100 Gradstunden voraus, bei 13 °C also über mindestens 8 Stunden. Für das Wachstum der Nekrosen sind Temperaturen von 12 bis 25 °C optimal; Blattnässe begünstigt die Ausbreitung ebenfalls.

Ein Wechsel von ein- bis mehrtägig regnerischer Witterung und 2-4 Tagen mit hoher Sonneneinstrahlung bei niedri-

Zeichen eines starken Infektionsschubes

Absterben ganzer Blattetagen durch Nekrosen und Vergilbung

ger Luftfeuchte und Wind begünstigt also die Netzfleckenepidemie. Erste Befallssymptome entstehen etwa 75 Gradtage (bei 13 °C nach 6 Tagen) nach Infektionsbeginn, erste Sporen ungefähr nach der doppelten Zeitdauer. Unter sommerlich feuchtwarmen Bedingungen ist demnach mit einer schnellen Generationsfolge des Erregers zu rechnen (Generationsdauer etwa 8-12 Tage). Der Schadpilz besiedelt dann im Verlauf mehrerer Generationen von unten nach oben die einzelnen Blattetagen seiner Wirtspflanze.

Keimlingsinfektionen gehen von Dauermyzel in Spelzen und Fruchtschale des Samens aus. Anders als der Erreger der Streifenkrankheit, *Helminthosporium gramineum,* erreicht *H. teres* nicht den Vegetationspunkt oder andere embryonale Gewebe seiner Wirtspflanze.

Bei einer sekundären Infektion dringt der Schadpilz in die Epidermiszellen des Gerstenblattes ein. Von hier wachsen die Pilzhyphen dann überwiegend zwischen den chlorophyllhaltigen Mesophyllzellen des Blattgewebes weiter. Die besiedelten und die den Pilzhyphen benachbarten Zellen werden durch die unmittelbare Pilzeinwirkung zerstört. In den chlorotischen Zonen um die Nekrosen wird dagegen das Pilzmyzel nur selten gefunden; die Vergilbungen sind vielmehr auf Toxine zurückzuführen.

Gegen den Netzflecken-Typ von *H. teres* gibt es bei den Sommergersten- sowie den mehrzeiligen Wintergerstensorten beachtliche quantitativ abgestufte Resistenzen, während die zweizeiligen Wintergerstensorten meist höhere Anfälligkeit zeigen. Gegen den Fleckentyp besitzen weder das Winter- noch das Sommergerstensortiment ausgeprägte Widerstandsfähigkeit. Soweit gegeben, handelt es sich überwiegend um eine Resistenz gegen die Ausbreitung des Erregers in der Wirtspflanze. Gewisse Unterschiede zwischen den Sorten gibt es auch bei der Sporulationsintensität.

Gegenüber den *Helminthosporium*-Infektionen sind physiologisch jüngere Blätter anfälliger als ältere. Die Schädigungsrate jedoch nimmt dann mit dem Blattalter zu, so daß insgesamt auf älteren Blättern die Befallssymptome stärker ausgeprägt sind.

Durch Vorverlegung der Aussaatzeit von Wintergerste erhöht sich das Infektionsrisiko. Der Einsatz hoher Stickstoffgaben und von Wachstumsregulatoren fördert die Befallsausbreitung.

Bedeutung, Vorkommen

Ertragsschäden durch den Netzfleckenerreger kommen in der Praxis vor allem durch die unmittelbare Zerstörung der Assimilationsflächen sowie die Toxinwirkung auf den obersten drei Blattetagen der Gerste zustande. In erster Linie ist die Tausendkornmasse reduziert. Bei frühem (zur Zeit des

Die beiden Symptomgruppen von *H. teres*: Fleckensymptome

Netzzeichnung

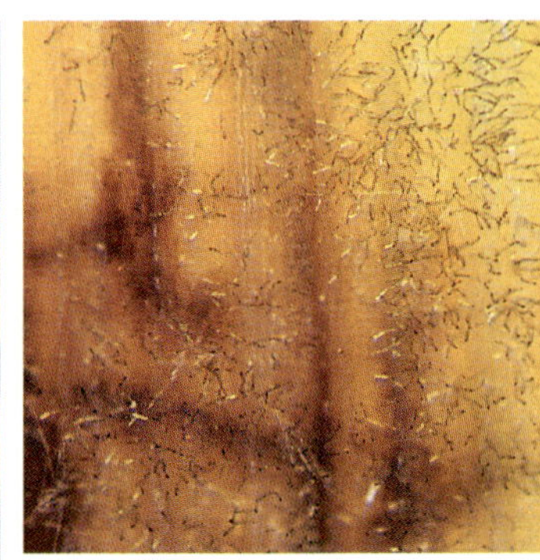

Ährenschiebens) und starkem Befall, z. B. der Sommergerste, wird auch die Kornzahl je Ähre vermindert. Bei 50 % Nekrosen und Chlorosen auf dem zweitobersten Blatt im Milchreifestadium ist ein Verlust von ca. 20 % zu erwarten. Diese Schadenshöhe wird in Befallsjahren bei anfälligen Sorten erreicht und sogar überschritten.

Die wirtschaftliche Bedeutung der Netzfleckenkrankheit hat im letzten Jahrzehnt zugenommen. Als Ursachen werden u. a. genannt das Anwendungsverbot für Quecksilberbeizmittel seit 1982, die Zunahme der Wintergerstenflächen bei hohem Anteil zweizeiliger Sorten und die frühzeitigere Aussaat, die intensivere Bestandesführung mit Einsatz von Wachstumsreglern und hohen N-Mengen, die weniger sorgfältige Strohbergung und -einarbeitung sowie die Anwendung nicht-*Helminthosporium*-wirksamer Halm- und Blattfungizide.

Vorbeugende Maßnahmen

Zur Minderung des Infektionsdruckes werden folgende Maßnahmen insbesondere für Hauptbefallslagen empfohlen: Möglichst kein Anbau von Gerste nach Gerste, Auswahl widerstandsfähiger Sorten, Zukauf gesunden, gebeizten Saatguts, Verzicht auf Wintergerstenfrühsaaten, sorgfältige Stroheinarbeitung und Förderung der Strohrotte, rechtzeitige Beseitigung von Ausfallgerste auf Brachflächen und Gerstendurchwuchs in Rapsbeständen sowie kein Anbau von Sommergerste in unmittelbarer Nachbarschaft von Wintergerste.

Wurde in den Stadien Schossen bis Ährenschieben Anfangsbefall festgestellt, so sollten *Helminthosporium*-wirksame Präparate bis drei Tage nach Beginn eines Infektionsschubes eingesetzt werden. Herbstbehandlungen versprechen nur bei außergewöhnlich hohem Infektionsdruck (10 % Befallsstärke auf den unteren Blättern) Erfolg.

Literatur

Brandl, F., und G. M. Hoffmann, 1989: Differenzierung physiologischer Rassen von *Drechslera teres* (Sacc.) Shoem., dem Erreger der Netzfleckenkrankheit an Gerste. Z. Pflanzenkrankh. Pflanzensch. **98**, 47–66.

Jordan, V. W. L., 1981: Aetiology of barley net blotch caused by *Pyrenophora teres* and some effects on yield. Pl. Pathol. **30**, 77-87.

Keon, J. P. R., und J. A. Hargreaves, 1983: A cytological study of the net blotch disease of barley caused by *Pyrenophora teres*. Physiol. Plant. Pathol. **22,** 321-329.

Kiewnick, L., 1975: Spontanes Auftreten von *Drechslera tuberosa* (Atk.) Shoem. (Hauptfruchtform *Pyrenophora japonica* Ito et Kurib.) an *Hordeum vulgare* L. im Nordrheingebiet. Nachrichtenbl. Deut. Pflanzenschutzd. (Braunschweig) **27**, 51–56.

Mauler, Astrid, 1983: Netzfleckenkrankheit der Gerste - Krankheitsentwicklung, Bekämpfung und Ertragsgestaltung. Diss. Georg-August-Univ. Göttingen, 153 S.

Shaw, M. W., 1986: Effects of temperature and leaf wetness on *Pyrenophora teres* growing on barley cv. Sonja. Pl. Pathol. **35**, 294-309.

Shipton, W. A., T. N. Khan und W. J. R. Boyd, 1973: Net blotch of barley. Rev. Pl. Pathol. **52**, 269-290.

Smedegård-Peterson, V., 1971: *Pyrenophora teres* f. maculata f. nov. and *Pyrenophora teres* f. *teres* on barley in Denmark. Yearbook of the Royal Veterinary and Agricultural University, Copenhagen, 124-144.

Braune Verfärbung an Halmen und Blattscheiden

***H. tuberosum*-Befallsbild (oben); *H. teres*-Pseudothezien (unten)**

Streifenkrankheit des Hafers – *Helminthosporium avenae*

Erreger, Wirtspflanzen, Spezialisierung

Zumindest in wärmeren Landesteilen ist der häufigste Blattfleckenerreger auf Hafer *Helminthosporium avenae*. Die wissenschaftlich korrekten Bezeichnungen für den zur Klasse der Ascomyceten zählenden Schadpilz lauten

Konidienform: *Drechslera avenae* (Eidam) Scharif

Hauptfruchtform: *Pyrenophora avenae* Ito et Kuribay.

Als Wirtspflanzen gelten alle Haferarten, also auch Flughafer und weitere Wildhaferarten. Eine physiologische Spezialisierung ist nicht bekannt. Ein ähnliches Konidienstadium, nämlich *Drechslera avenacea* (Curt. ex Cooke) Shoem., kommt auch auf anderen Getreidearten vor.

Schadbild, Verwechslungsmöglichkeit

Keimlinge stark infizierter Samen sterben ab, bevor sie die Erdoberfläche erreichen, oder es entstehen auf den ersten ein bis drei Blättern nekrotische Längsstreifen; diese Blätter sind oft verdreht und verkürzt. Derart befallene Pflanzen werden in ihrer Anfangsentwicklung gehemmt.

Die Ausbildung der durch Sekundärinfektionen hervorgerufenen Flecke in späteren Haferentwicklungsstadien nimmt ebenfalls einen charakteristischen Verlauf: Es zeigen sich zunächst punktförmige Aufhellungen, aus denen violette ovale Blattflecke mit einem hellen Zentrum hervorgehen. Schließlich dehnen sich die Befallssymptome zu streifenförmigen Nekrosen aus, die seitlich von Blattadern begrenzt werden. Blattscheiden und Halme bleiben – anders als bei Befall durch *Septoria avenae* – weitgehend befallsfrei. – Bei einer Infektion von Rispen und Körnern können taube Kornanlagen und Kümmerkorn entstehen.

Biologie, befallsfördernde Faktoren

Die Primärinfektion junger Haferpflanzen durch *Helminthosporium avenae* ist fast ausschließlich auf Saatgutbefall zurückzuführen. Das Dauermyzel des Erregers, noch nach 10 Jahren lebensfähig, findet man auf den Innenseiten der Spelzen und in der Fruchtwand des Haferkorns, ohne daß der Same äußerlich erkennbare Befallssymptome zeigt. Während der Keimung dringt das Pilzmyzel zur Koleoptile, den Anlagen der ersten ein bis drei Blätter und im Extremfall bis zum Vegetationspunkt vor. Das Ausmaß der Primärinfektionen ist abhängig von der Dauer dieser kritischen Keimphase.

Sekundärinfektionen während der späteren Haferentwicklung gehen dann von Konidien aus, die sich auf nekrotisiertem Blattmaterial bilden. Nur selten werden auf Ernterückständen die Pseudothezien des Schadpilzes gefunden, so daß die Ascosporen für eine *Helminthosporium*-Epidemie wohl nur geringe Bedeutung besitzen. Die Streifensymptome auf den Blattspreiten sind ty-

Die gefährliche Keimlingserkrankung

Streifensymptome auf den Blattspreiten, meist von Gefäßbündeln begrenzt

pisch für zahlreiche auf Getreide und Gräsern vorkommende Helminthosporien (außer *Helminthosporium sativum)*, weil die Erreger sich lediglich im chlorophyllhaltigen Blattgewebe ausbreiten, hingegen kaum im verholzten Festigungsgewebe um die Gefäßbündel. Bei hoher Luftfeuchtigkeit entstehen auch breite, oft unregelmäßig geformte Blattflecke. Konidieninfektionen durch die geöffneten Spelzen, insbesondere zur Zeit der Haferblüte, schließen dann über die Kontamination des Haferkorns den Entwicklungskreislauf des Erregers (Blüten-Keimlings-Infektion).

Aussaaten in kühle (6-10 °C) und/oder trockene Böden begünstigen die Primärinfektion, da der Haferkeimling lange im empfindlichen Stadium bleibt. Die Konidienbildung für Sekundärinfektionen wird durch wechselnde Witterung mit Niederschlägen und ausreichend Sonnenschein bei Tageshöchsttemperaturen über 20 °C gefördert. Die Epidemieausbreitung erfolgt daher meist in mehreren Schüben.

Die Hafersorten unterscheiden sich in ihrer Anfälligkeit gegenüber *Helminthosporium avenae*. Die unteren älteren Blattetagen sind anfälliger als die jüngeren.

Bedeutung, Vorkommen

Bei der Streifenkrankheit des Hafers werden zwei Schadensphasen unterschieden, nämlich schlechtes Auflaufen der Saaten nach Befall des Ernteguts sowie direkte Ertragsverluste nach Befall in fortgeschrittenen Haferentwicklungsstadien. Seit dem Anwendungsverbot für quecksilberhaltige Beizmittel wird das Auftreten der Streifenkrankheit häufiger beobachtet, zumal die Praxis nunmehr das Saatgut vielfach ungebeizt oder behandelt mit gegenüber *Helminthosporium* z. T. nur unzureichend wirksamen Billigbeizmitteln aussät. Dem Befall im Keimlingsstadium kommt wohl die größere wirtschaftliche Bedeutung zu, wenn auch Keimschäden oftmals von gesunden Nachbarpflanzen kompensiert werden. Mit Ertragsverlusten durch eine Blatterkrankung nach dem Schossen des Hafers ist nur bei starkem Befall zu rechnen. Dieser sollte allerdings besonders bei der Saatguterzeugung beachtet werden.

Die Streifenkrankheit des Hafers ist in wärmeren Regionen Deutschlands die häufigste Blattfleckenerkrankung dieser Getreideart. Keimlingserkrankungen haben in kühlen Anbaulagen größere Bedeutung.

Vorbeugende Maßnahmen

Die Infektionskette des fast ausschließlich saatgutübertragenen Erregers *H. avenae* sollte durch Saatguthygiene unterbrochen werden, d. h. durch Saatgutgewinnung aus möglichst gesunden Beständen, und ggfs. durch geeignete Saatgutbeizung. Mehrere Gründe sprechen gegen einen Verzicht auf frühe Haferaussaattermine. In Hauptbefallslagen wähle man auch eine weniger anfällige Hafersorte. Den Flughaferbesatz auf dem Acker wird der Landwirt ohnehin in allen Fruchtfolgegliedern begrenzen.

Literatur

Müller, H. J., 1963/64: Untersuchungen über Blattfleckenkrankheiten des Hafers. I. Symptomatologie von *Helminthosporium avenae* Eidam. Phytopathol. Z. **49**, 177-202.

Muskett, A. E., 1937: A study of the epidemiology and control of *Helminthosporium* disease of oats. Ann. Bot. **1**, 763-784.

Obst, A., 1986: *Helminthosporium*-Erkrankungen des Getreides – wirtschaftliche Bedeutung, alljährliche Entwicklung, direkte Bekämpfung. Bayer. Landwirtsch. Jahrb. **63**, 961-971.

Ruland, W., J. Frahm und H. Fehrmann, 1986: Zur Krankheitsentwicklung von *Drechslera avenae* an Hafer. Z. Pflanzenkrankh. Pflanzensch. **96**, 39-46.

Turner, D. M., und W. A. Millard, 1931: Leaf-spot of oats, *Helminthosporium avenae* (Bri. and Cav.) Eid. Ann. appl. Biol. **18**, 535-558.

***Helminthosporium*-Blattflecke im Haferbestand**

Streifenkrankheit der Gerste – *Helminthosporium gramineum*

Erreger, Wirtspflanzen, Spezialisierung

Verursacher der Streifenkrankheit an Gerste ist der Ascomycet *Pyrenophora graminea* Ito et Kuribay; geläufiger ist der Name der Konidienform *Helminthosporium gramineum,* die korrekterweise als *Drechslera graminea* (Rabenh.) Shoem. bezeichnet wird. *H. gramineum* ist ein hochspezialisierter Erreger. Bezüglich Virulenz und Aggressivität zeigt der Pilz hohe Variabilität, die offensichtlich mit seiner Vielkernigkeit und ständigen Neukombination des genetischen Ausgangsmaterials zu erklären ist.

Schadbild, Verwechslungsmöglichkeit

Schon im Keimlingsstadium können einzelne Pflanzen chlorotische Längsstreifen an Blättern und Blattscheiden aufweisen, oft fallen die Symptome aber erst in der Schoßphase auf. Besonders auf den oberen Blättern bilden sich dann die typischen parallel angeordneten Streifenchlorosen. Später sind die Nekrosen mit einem schwarzbraunen Sporenbelag überzogen. Durch Windeinwirkung können die Streifen leicht aufgeschlitzt werden.

Die Pflanzen sind im Wuchs gehemmt, und die Ähren bleiben – soweit überhaupt entwickelt – in der Blattscheide stecken, wobei sich die Grannen verbiegen. Es entsteht höchstens Schrumpfkorn ohne Keimfähigkeit. Die erkrankten Pflanzen – zufällig verteilt im Gerstenbestand – sterben schließlich vorzeitig ab. Auch Pflanzen ohne erkennbare Symptome können latent befallen und beeinträchtigt sein. Steckenbleiben der Gerstenähren wird auch nach Blattlausbefall oder einer Kälteperiode kurz vor dem Ährenschieben beobachtet. Zu chlorotischen Streifen kommt es bei Wintergerste (sehr selten!) auch durch die *Cephalosporium*-Streifenkrankheit, bei Spätbefall mit dem Gelbverzwergungsvirus und bei Magnesiummangel im Boden.

Biologie, befallsfördernde Faktoren

Der Befall geht vom Dauermyzel des Erregers zwischen Spelze und Korn aus. Das Pilzmyzel wird am häufigsten an der Kornspitze gefunden; für die Keimlingsinfektion ist jedoch das Inokulum allein in Embryonähe gefährlich. Die Infektion beginnt an der Keimwurzelscheide, der Pilz wächst systemisch in die jungen, noch embryonalen Blatt- und Halmanlagen bis zum Vegetationskegel. Bei rascher Keimlingsentwicklung bleibt letzterer hingegen u. U. befallsfrei. Die Besiedlung über die Leitgefäße und das angrenzende parenchymatische Gewebe führt zu den typischen Blattchlorosen und -nekrosen. Auf den abgestorbenen Gewe-

Streifenchlorosen und -nekrosen über die ganze Blattspreite

Absterben einzelner Pflanzen im Gerstenbestand

bestreifen entwickeln sich schließlich die Konidien, die der Wind auf die Ähren weht, wo sie an der Kornspitze, der Ansatzstelle der Grannen, auskeimen; das Myzel dringt in das Innere des Gerstenblütchens ein. Nur frühe Blütenkontaminationen führen zu hohen Infektionsraten. Dem Korn ist die Verseuchung äußerlich kaum anzusehen (geringere Korngröße). *H. gramineum* hat also jährlich nur einen Vermehrungszyklus. Während der Blüte wird die Kornanlage verseucht, doch erst bei der Saatgutkeimung dringt der Parasit in die Pflanze ein. Es handelt sich demnach um eine Blüten-Keimlings-Infektion. – Eine Infektion des jungen Keimlings im Frühjahr über Ascosporen aus Pseudothezien hat keine praktische Bedeutung. Nach Saatgutverseuchung ist mit hoher Infektionsrate vor allem bei ungünstigen Keimbedingungen zu rechnen, da der Erreger dann genügend Zeit hat, vor dem Schossen der Gerste die junge Sproßachse zu besiedeln. Kleinere Körner mit geringerer Triebkraft, wie sie mehrzeilige Gerstensorten liefern, haben schlechtere Chancen, dem Pilz davonzuwachsen. Die wichtigste Einflußgröße ist aber die Temperatur. Befallsmaximum bei 2 °C (mindestens 21 Tage lang); über 10 °C äußerst geringer Infektionserfolg. Wechsel von kalter und warmer Witterung hingegen begünstigt die Infektion. Bei gleichem Verseuchungsgrad können also bei unterschiedlichen Keimbedingungen alle Übergänge von latentem Befall bis zu starken Symptomen auftreten. Die Witterung nach dem Auflaufen hat kaum noch Einfluß auf die Befallsstärke. Im Krankheitsverhalten der Gerste zeigen sich durchaus sortentypische Unterschiede. Neben äußeren Merkmalen wie hohes Tausendkorngewicht (= höhere Auflaufgeschwindigkeit) und geschlossenes Abblühen gibt es physiologische Resistenzfaktoren, deren Natur allerdings noch nicht vollkommen geklärt ist. Wegen der guten Erfolge der fungiziden Saatgutbehandlung gab es bisher wenig Anreize für eine Resistenzzüchtung.

Bedeutung, Vorkommen

Die Streifenkrankheit der Gerste ist weltweit verbreitet und gehört in Nordeuropa zu den potentiell gefährlichsten Getreidekrankheiten.

In Deutschland ist sie allerdings nur dort von Bedeutung, wo weder regelmäßiger Saatgutwechsel noch Saatgutbeizung erfolgen. So bleibt unbemerkt, daß ohne diese Maßnahme Ertragsverluste von 60-80 % möglich sind.

Vorbeugende Maßnahmen

Zur Vorbeuge gegen diese saatgutbürtige Krankheit wird die Verwendung von gut sortiertem und schonend getrocknetem Saatgut aus gesunden Beständen empfohlen (Z-Saatgut!). Auch bei längerer Lagerung geht der Verseuchungsgrad des Saatguts kaum zurück. Um die höheren Temperaturen für ein rascheres Auflaufen der Saat zu nutzen, ist der Saattermin bei Wintergerste früh, bei Sommergerste spät zu wählen; andere phytopathologische Gründe sprechen allerdings gegen diese Saatzeitenregelung. Der Landwirt wird ohnehin für ein schnelles Auflaufen der Gerste sorgen.

Literatur

Knudsen, J. C. N., 1986: Resistance to barley leaf stripe. Z. Pflanzenzücht. **96**, 161–168.

Kraus, A., 1978: Zur Biologie und Bekämpfung der Streifenkrankheit *(Drechslera graminea* (Rabh. ex Schlecht.) Shoem.) an Gerste *(Hordeum vulgare* L.). Diplomarbeit Techn. Univ. München-Weihenstephan, Lehrstuhl für Phytopathologie, 122 S.

Platenkamp, R., 1976: Investigations on the infection pathway of *Drechslera graminea* in germinating barley. Kongelige Veterinaer- og Landbohjskoles Aarsskrift 49–64 (referiert in Rev. Pl. Pathol. **56**, 319, 1977).

Walther, H. F., und G. M. Hoffmann, 1982: Der Einfluß der Temperatur auf die Befallshöhe von Gerstenpflanzen durch Streifenkrankheit *(Drechslera graminea)* und die Wirkung Hg-freier Beizmittel. Z. Pflanzenkrankh. Pflanzensch. **89**, 449-462.

Ähren bleiben in Blattscheiden stecken

Das Endstadium der Erkrankung

Steinbrand des Weizens – *Tilletia caries*

Erreger, Wirtspflanzen, Spezialisierung

Der Weizensteinbrand, auch Stinkbrand genannt, wird durch den Basidiomyzeten *Tilletia caries* (DC.) Tul. verursacht. Er tritt hauptsächlich an Kulturweizen auf, aber auch an Roggen, Triticale, Gerste und zahlreichen Kultur- und Wildgräsern. Es gibt viele Rassen mit unterschiedlicher Pathogenität.

Schadbild, Verwechslungsmöglichkeit

Bis zum Ährenschieben fallen an Steinbrand erkrankte Pflanzen äußerlich kaum auf. Oft sind die Pflanzen jedoch stärker bestockt und die Halme gelegentlich verkürzt. Die Ähren sind blaugrün gefärbt, später schmutziggrau; die Spelzen sind vor der Reife auseinandergespreizt. Statt der Weizenkörner werden brandige, mehr kugelige Körner (Brandbutten) mit intakter Fruchtwand und Samenschale sichtbar. Sie enthalten eine schwarze, schmierige Masse aus 4 - 5 Mill. Brandsporen, die nach Heringslake riecht. Die Fruchtwand der zunächst noch weichen Butten ist bei Ährenreife hart, die Sporenmasse dann pulvrig. Die Sporen werden erst beim Dreschen frei. Kranke Pflanzen sind länger grün und bleiben im Wuchs bis um ein Drittel zurück.

Der Weizensteinbrand ist mit dem Zwergsteinbrand (*T. contraversa*) verwechselbar. Letzterer hat normalerweise deutlich kürzere Halme.

Biologie, befallsfördernde Faktoren

Übertragung und Überwinterung von *T. caries* erfolgen durch die außen an gesunden Körnern haftenden Sporen, die beim Dreschen aus den Brandbutten gestäubt sind und sich vor allem an den Bärtchen festgesetzt haben. Sporen im Boden keimen bei ausreichend Bodenfeuchte noch im Herbst, ihr Myzel stirbt ab. Bei trockener Lagerung und Raumtemperatur dagegen bleibt die Keimfähigkeit bis zu 20 Jahren erhalten. Wenn das mit Brandsporen behaftete Saatkorn keimt, findet auch die Sporenkeimung statt, danach erfolgt die Besiedlung der Fruchtwand und die anschließende Infektion der Koleoptile. Der Erreger wächst nach der Keimlingsinfektion systemisch bis kurz unterhalb des Vegetationskegels. Dabei breitet er sich interzellulär zunächst in Sproßachse und Blättern aus. Erst während der Schoßphase werden Vegetationskegel und Ährenanlage besiedelt, wobei bis zur Ernte alle oder nur einzelne Ährchen sich zu Brandbutten, die äußerlich gesunden Körnern mehr oder weniger ähnlich sind, entwickelt haben.

Die Dauer des Auflaufens entscheidet über die Höhe des Befalls. So führt durch niedrige Temperaturen und/oder Trockenheit bedingte Auflaufverzögerung zu deutlich höheren Infektionsraten. Infektionen finden bei Temperaturen von 5-15 °C statt, das Optimum liegt

Steinbrand: Statt der Weizenkörner werden Brandbutten ausgebildet

Brandbutten neben Weizenkörnern

bei 6-7 °C. Bei höheren Temperaturen wird das Auflaufen des Weizens derart beschleunigt, daß nur wenigen Sporen die Infektion gelingt. Je nach Sortenresistenz sind 100-5000 Brandsporen pro Korn für die Infektion erforderlich. Eine Verseuchung von 1 g Brandsporen je 1 kg Saatgut entspricht einer Dichte von 20.000 Sporen pro Same.

Bedeutung, Vorkommen

Der Weizensteinbrand kommt in allen Weizenanbaugebieten vor. *T. caries* herrscht in Nord- und Mitteleuropa vor, die sehr eng verwandte Art *T. foetida* tritt nur in den wärmeren Regionen von Nordamerika und Südosteuropa auf.

Steinbrand bleibt eine potentielle Gefahr vor allem dort, wo mehrjährig eigenes, ungebeiztes Saatgut verwendet wird. Bei Saatgutvermehrungsbeständen sind 5 befallene Pflanzen/150 m^2 der Grenzwert für die Anerkennung. Befallene Partien können wegen der Geschmacksbeeinträchtigung nicht mehr als Mahlweizen verkauft werden. Zwergsteinbrandsporen bleiben nach einer Darmpassage bei landwirtschaftlichen Nutztieren sowie Insekten z.T. infektionsfähig. Befallener Weizen wird in der Regel als Tierfutter verwertet, vor allem für Schweine. Ab einem Steinbrandanteil von 5% in der Futterration wurden Minderzunahmen festgestellt. Nierenbefunde lassen auf Toxineinwirkung schließen. Der Brandsporenanteil sollte daher in der Anfangs- und Mittelmast unter 5% liegen. Ca. 5 Wochen vor der Schlachtung setzt man befallenen Weizen in der Fütterung ganz ab, um eine Gefährdung des Menschen durch Toxine auszuschließen.

Vorbeugende Maßnahmen

Alle acker- und pflanzenbaulichen Maßnahmen, die eine schnelle Keimung und zügiges Auflaufen des Weizens gewährleisten, wie z. B. frühe, nicht zu tiefe und dichte Aussaat des Winterweizens und spätere Aussaat des Sommerweizens, Saatgut mit hoher Keim- und Triebkraft vermindern das Befallsrisiko. Die bedeutendste und sicherste direkte Maßnahme ist die Saatgutbeizung.

Literatur

Hansen, Frauke, 1959: Anatomische Untersuchungen über Eindringen und Ausbreitung von *Tilletia*-Arten in Getreidepflanzen in Abhängikeit vom Entwicklungszustand der Wirtspflanze. Phytopathol. Z. **34**, 169-208.

Müller, E., 1977: Die Verträglichkeit von Weizensteinbrand beim Schwein. Dtsch. Tierärztl. Wschr. **84**, 43-45.

Schuhmann, G., 1966: Untersuchungen über die physiologische Spezialisierung von *Tilletia caries* (DC.) Tul. und *Tilletia controversa* Kühn in Deutschland und das Resistenzverhalten von Weizensorten. Mitt. Biol. Bundesanst. Land- und Forstwirtsch., Berlin-Dahlem H.117, 95 S.

Thomas, P. L., 1991: Genetics of small-grain smuts. Ann. Rev. Phytopathol. **29**, 137-148.

Jede Brandbutte enthält 4–5 Mill. Sporen

Brandsporen 18/1000 mm groß

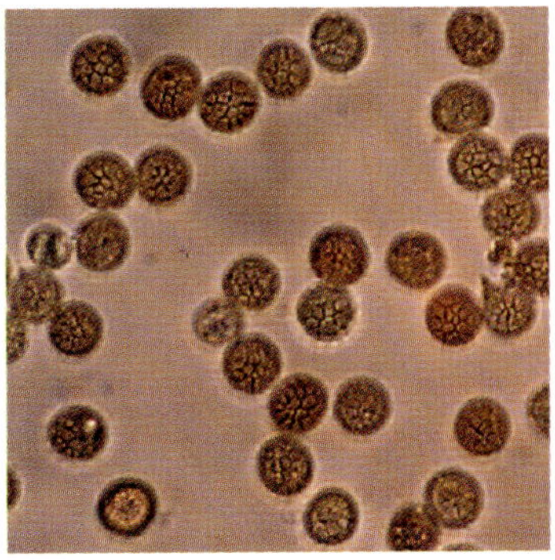

Zwergsteinbrand des Weizens – *Tilletia contraversa*

Erreger, Wirtspflanzen, Spezialisierung

Der zu den Basidiomyzeten zählende Erreger *Tilletia contraversa* Kühn ist die Ursache des Zwergsteinbrandes an Weizen. Von den Wirtspflanzen werden unter natürlichen Infektionsvoraussetzungen fast nur Winterweizen (Weichweizen und Dinkel), gelegentlich auch Winterroggen befallen. Sehr selten findet man den Schadpilz auch auf weiteren Kultur- und Wildgräsern wie z. B. der Quecke.

T. contraversa neigt sehr zur Bildung physiologischer Rassen bzw. Pathotypen. Es sind 39 Rassen, die auf 8 Virulenzgenen basieren, bekannt. In Deutschland wurden 8 Rassengruppen nachgewiesen. Die zugelassenen Weizensorten sind stark anfällig.

Schadbild, Verwechslungsmöglichkeit

Symptome des Zwergsteinbrandes sind zunächst deutlich stärker bestockte Weizenpflanzen. Der Zwergsteinbrand bildet wie der Weizensteinbrand in den Ähren statt der Körner Brandbutten, die meist kleiner, runder und fester als die des Steinbrandes sind. Besonders augenfälliges Merkmal des Zwergsteinbrandes sind die stark eingekürzten Halme erkrankter Pflanzen (Verzwergung). Oft entwickeln sich Haupt- und einzelne Nebentriebe normal mit gesunden Ähren, die übrigen bleiben verzwergt mit buttenhaltigen Ähren. Der Zwergsteinbrand ist mit dem gewöhnlichen Steinbrand verwechselbar, da auch dieser Halmverkürzungen, allerdings weniger stark ausgeprägt, hervorruft. Eine weitere Verwechslungsmöglichkeit besteht mit dem Schadbild der Gelben Getreidehalmfliege (*Chlorops pumilionis*).

Biologie, befallsfördernde Faktoren

Die kugeligen bis elliptischen, gelblichen bis rötlichbraunen, 16-25 µm großen Sporen, deren Außenwand mit einem vieleckigen Leistennetz versehen ist, landen beim Mähdrusch aus zerschlagenen Butten oder in ganzen Butten auf dem Boden. Dort können sie bis zu 10 Jahre überdauern. Der Erreger überlebt auch am Saatkorn. Beim Dreschen stäuben aus den zerschlagenen Butten Sporen aus und gelangen auf Weizenkörner, wo sie hauptsächlich an dem Bärtchen haften bleiben. Die Hauptinfektion der Pflanzen geht allerdings nicht wie bei anderen Brandkrankheiten vom Getreidekorn aus, sondern nimmt ihren Ausgang von Sporen, die nahe an der Bodenoberfläche liegen. Zwergsteinbrandsporen keimen nur an der Bodenoberfläche. Günstig ist Schwachlicht unter Kurztagsverhältnissen. Es müssen weiterhin anhaltend niedrige Temperaturen (2-3 Monate unter 10 °C), Feuchtigkeit und anfällige Weizenentwicklungsstadien (Keimlinge oder Knospen für Seitentriebe) zusammentreffen. Die Infektion erfolgt in erster

Zwergsteinbrand: Ähre mit Brandbutten

Sporen mit hohen Netzleisten und Schleimschicht (ca. 300fach vergrößert)

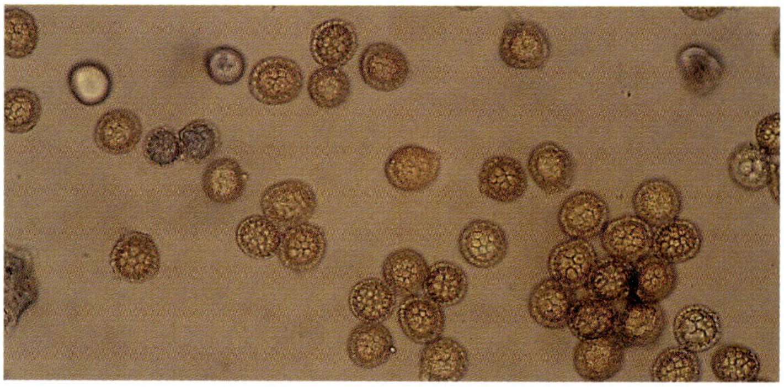

Linie während des Bestokkungsstadiums über die Anlagen von Seitentrieben. Das Myzel breitet sich ähnlich wie bei *T. caries* in der Pflanze aus und bildet in den Blüten die Brandbutten. Die starke Halmverkürzung weist auf Eingriffe in den Wuchsstoffhaushalt des Wirtes hin. *T. contraversa* wird durch Sporen am Saatgut, Stroh, unvergorenem Stallmist, Mähdrescher und beim Drusch mit dem Wind verbreitet. Zu großen Schäden kommt es nur, wenn der Witterungsverlauf zum gleichzeitigen Auftreten von infektionstüchtigem Myzel und anfälligen Entwicklungsstadien des Weizens führt. Besonders gefährdet sind Pflanzen, die längere Zeit bei nicht gefrorenem Boden von Schnee bedeckt sind.

Bedeutung, Vorkommen

Der Zwergsteinbrand tritt nur in den kühleren, gemäßigten Klimazonen auf. Innerhalb Deutschlands ist der Zwergsteinbrand nur im süddeutschen Raum anzutreffen. Die Befallsraten liegen im Bereich von Feldrändern, Vorgewenden und Mittelfurchen meist deutlich höher als im übrigen Bestand. In Saatgutvermehrungsbeständen ist bei Winterweizen maximal 1 befallene Pflanze 150 m^2 zulässig. Mit Zwergsteinbrand verseuchter Weizen ist auf internationalen Märkten oft nicht handelsfähig (Pflanzenquarantäne). Der Futterwert von zwergsteinbrandhaltigem Weizen ist beeinträchtigt.

Vorbeugende Maßnahmen

Bei der Bekämpfung stehen vor allem die pflanzenbaulichen Maßnahmen und die Ackerhygiene im Vordergrund. Dazu zählen: Verwendung von gesundem, anerkanntem Saatgut, kein Kauf von Stroh aus Befallsgebieten. Der Winterweizenanteil in der Fruchtfolge soll in Befallslagen 20 % nicht übersteigen, ersatzweise baut man Sommerweizen, Roggen oder Gerste an. Späte Weizensaaten sind in der Regel weniger als frühe Ansaaten gefährdet.

Spezialbeizmittel töten nicht nur die am Saatgut haftenden Sporen ab, sondern verhindern über den im Boden um das Saatkorn gebildeten Beizhof weitgehend eine Keimlingsinfektion.

Literatur

Hoffmann, J. A., 1982: Bunt of wheat. Plant Disease **66**, 979-986.

Purdy, L. H., E. L. Kendrick, J. A. Hoffmann und C. S. Holton, 1963: Dwarf bunt of wheat. Ann. Rev. Microbiol. **17**, 199-222.

Schauz, K., 1977: Die Promyzel- und Sporidienbildung beim Zwergsteinbrand - *Tilletia controversa* (Kühn) - in Abhängigkeit von der Lichtquantität und -qualität. Phytopathol. Z. **89**, 135-145.

Smilanick, J. L., M. Dupler, B. J. Goates, J. A. Hoffmann, D. Clark und D. Dobson, 1986: Germination of teliospores of Karnal, dwarf, and common bunt fungi after ingestion by animals. Plant Disease **70**, 242-244.

Stockwell, V. O. und E. J. Trione, 1986: Distinguishing teliospores of *Tilletia controversa* from those of *T. caries* by fluorescence microscopy. Plant Disease **70**, 924-926.

Zwergsteinbrandbefallene Triebe nur halb so hoch wie gesunde Pflanzen

Brandähre (links) neben gesunder Ähre

Weizen- und Gerstenflugbrand – *Ustilago tritici, Ustilago nuda*

Erreger, Wirtspflanzen, Spezialisierung

Der Erreger des Weizen- und Gerstenflugbrandes ist der zu der Klasse der Ständerpilze (Basidiomyzeten) zählende Pilz *Ustilago nuda,* der nach den neuesten Regeln der Nomenklatur bei Weizen als *Ustilago tritici* (Pers.) Rostrup f. sp. *tritici* und bei Gerste als *U. tritici* (Pers.) Rostrup f. sp. *hordei* (Schaffnit) Boerema, Pieters und Hamers bezeichnet wird. Seit der eindeutigen Differenzierung wird oft für den Weizenflugbrandpilz der Name *U. tritici* und für den auf Gerste *U. nuda* verwendet. Beide Pathogene sind in ihrer Morphologie sehr ähnlich und stimmen in Schadbild, Biologie weitgehend überein.

Der Wirtspflanzenkreis von *U. nuda* ist ausschließlich auf Gerstenarten beschränkt; *U. tritici* befällt alle Kulturarten des Weizens, daneben vereinzelt Roggen, Triticale sowie Gräsergattungen wie *Aegilops, Agropyron. U. nuda* und *U. tritici* sind auf ihren jeweiligen Wirt spezialisiert. Es besteht somit keine Übertragungsgefahr von Weizenflugbrand auf Gerste und umgekehrt.

Beide Erreger treten in zahlreichen physiologischen Rassen auf. Beim Weizenflugbrandpilz wird von 22 Rassengruppen und beim Gerstenflugbranderreger von 20 Rassen berichtet.

Es liegen unterschiedliche Sortenresistenzen bei Weizen und Gerste vor. Neben graduellen Unterschieden im geschlossenen Abblühen (Scheinresistenz) gelten als echte, physiologisch bedingte Resistenzformen die Embryoresistenz (kein Pilzmyzel im Skutellum), die Resistenz der Sproßknospe (Myzel im Skutellum, hingegen nicht im Vegetationspunkt) und die Feldresistenz (trotz Embryoinfektion keine Ausbildung von Flugbrandähren).

Schadbild, Verwechslungsmöglichkeit

Wie bei den meisten Flugbranden handelt es sich um eine systemische Infektion mit einer über viele Monate sich erstreckenden Latenzphase, so daß die Symptome erst sehr spät sichtbar werden. An Flugbrand erkrankte Pflanzen sehen normalerweise bis zum Ährenschieben gesund aus. Die kranken Ähren werden etwas früher geschoben. Statt Kornanlage und Spelzen enthalten sie dunkelbraune bis schwarze Sporenmassen, die zunächst von einem silbrigen dünnen Häutchen umschlossen sind. Nach dem Ährenschieben reißt es auf, und die Brandsporen stäuben unter der Einwirkung von Wind (Flugbrand) aus, so daß schließlich bei der Getreidereife nur noch die nackten, etwas geschwärzten, aufrecht stehenden Ährenspindeln zurückbleiben, welche die gesunden, geneigten Ähren überragen; häufig bleiben an teilbefallenen Pflanzen die Nebentriebe befallsfrei.

Der Gerstenflugbrand ist mit dem Gerstenhartbrand (*U. hordei)* verwechselbar.

Flugbrandsporen zunächst von einem dünnen Häutchen bedeckt

Brandige Gerstenähre: die Sporen verstäuben

Biologie, befallsfördernde Faktoren

Zur Blütezeit gelangen von den Brandähren große Mengen brauner, feinwarziger, kugeliger, 5–9 µm großer Sporen durch Luftbewegung auf blühende Ähren gesunder Pflanzen. Mit dem Wind können die Sporen bis zu 150 m weit transportiert werden. Die Brandsporen gelangen in die geöffneten Blüten, wo sie auskeimen und sexuell differenzierte Basidiosporen abschnüren. Nach ihrer Fusion infiziert das Myzel den Embryo (Blüten-Embryo-Infektion).

Die Ährchen können schon am ersten Tag nach dem Öffnen der Blüten infiziert werden; die günstigste Zeit liegt unmittelbar nach der Befruchtung. Danach nimmt der Infektionserfolg schnell ab. Infektionen beginnen ab 12 °C, optimal sind 18–25 °C und eine relative Luftfeuchte von 80–100 %.

Mit der Kornausbildung geht das interzellulär wachsende Myzel in ein Ruhestadium über. Den Körnern ist äußerlich nichts anzusehen; sie können zwar kleinkörniger sein als gesunde, sind aber normalerweise nicht klein genug, um mit der Saatgutreinigung entfernt zu werden. Das Ruhemyzel kann mehrjährig im Samen überdauern, der Erkrankungsgrad flugbrandinfizierter Gerstenkörner nimmt während fünfjähriger Lagerung kaum ab.

Bei der Keimung des Korns dringt der Pilz intrazellulär in den Keimling ein und wächst interzellulär hinter dem Vegetationspunkt her, wobei das Myzel während der Streckung in der gesamten Pflanze einschließlich ihrer Bestockungs-

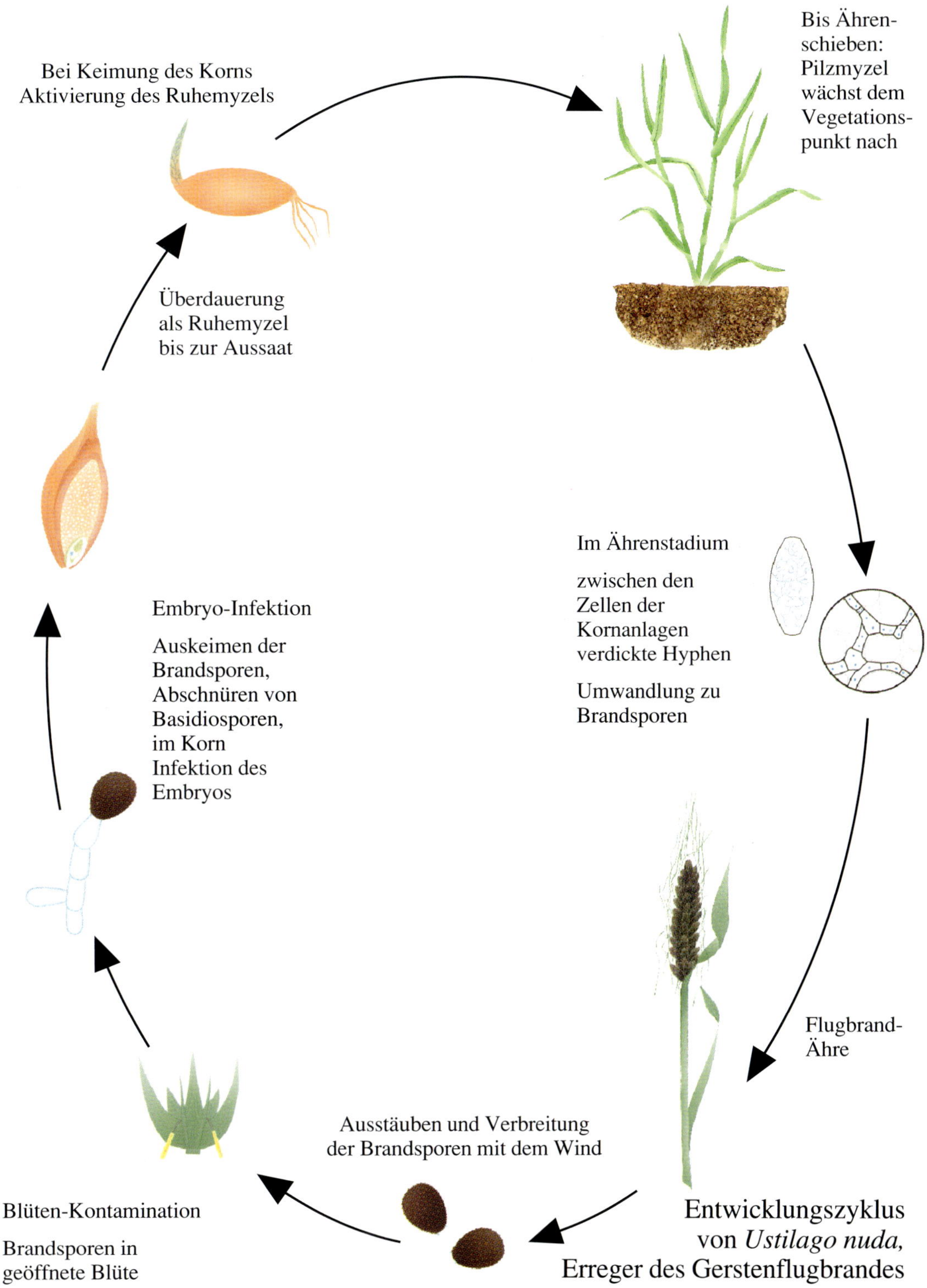

Entwicklungszyklus von *Ustilago nuda,* Erreger des Gerstenflugbrandes

triebe unregelmäßig verteilt wird. In den sich entwickelnden Ähren bildet der Erreger stark verdickte Hyphen, die sich in Flugbrandsporen umwandeln, mit denen der Zyklus erneut beginnt.

Das Ausmaß der Embryoinfektion ist abhängig von der Sortenreaktion, der Witterung zur Blüte, Länge der Blütezeit und der Entfernung von der Infektionsquelle. Offen blühende Sorten werden stark, geschlossen blühende meist nicht befallen. Eine lange Blühdauer mit hoher Luftfeuchte und warmer Witterung erhöht den Infektionserfolg. Infektionsquellen sind im Bestand aufgewachsene brandige Ähren und jene aus benachbarten Feldern. Mit zunehmender Entfernung vom Befallsherd nimmt die Infektionsgefahr ab. Der Brandsporenflug ist unabhängig von der Tageszeit oder bestimmen Wetterlagen, der maximale Sporenflug fällt meist mit der Blütezeit zusammen. Erfolgt das Auflaufen bei niedrigen Temperaturen, so ist der Flugbrand in den Ähren geringer als bei höheren. Bereits aus diesem Grunde ist Winterweizen weniger als Wintergerste gefährdet. Witterungs- und bodenbedingte Einflüsse auch während des weiteren Getreidewachstums spiegeln sich gleichfalls in der Befallshäufigkeit wider.

Bedeutung, Vorkommen

Der Flugbrand des Weizens und der Gerste kommt in allen Anbaugebieten der Welt vor, hat allerdings seine stärkste Verbreitung in humiden und semihumiden Klimazonen. Mit der Einführung wirksamer Beizmittel und ihrer langjährigen Anwendung hat er aber seine große Bedeutung im Getreidebau verloren. Wird jedoch die Saatgutbeizung unterlassen, ist ein vermehrtes Auftreten von Brandkrankheiten die Folge. Neuerdings tritt vereinzelt der Flugbrand in Gerste wieder verstärkt auf. Wirtschaftliche Einbußen entstehen für Saatguterzeuger durch Aberkennung der Weizen- und Gerstenflächen bereits bei geringem Brandbesatz (zugelassene Höchstzahl sind 5 befallene Pflanzen je 150 m^2).

Vorbeugende Maßnahmen

Den sichersten Schutz vor Flugbrandinfektionen gewährleistet zertifiziertes Saatgut, das im Herbst spät und im Frühjahr zeitig ausgesät werden sollte.

Literatur

Dhitaphichit, P. und P. Jones, 1991: Virulent and fungicide-tolerant races of loose smut *(Ustilago nuda* and *U. tritici)* in Ireland. Pl. Pathol. **40,** 508-514.

Hewett. P. D., und E. Damgaci, 1986: A new procedure to detect a low incidence of *Ustilago nuda* in seed barley. Pl. Pathol. **35,** 377-379.

Jones, P., und P. Dhitaphichit, 1991: Comparison of responses to floret and seedling inoculation in wheat-*Ustilago tritici* and barley-*U. nuda* combinations. Pl. Pathol. **40,** 268-277.

Kietreiber, Maria, 1963: Die Flugbrand-Bestimmung am Saatgut von Gerste. Die Bodenkultur, Wien, So.-heft 14, 35-44.

Patschke, K., 1989: Unterschiede in der Anfälligkeit ausgewählter Wintergerstensorten gegenüber Gerstenflugbrand als Folge sortenspezifischen Blühverhaltens. Feldwirtschaft **30,** 120-123.

Nahezu leere Ährenspindel von Gerste

Flugbrand im Weizenbestand

Gerstenembryo mit Pilzmyzel

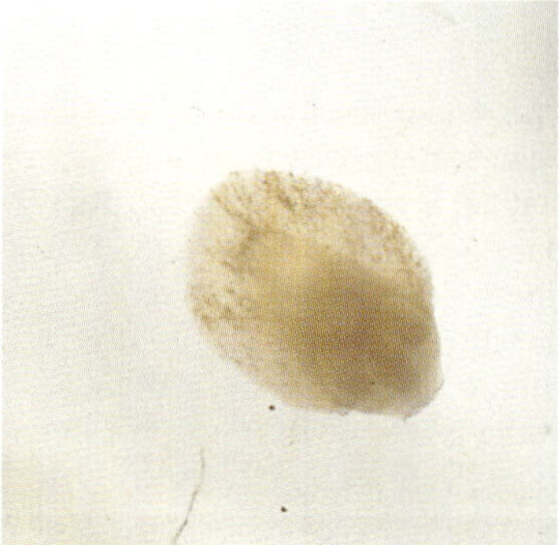

Haferflugbrand – *Ustilago avenae*

Erreger, Wirtspflanzen, Spezialisierung

Erreger des Haferflugbrandes ist der samenbürtige Basidiomyzet *Ustilago avenae* (Pers.) Rostrup.

Der Hauptwirt für *U. avenae* ist der Kulturhafer, der Erreger tritt allerdings auch an zahlreichen anderen Haferarten, wie *A. fatua, A. trisetum* und an *Arrhenatherum elatius* auf. Es kommen zahlreiche Rassen vor, auch sind Hybridformen zwischen *U. avenae* und *U. hordei* f. sp. *avenae,* dem Erreger des Gedeckten Haferbrandes, bekannt. Berichtet wird von 29 Haferflugbrandrassen, die an 17 Sorten identifiziert wurden. Es liegen unterschiedliche Sortenresistenzen vor.

Schadbild, Verwechslungsmöglichkeit

Im Gegensatz zum Flugbrand des Weizens und der Gerste erscheinen bei an Haferflugbrand erkrankten Pflanzen die Rispen gleichzeitig mit den gesunden Blütenständen. Die Rispenäste sind nicht gespreizt und die Ährchen nicht länglich, sondern rund. Durch den Haferflugbrand werden die einzelnen Blüten der Haferrispen zerstört; es werden zunächst anstelle der Körner schwarzbraune Sporenmassen gebildet, die von einem silbergrauen, runzeligen Häutchen umgeben sind, das bald zerreißt.

Die brandigen Ährchen beginnen sofort nach dem Rispenschieben auszustäuben. Auch teilbefallene Rispen treten auf, betroffen sind dann vor allem die unteren Ährchen. Zur Erntezeit sind nur noch die leeren Rispenäste mit Spelzenresten zu finden.

Der Haferflugbrand ist mit dem Gedeckten Haferbrand verwechselbar. Bei letzterem bleiben die gesunden Spelzen als dünne Häutchen erhalten, welche die Brandsporenmassen umschließen.

Biologie, befallsfördernde Faktoren

Die Flugbrandsporen stäuben während der Blütezeit aus und gelangen durch Wind und Regen unter die geöffneten Spelzen der Haferährchen. Sie bleiben dort entweder ungekeimt bis zur Aussaat oder keimen gleich bzw. später während der Saatgutlagerung und bilden in den äußeren Zellschichten von Spelze und Karyopse ein Dauermyzel. Erst nach der Aussaat des Hafers dringt das Myzel in den Keimling ein (Keimlingsinfektion) und verursacht später die brandigen Rispen.

Zur Zeit der Blüte begünstigt trockenes Wetter die Sporenkontamination gesunder Pflanzen, da die Spelzen dann geöffnet sind. Das Ausmaß des Befalls wird in erster Linie von den Umweltverhältnissen nach der Aussaat bestimmt. Niedrige Auflauftemperaturen senken den Infektionserfolg, Bodentemperaturen über 16 °C begünstigen die Keimlingsinfektion.

Bedeutung, Vorkommen

Der Haferflugbrand ist weit verbreitet und kommt nach unterlassener Saatgutbeizung häufig vor. Da befallene Pflanzen kleiner bleiben, übersieht man sie im Feld oft. Seine Bedeutung ist wegen der guten Bekämpfungsmöglichkeit gering.

Vorbeugende Maßnahmen

Alle Maßnahmen, die Keimung, Aufgang und Jugendentwicklung fördern, senken den Infektionserfolg des Erregers. Außerdem sollten zertifiziertes Saatgut verwendet und resistente oder weniger anfällige Sorten angebaut werden.

Literatur

Thiede, H., 1963: Untersuchungen zur Biologie und Bekämpfung von *Ustilago avenae* (Persoon) Jensen sowie zur Infektionsmethodik. Phytopathol. Z. **48,** 29-72.

Flugbrand: Brandige Ährchen, Rispenäste nicht gespreizt

Statt der Körner schwarzbraune Sporenmassen

Gerstenhartbrand – *Ustilago hordei*

Erreger, Wirtspflanzen, Spezialisierung

Der Basidiomyzet *Ustilago hordei* (Pers.) Lagerh. ist der Erreger des Gerstenhartbrandes, gelegentlich auch als Gedeckter Gerstenbrand bezeichnet. Es sind zwei Unterarten (formae speciales) bekannt, die eine ist auf Gerstenarten spezialisiert (f. sp. *hordei),* die andere auf Haferarten (f. sp. *avenae,* Gedeckter Haferbrand). Erstere kommt selten auch auf anderen Gramineen vor. Es treten wenigstens jeweils 15 Rassen an Gerste und Hafer auf, die erheblich in ihrer Aggressivität variieren können. Resistente Sorten liegen sowohl bei Gerste als auch bei Hafer vor.

Schadbild, Verwechslungsmöglichkeit

Die Symptome ähneln denen des Gerstenflugbrandes, jedoch sind die Sporenlager in den Kornanlagen der Ähren lange von einem matten, silbergrauen Häutchen überzogen. Zunächst sind die Sporen weichfettig, später zur Erntezeit hart und krümelig, gar nicht oder nur unvollständig ausgestäubt. Die befallenen Ähren werden etwas später als gesunde geschoben, bleiben ganz oder teilweise in den Blattscheiden stecken, die Halme sind meist verkürzt.

Der Gerstenhartbrand ist mit dem Gerstenflugbrand zu verwechseln; erst zur Reifezeit zeigt sich das auffällige Schadbild des Hartbrandes.

Biologie, befallsfördernde Faktoren

Die im Gegensatz zu anderen Brandpilzen glattwandigen Sporen von *U. hordei* stäuben vor der Ernte aus oder werden beim Drusch freigesetzt und bleiben an gesunden Körnern außen haften, wo sie bis zur Aussaat überdauern. Die Infektion erfolgt erst nach der Aussaat (Keimlingsinfektion). Auch bodenbürtige Infektionen sind möglich. Die Gerste kann nur im frühen Sämlingsstadium bis zum Erscheinen des Keimblattes infiziert werden. *U. hordei* dringt über die Koleoptile in den Sproß ein und besiedelt früh die Ährenanlagen.

Für Sporenkeimung und Infektion sind Temperaturen von 10–20 °C am günstigsten.

Niedere Temperaturen beim Auflaufen beeinträchtigen die Infektion, hingegen erhöhen milde Temperaturen bei der Aussaat die Befallshäufigkeit. Feuchte Lagerung des Saatgutes fördert die Sporenkeimung.

Bedeutung, Vorkommen

Der Gerstenhartbrand kann in allen Gerstenanbaugebieten vorkommen, ist aber durch Verwendung von anerkanntem Saatgut und Beizung in Deutschland unbedeutend geworden.

Vorbeugende Maßnahmen

Die wichtigsten Maßnahmen sind die Wahl von resistenten Sorten, anerkanntem Saatgut sowie im Herbst späte und im Frühjahr frühe Aussaat.

Literatur

Niemann, E., 1961: Die *Ustilago*-Brande der Gerste und ihre Verbreitung in der Bundesrepublik Deutschland. Nachrichtenbl. Deut. Pflanzenschutzd. (Braunschweig) **13,** 17-22.

Gerstenhartbrand: Statt der Körner dunkle Brandbutten

Roggenstengelbrand – *Urocystis occulta*

Erreger, Wirtspflanzen

Der Roggenstengelbrand wird durch den zu den Basidiomyzeten zählenden Pilz *Urocystis occulta* (Wallr.) Rabenh. (Syn.: *Tuburcinia occulta)* hervorgerufen.

Hauptwirtspflanze ist Roggen, gelegentlich tritt er an Quecken-Arten (*Agropyron* spp.) auf.

Schadbild, Verwechslungsmöglichkeit

In fortgeschrittener Schoßphase erscheinen an Halmen, Blattspreiten und Innenseiten von Blattscheiden bleigraue, streifenförmige Auftreibungen, deren Epidermis später in Längsrichtung aufreißt und Lager mit schwarzen Brandsporen freigibt. Die streifigen Brandsporenlager fließen häufig zusammen und können dann über zwei Drittel der Blatt- und Halmlänge einnehmen. Die Halme sind verkürzt, die Ähren bleiben mit den Grannen in der Blattscheide des Fahnenblattes hängen oder werden oft gar nicht geschoben. Die Körnerbildung bleibt aus, die Festigkeit der Roggenhalme ist stark beeinträchtigt, viele knicken um. Auf Quecke und zahlreichen weiteren Gramineen kommt ein zweiter Streifenbrand durch *Urocystis agropyri* (Preuss) Schroet. vor.

Biologie, befallsfördernde Faktoren

Die Infektion geht hauptsächlich von Brandsporen am Saatgut aus. Daneben kann aber auch mit Sporen verseuchter Boden als Infektionsquelle dienen, vor allem im Jahr nach einem stärkeren Auftreten des Stengelbrandes.

Die dem Saatgut anhaftenden Sporen keimen nach der Aussaat des Roggens zu einem Promyzel aus, das in die Roggenkeimlinge eindringt; eine Infektion junger Bestockungstriebe ist ebenfalls möglich. Der Erreger wächst in der Pflanze sproßaufwärts und ruft die beschriebenen Schwellungen und Sporenlager hervor. Der Roggenstengelbrand bildet wie alle Getreidebrande eine Generation pro Jahr.

Mäßige bis geringe Bodenfeuchtigkeit und Temperaturen von 13–17 °C begünstigen den Befall; Frühsaaten werden deshalb stärker befallen. Erkrankte Pflanzen sind weniger winterhart.

Bedeutung, Vorkommen

Der Roggenstengelbrand kann in allen Anbaugebieten auftreten.

Zu stärkeren Schäden kommt es nur, wenn die Beizung unterbleibt oder unsachgemäß durchgeführt wird. Bei der Saatguterzeugung dürfen im Bestand je 150 m^2 höchstens 5 Pflanzen befallen sein.

Vorbeugende Maßnahmen

Bei den indirekten Maßnahmen stehen im Vordergrund gesundes Saatgut, keine Frühsaaten sowie keine zu tiefe Saat, damit die Pflänzchen zügig das infektionsgefährdete Stadium durchwachsen. Sollte der Stengelbrand einmal in einer Region verstärkt auftreten, so ist eine ein-, besser zweijährige Roggenanbaupause zu empfehlen. Wichtig ist darüber hinaus die Beizung des kontaminierten Saatgutes.

Schwielige, streifenförmige Auftreibungen

Schwarze Sporenlager, Ähren bleiben stecken

Literatur

Kiewnick, L., und J. van de Sandt, 1969: Über ein bemerkenswertes Auftreten des Roggenstengelbrandes *(Urocystis occulta* (Wallr.) Rabenh.) im Nordrheingebiet. Nachrichtenbl. Deut. Pflanzenschutzd. (Braunschw.) **21**, 62.

Schuhmann, G., 1962: *Tilletiaceae*. In: Sorauer, Handb. der Pflanzenkrankh. **3**, 6. Aufl., Lfg. 4, Berlin, 458-525.

Mutterkorn – *Claviceps purpurea*

Erreger, Wirtspflanzen, Spezialisierung

Als Mutterkorn wird die Überdauerungsform des Pilzes *Claviceps purpurea* bezeichnet, der auf Getreide und über 400 Gräserarten vorkommt. Der Erreger gehört zur Gruppe der Ascomyceten. Im Unterschied zu den in Größe der Ascosporen und Konidien abweichenden Varietäten *alopecuri* und *agropyri* bezeichnet man die vor allem auf Getreide vorkommende Hauptfruchtform als *Claviceps purpurea* (Fr.: Fr.) var. *purpurea*. Die Konidienform wird *Sphacelia segetum* Lév. genannt.

Von den Getreidearten werden vor allem Roggen (hier in erster Linie Hybridroggen) und Triticale befallen, seltener Weizen (besonders Durumweizen und Dinkel) und Gerste. Bei *C. purpurea* wird eine gewisse physiologische Spezialisierung festgestellt, die meist mehrere Wirtspflanzenarten umfaßt. Ein für bestimmte Wirtspflanzen pathogener Pilzstamm bildet in allen Mutterkornsklerotien stets das gleiche Alkaloidspektrum. So scheinen Deutsches Weidelgras und Knaulgras Zwischenglieder in der Infektkette zu Roggen zu sein; Infektionen des Weizens können von den frühblühenden Arten Ackerfuchsschwanz, auch Wiesenfuchsschwanz, Knaulgras und Einjährigem Rispengras ausgehen.

Schadbild

Während der Blütezeit des Getreides entstehen an einzelnen Fruchtständen gelbliche, klebrige Tropfen (Honigtau); dieses Stadium der Erkrankung wird allerdings meist übersehen. Auffälliger ist dann die Bildung von dunkelvioletten hornförmigen Mutterkörnern, die sich anstelle von Getreidekörnern entwickeln. Ihre Größe schwankt von wenigen Millimetern bis zu 6 cm. Roggen-Mutterkörner sind im allgemeinen groß und schmal, jene von Weizen und Gerste kurz und dick. Das Innere der Mutterkörner ist erst knorpelig weich, später steinhart und weiß.

Biologie, befallsfördernde Faktoren

Im allgemeinen überleben Mutterkornsklerotien im Feld nur bis zur nächsten Vegetationsperiode. An der Bodenoberfläche keimen sie im Frühjahr mit weißen Stielchen und 2 mm großen rötlich gefärbten Köpfchen.

Diese enthalten in zahlreichen krugförmigen Perithezien Sporenschläuche (Asci) mit Ascosporen. Bei hoher Luftfeuchtigkeit werden die Ascosporen ausgestoßen und gelangen mit Luftströmungen auf die unbefruchtete Narbe von Getreide oder Gräsern. Unmittelbar über Narbe und Griffel oder über die Fruchtknotenbasis dringt der Pilz dann in den Fruchtknoten der Getreideblüte ein.

Honigtau-Stadium nach der Primärinfektion durch Ascosporen

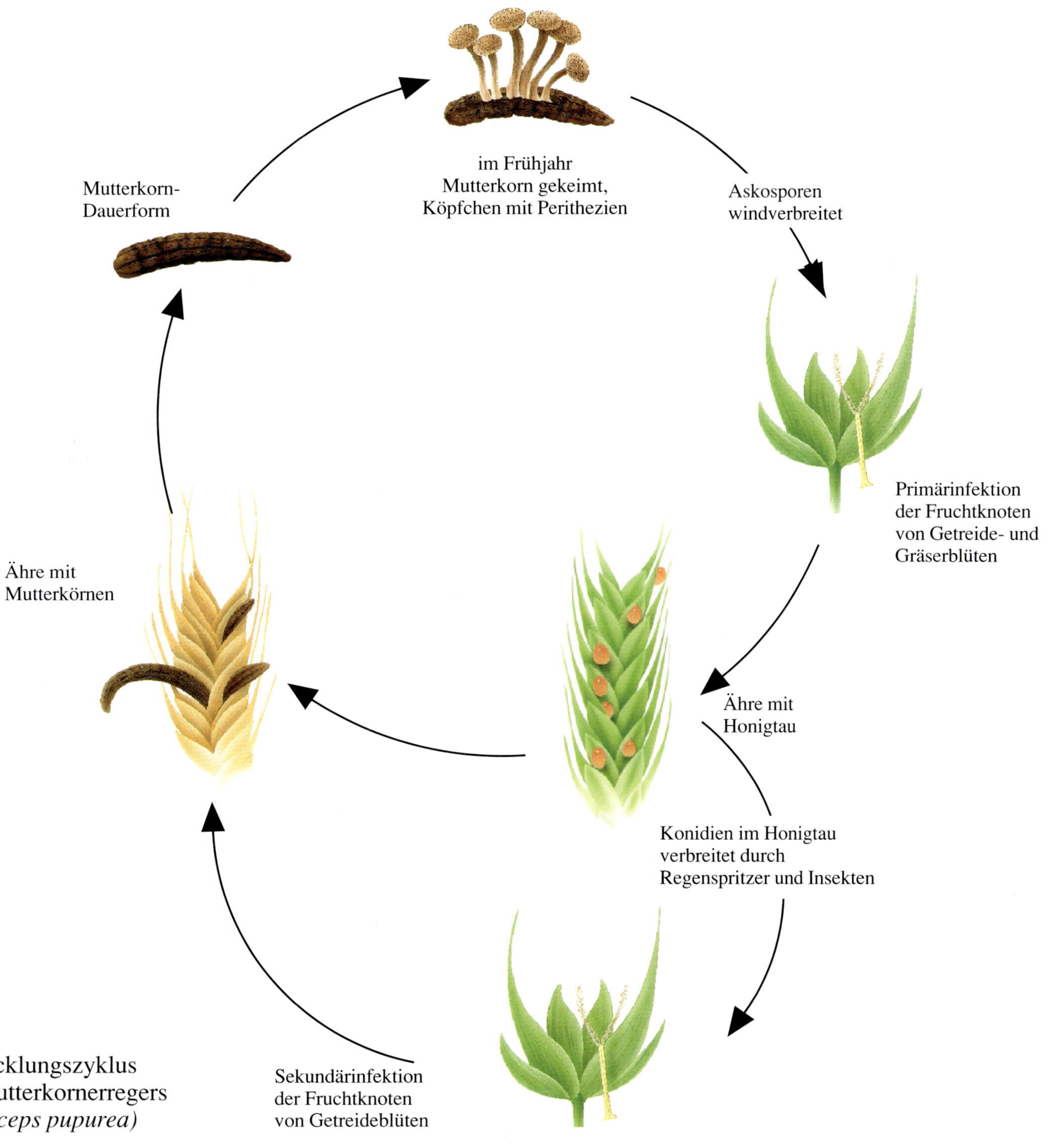

Entwicklungszyklus
des Mutterkornerregers
(Claviceps pupurea)

6-10 Tage nach dieser Primärinfektion auf frühblühenden Graswirten oder ersten Roggenblüten entstehen auf infizierten Fruchtknoten zahlreiche einzellige Konidien, die in einem zuckerhaltigen Assimilatesaft (Honigtau) aus der Blüte heraustreten. Dieser wird durch Regenspritzer, durch unmittelbaren Kontakt der Blütenstände oder durch Insekten verbreitet und führt zu sekundären Infektionen. Aus primär und sekundär infizierten Fruchtanlagen entwickeln sich dann in 4-6 Wochen die typischen Dauerkörper des Mutterkornpilzes. Ein großer Teil der Mutterkörner fällt vor der Ernte aus.

Da der Pilz nur geöffnete Blüten infizieren kann, wird der Fremdbefruchter Roggen stärker als die übrigen mehr geschlossen abblühenden Getreidearten befallen. Kühles, feuchtes Wetter verlängert die Blühphase des Roggens und begünstigt auch das Keimen der Mutterkornsporen. Auch extrem trockenheiße Witterung während der Roggenblüte kann durch Schädigung der Pollen zu erhöhtem Befall führen. Unbefruchtete Blüten, die ihre Spelzen geöffnet halten, bleiben über einen wesentlich längeren Zeitraum für eine Infektion empfänglich. Randpflanzen auf der windzugewandten Seite eines Feldes und Nachschosser sind bei Pollenmangel zum Zeitpunkt ihrer Blüte besonders vom Mutterkornbefall betroffen. – Bei den selbstbefruchtenden Getreidearten entstehen erkennbare Befruchtungsschwierigkeiten (und damit Offenblütigkeit) nur bei extremem Temperatursturz während der Reifeteilung (Meiose) in der späten Schoßphase.

Hohes Befallsrisiko besteht für Roggen nach Roggenvorfrucht ohne wendende Bodenbearbeitung. Dünne, ungleich abblühende Getreidebestände sind stärker gefährdet als dicht stehende; so findet man vermehrt Mutterkorn auf Nachschossern in Fahrgassen. Auch blühende Wildgräser an Feldrändern und Wegrainen sowie Gräser mit Mutterkornbefall in der Vorfrucht können die Infektionsgefahr für das Getreide erhöhen. Auf feuchten Standorten wird die Verbreitung des Erregers begünstigt.

Mutterkornsklerotien an Roggen

Mutterkornsklerotien an Gerste

Mutterkornsklerotien an Weizen

Bedeutung, Vorkommen

Der Schaden bei Mutterkornbefall entsteht weniger durch die unmittelbaren Ertragsverluste als vielmehr durch die giftigen Alkaloide in den Dauerkörnern. 5-10 g Mutterkorn können für einen Erwachsenen bereits tödlich sein. Geringere Mengen waren im Mittelalter oft die Ursache für die Kribbelkrankheit: nervöse, krampfartige Zustände, Lähmung, Ohnmacht sowie das Absterben einzelner Gliedmaßen.

Für die Vermarktung von Getreide gelten derzeit folgende Höchstgrenzen: Konsumgetreide 0,05 % und Futtergetreide 0,1 % Gewichtsanteile Mutterkorn. Sehr niedrige Höchstwerte wurden für Zertifiziertes Saatgut festgelegt: 20 befallene Pflanzen auf 150 m^2 im Feld bzw. 3 Mutterkörner (oder -bruchstücke) in 500 g Saatgut. – Größere Bedeutung hat Mutterkornbefall auch bei biologischen Anbauverfahren.

Vorbeugende Maßnahmen

Wurde in Getreide oder einer Grasfrucht Mutterkornbefall festgestellt, sollte nach der Ernte der Mutterkornausfall tief eingepflügt und möglichst keine anfällige Frucht nachgebaut werden. Man bevorzuge weniger anfällige Roggen- und Triticalesorten. Durch entsprechende Sortenwahl, Saatstärke und -tiefe, Reihenabstand und Düngung kann für eine frühe, einheitliche und kurze Blühdauer des Getreides gesorgt werden, die die Zeitspanne für eine mögliche Infektion verkürzt. Auch das Bekämpfen anderer Grasarten im Getreidebestand sowie das Mähen der Feldränder vor der Gräserblüte verringern die Infektionsgefahr. Stärker befallene Randflächen eines Feldes sollten getrennt geerntet und aufbereitet werden.

Wichtig für den Landwirt ist die Verwendung von mutterkornfreiem Saatgut; evtl. Saatware mit dem Fotozellenausleser reinigen. Der Abputz sollte nicht offen z. B. in den Wald geworfen werden. Neuere Saatgutbehandlungsmittel verhindern weitgehend die Keimung der mit dem Saatgut verbreiteten Mutterkornsklerotien und das Ausstoßen der Ascosporen; sie erfassen nicht die im Boden überdauernden Sklerotien.

Literatur

Frauenstein, Käte, 1971: Mutterkorn. In Mühle, E.: Krankheiten und Schädlinge der Futtergräser. S. Hirzel Verlag, Leipzig, 153-166.

Frei, Anke, 1992: Untersuchungen über die Anfälligkeit verschiedener Getreidearten gegenüber *Claviceps purpurea.* Diplomarbeit im Institut für Pflanzenschutz in Ackerbau und Grünland, BBA Braunschweig, 59 S.

Mantle, P. G., S. Shaw und D. A. Doling, 1977: Role of weed grasses in the etiology of ergot disease in wheat: Ann. appl. Biol. **86**, 339-351.

Mühle, E., und K. Breuel, 1977: Das Mutterkorn. Ein Gräserparasit als Gift- und Heilpflanze. Die neue Brehm-Bücherei, A. Ziemsen Verlag, Wittenberg Lutherstadt, 2. erw. Auflage, 1-48.

Obst, A., Lore Obst und G. Streckert, 1990: Natürliche Gifte in Getreide. Eine Gefahr für unsere Lebensmittel? Heft 6/1990, Fördergemeinschaft Integrierter Pflanzenbau, Bonn, 1-35.

Shaw, B. I., und P. G. Mantle, 1980: Host infection by *Claviceps purpurea.* Trans. Brit. Mycol. Soc. **75**, 77-90.

Gestielte Köpfchen, die die Perithezien enthalten

Ein Mutterkornsklerotium gekeimt

Cephalosporium-Streifenkrankheit – *Cephalosporium gramineum*

Erreger, Wirtspflanzen, Spezialisierung

Wegen ihrer späten und zum Teil auch wenig spezifischen Symptomausbildung wird die *Cephalosporium*-Krankheit des Getreides leicht übersehen. Ihr Erreger ist der imperfekte Pilz *Hymenula cerealis* Ellis et Everh. (syn. *Cephalosporium gramineum* Nisikado et Ikata).

Befallen werden vor allem die Wintergetreidearten; einzelne Befallsbeobachtungen gibt es auch von Sommergetreide. Zu den Wirtspflanzen dieses Schaderregers zählen weiterhin verschiedene Wild- und Kulturgräser. – Eine physiologische Spezialisierung verschiedener Erregerherkünfte auf einzelne Wirtspflanzen wurde bisher nicht nachgewiesen.

Schadbild, Verwechslungsmöglichkeit

Am deutlichsten ist die Symptomausprägung bei Weizen. Etwa ab dem Ährenschieben erscheinen auf den oberen Blättern ein bis drei leuchtend gelbe Streifen, die sich über die gesamte Länge von Blattscheide und Blattspreite ziehen. Später nekrotisieren diese Stellen, und die Blätter sterben schließlich ab. Am Halm sind die oberen Knoten eingeschnürt und das Leitgewebe geschrumpft. Im Querschnitt von Stengel und Blättern erkennt man in den Befallszonen eine Verbräunung der Gefäßbündel. Die Krankheit tritt zunächst nesterweise auf, führt überdies zu einer Halmverkürzung und wird aus diesem Grunde häufig nicht beachtet. Bei Roggen zeigt sich die Krankheit kurzzeitig mit einem oder zwei nicht deutlich abgegrenzten gelblichen oder rötlichen Streifen. Die Blätter vergilben schnell. Die Halme bleiben häufig verkürzt und sind fahlgelb. Die Ähren werden vorzeitig weiß, sind taub oder haben nur Schmachtkorn gebildet. In noch relativ grünen Halmen findet man braun verfärbte Leitbündel.

Bei Wintergerste wurde der Erreger in braungefärbten länglichen Nekrosen gefunden, die nicht – wie beim Weizen – die ganze Blattlänge einnahmen. Verwechslungsmöglichkeiten bestehen daher mit der Streifenkrankheit *(Helminthosporium gramineum)* und der Netzfleckenkrankheit *(H. teres).*

Biologie, befallsfördernde Faktoren

Die Hauptinfektionsquelle sind auf der Bodenoberfläche liegende Strohreste befallener Vorfrüchte. Auf dem toten Substrat bildet der Pilz im Winterhalbjahr reichlich Konidien, die bei Regen in den Boden gewaschen werden und dort in die Wurzeln der Wirtspflanzen eindringen. Temperaturen unter 5 °C und hohe Bodenfeuchtigkeit fördern die Infektion. Günstig dafür sind auch Beschädigungen der Wurzeln durch Frost oder Insekten (z. B. Drahtwürmer). Nur selten erreichen auch Frühjahrsinfektionen einen gefährlichen Umfang. – Der Erreger kann außerdem durch Saatgut verbreitet werden. Mit dem Transpirations-

Gelbe Blattstreifen ab dem Ährenschieben

***Cephalosporium* im Weizenbestand**

strom gelangen die Sporen in Halm und Blätter, wo sie auskeimen und Myzel bilden. In den Leitungsbahnen findet außerdem eine ständige Konidienneubildung statt. Konidien und Myzel verstopfen schließlich die Gefäße und unterbrechen die Wasser- und Nährstoffversorgung. Die Ähren befallener Pflanzen werden notreif oder bleiben sogar taub. – Erst nach dem Absterben seiner Wirtspflanze wächst der Gefäßparasit durch die Spaltöffnungen nach außen und bildet in dieser saprophytischen Phase in Form von Sporodochien reichlich Konidien.

Langjährige Wintergetreidemonokultur ist eine Voraussetzung für das Auftreten der *Cephalosporium*-Krankheit. Eine frühzeitige Aussaat von Wintergetreide führt zu üppig entwickeltem Wurzelwerk; Verletzungen durch Hochfrieren des Bodens schaffen dem Erreger dann zahlreiche Eintrittspforten. Naßkalte Bodenbedingungen begünstigen die Infektion.

Bedeutung, Vorkommen

In Europa hat die *Cephalosporium*-Krankheit, anders als für die Weizenmonokulturflächen der USA, derzeit noch eine untergeordnete wirtschaftliche Bedeutung. Bei Winterweizen (in Schleswig-Holstein) und Winterroggen (in Hessen, Rheinland-Pfalz und im Saarland) wurden allerdings Einzelflächen bereits mit bis zu 40 % befallenen Pflanzen festgestellt. Erste Befallsmeldungen gibt es aus zahlreichen weiteren Ländern der Bundesrepublik Deutschland.

Vorbeugende Maßnahmen

Die *Cephalosporium*-Streifenkrankheit ist in erster Linie ein Problem enger Wintergetreidefolgen. Eine Auflockerung der Fruchtfolge mindert das Befallsrisiko. In diesem Zusammenhang sollten Wildgräser und Ausfallgetreide, insbesondere in Nichtgetreidekulturen, sorgfältig bekämpft werden. Ein flaches Einarbeiten der Strohreste fördert die Stoppelrotte und entzieht dem Erreger die Lebensgrundlage. Folgt nach einer Befallsfrucht Wintergetreide, sollten die Ernterückstände der Vorfrucht allerdings tief vergraben werden; Minimalbodenbearbeitung ist dann einem Befall eher förderlich.

Literatur

Hempler, Ch., O. Christen und H. Hanus, 1989: *Cephalosporium*-Streifenkrankheit – neu im intensiven Getreidebau. DLG Pflanzenschutz-Praxis H. 2, 46-47.

Nirenberg, H. I., und J. Dalchow, 1990: Untersuchungen über *Hymenula cerealis* Ell. et Ev. an Getreide. Mitt. Biol. Bundesanst. Land- Forstwirtsch., Berlin-Dahlem H. 266, 160.

Obst, A., 1985: Über ein Auftreten der *Cephalosporium*-Streifenkrankheit an Winterweizen (Erreger: *Hymenula cerealis* Ellis et Everhart). Nachrichtenbl. Deut. Pflanzenschutzd. (Braunschweig) **37**, 138-140.

Prillwitz, H.-G., 1985: Die *Cephalosporium*-Streifenkrankheit des Getreides nun auch in der Bundesrepublik Deutschland. Gesunde Pflanzen **37**, 520-524.

Rudnick, M., 1986: Die *Cephalosporium*-Streifenkranheit an Winterweizen in Schleswig-Holstein. Gesunde Pflanzen **38**, 471-473.

Wiese, M. V., 1972: Colonization of wheat seedlings by *Cephalosporium gramineum* in relation to symptom development. Phytopathology **62**, 1013-1018.

Typisch die Braunfärbung der Gefäßbündel im Halmquerschnitt

***Cephalosporium*-Symptome auf Roggenblättern**

Ascochyta-Blattflecke

Erreger, Wirtspflanzen, Spezialisierung

Als Blattfleckenerreger kommen auf Getreide gelegentlich *Ascochyta*-Arten vor, die nur als schwache Parasiten anzusehen sind.

So wird gegen Ende des Winters vor allem auf Wintergerste *Ascochyta hordei* K. Hara var. *hordei* gefunden. – Nach feuchtkühlen Witterungsabschnitten treten an allen Getreidearten in fortgeschrittenen Entwicklungsstadien der Pilz *Didymella exitialis* (Morini) E. Müller und seine *Ascochyta*-Konidienform sowie weitere *Didymella*- und *Ascochyta*-Arten auf; ihre genaue taxonomische Abgrenzung ist nicht immer geklärt.

Schadbild, Verwechslungsmöglichkeit

Nach Befall der Wintergerste mit *Ascochyta hordei* färben sich in den Wintermonaten vor allem die Spitzen oder Ränder der untersten Blätter grauweiß. Im nekrotisierten Gewebe sind meist zahlreiche Pyknidien zu finden. Daneben treten kleine (3–8 mm) Flecke mit schmalem rotbraunem Rand auf. Mit steigenden Temperaturen im Frühjahr unterbleibt die Ausbildung der Symptome.

Ähnliche Schadbilder entstehen auf Gerste durch *Rhynchosporium secalis.* Die langovalen Blattflecke werden meist von einem breiten dunkelbraunen Rand begrenzt; die Infektion erfolgt auch in den Blattachseln. Es fehlen die Fruchtkörper. Durch die Pilztoxine können ausgeprägte Vergilbungen vom Fleck in Richtung Blattspitze entstehen.

Eine Besiedlung von Weizen, Gerste und Hafer mit weiteren *Didymella-/Ascochyta*-Arten wird meist erst ab Ährenschieben sichtbar. In den unteren alternden Blattetagen verfärben sich die Blattspreiten von der Spitze her gesprenkelt rostbraun. Später bleichen diese Befallsstellen aus, und es bilden sich in den grauweißen Nekroseflächen schwarze Pseudothezien und Pyknidien. Bei Durchlichtbetrachtung mit mindestens 30facher Vergrößerung sind die *Didymella*-Pseudothezien durchscheinend weiß mit dunkler Umrandung, nur halb so groß wie die *Septoria nodorum*-Pyknidien. Die Pyknidien der Nebenfruchtform *Ascochyta* sind gelbbraun bis schwarz gefärbt, in Größe und Farbe oft nur schwer von jenen von *S. nodorum* zu unterscheiden. – Selten werden auch Ährensymptome gefunden, einzelne scharf umrandete Augenflecke auf der Deckspelze. Nur solche Ährchen zeigen diese Symptome, bei denen die Staubgefäße hängengeblieben sind.

Diese Befallsbilder können meist leicht von jenen der Hauptblattfleckenerreger *Septoria* spp. und *Helminthosporium tritici-repentis* unterschieden werden. Ähnliche Ährensymptome entstehen nach Befall durch *Fusarium*-Arten oder *Botrytis cinerea.*

Ascochyta-Blattflecke auf Weizen mit _Didymella_

Pseudothezien, entstanden nach _Septoria nodorum_-Infektion

Fruchtkörper der Hauptfruchtform

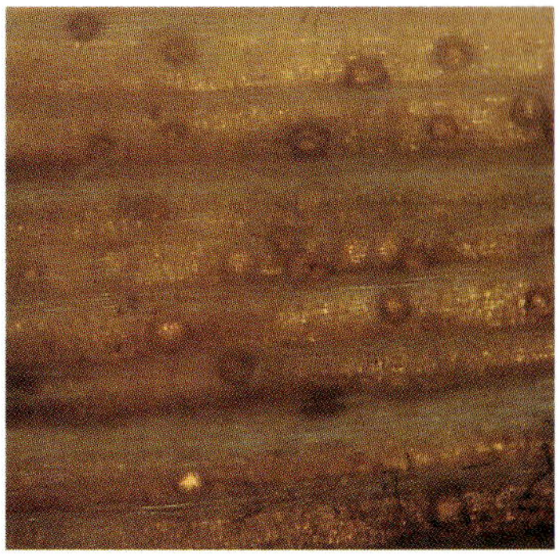

Biologie, befallsfördernde Faktoren

Die Infektion scheint bei beiden *Ascochyta*-Arten von befallenen Strohresten auszugehen. *A. hordei* findet bei kühlen Temperaturen gute Entwicklungsbedingungen. Das Optimum liegt bei 15 °C, aber auch bei 2 °C wächst das Myzel noch. Diese Temperaturansprüche erklären den Befallsrückgang im warmen Frühjahr. Da *Didymella/Ascochyta* oft vergesellschaftet mit *Septoria nodorum* auftritt, scheint dieser Erreger ähnliche ökologische Voraussetzungen zu beanspruchen. Befallsfördernd sind lang anhaltende Feuchteperioden, wobei die Temperaturansprüche niedriger liegen als bei *S. nodorum*.

Entscheidend für die Vermehrung ist auch die Prädisposition der Wirtspflanze. Jede Beeinträchtigung des Gewebes, sei es durch Befall mit Pilzen oder Schädlingen, durch Nährstoffmangel oder Herbizidschäden, fördert den Schwächeparasit *Ascochyta*.

Bedeutung, Vorkommen

Ascochyta ist in Mittel- und Nordeuropa weit verbreitet. Es handelt sich um einen Schwächeparasit, der bei entsprechenden Witterungsvoraussetzungen insbesondere vorgeschädigte Pflanzen befällt. Da er meist gemeinsam mit anderen Pilzkrankheiten auftritt, läßt sich über Ertragseinbußen allein durch *Ascochyta* nichts aussagen.

Vorbeugende Maßnahmen

Eine gute Einarbeitung der Strohreste verringert das Inokulum. Um die Entwicklungsbedingungen für den Pilz zu verschlechtern, ist jede Art von Streß für die Getreidebestände zu vermeiden.

Literatur

Ahrens, W., und M. Schöpfer, 1983: Schadauftreten der *Ascochyta*-Form von *Didymella exitialis* an Getreide. Med. Fac. Landbouww. Rijksuniv. Gent **48**, 713-722.

Beer, W. W., 1990: Zur Unterscheidung von *Rhynchosporium*- und *Ascochyta*-Befall an Wintergerste. Nachrichtenbl. Deut. Pflanzenschutzd. (Braunschweig) **42**, S. 42.

Kiewnick, L. 1983: Beobachtungen zum Auftreten von *Ascochyta hordei* Hara im Nordrheingebiet. Nachrichtenbl. Deut. Pflanzenschutzd. (Braunschweig) **35**, 145-150.

Obst, A., 1983: Beobachtungen und Ermittlungen zu einer wenig beachteten *Ascochyta*-Blattfleckenkrankheit des Getreides. Z. Pflanzenkrankh. Pflanzensch. **90**, 113-118.

Ascochyta-Blattflecke bei Wintergerste gegen Winterende

Blattspitzendürre bei Weizen mit _Ascochyta_

Grauschimmelfäule – *Botrytis cinerea*

Erreger, Wirtspflanzen

Der Erreger der Grauschimmelfäule, *Botrytis cinerea* Pers. ex Pers., ist die Konidienform zur Hauptfruchtform *Sclerotinia fuckeliana* (de Bary) Fuck. Der Pilz kommt auf allen Getreidearten und vielen anderen landwirtschaftlichen und gartenbaulichen Kulturpflanzen vor, z. B. auf Raps, Kartoffeln und Rüben.

Schadbild, Verwechslungsmöglichkeit

Bei anhaltend feuchtem Wetter bilden sich auf unteren abreifenden Blättern die typischen grauen Konidienrasen von *B. cinerea*. – Dieser Pilz wird, neben den Schwärzepilzen *Alternaria alternata* und *Cladosporium herbarum*, häufig auch in den „Pollenblattflecken" gefunden, unregelmäßig verstreuten rotbraunen Flecken, die nach starkem Pollenfall auf Fahnenblatt und zweitoberstem Blatt von Weizen und Gerste entstehen. *Botrytis*-bedingte Blattflecke werden bis 2 cm lang, haben ein ausgebleichtes Zentrum und einen unscharfen Rand zum gesunden Gewebe.

Auffälliger sind allerdings die Ährensymptome. An einzelnen Ährchen von Weizen- und Gerstenähren zeigen sich nach der Blüte hellbraune Verfärbungen, z.T. sind einzelne Ährchen oder Spelzen vollkommen verbräunt. Bei feuchtem Wetter breitet sich der Befall weiter aus, und in den betroffenen Ährchen bildet sich nur Kümmerkorn aus. Während der Abreife kann die ganze Ähre von dem typischen grauen Konidienrasen überzogen sein. Seltener findet man in diesem Belag auch dunkle, flache Sklerotien. Befallene Pflanzen sind zufällig im Bestand verteilt. Der Pilz wird auch auf dem Erntegut gefunden. Durch Braunspitzigkeit, ein Schadsymptom, das durch verschiedene pilzliche Erreger hervorgerufen werden kann, ist die Mehlfarbe von Mahlgetreide beeinträchtigt. Verseuchtes Saatgut läuft verzögert auf.

Vereinzelte Braunfärbungen der Spelzen werden auch durch andere Pilze verursacht, wie z.B. Fusarien (insbesondere *F. nivale)* und *Rhynchosporium secalis*.

„Pollenblattflecke" auf Wintergerste u.a. mit *Botrytis cinerea*

Blattflecke im Lupenbild

Biologie, befallsfördernde Faktoren

B. cinerea gilt als Schwächeparasit, der Pflanzengewebe nur über gealterte bzw. abgestorbene Partien, über Wunden oder über Staubgefäße befallen kann; der Pollen scheint dabei die Sporenkeimung zu fördern. Dieser Erreger ist überall vorhanden. Die ersten Konidien werden von Ernterückständen anderer Pflanzenarten angeweht. Eine Vermehrung kann dann auf den unteren abreifenden Blättern des Getreides stattfinden.

Beim Ährenbefall besiedelt er zuerst die Staubgefäße und geht von dort aus auf die Spelzen über: Auch Saugschäden von Blattläusen oder Thripsen sowie Primärbefall durch Mehltau oder *Septoria nodorum* bilden für den Pilz Eintrittspforten in die Spelzen. Begünstigt wird die Entwicklung des Erregers durch anhaltend feuchtkühle Witterungsverhältnisse, die eine Ausbreitung des streng antagonistisch wirkenden Gegenspielers *Cladosporium herbarum* verlangsamen. Fungizide, die den genannten Schwärzepilz ausschalten, begünstigen u.U. einen *Botrytis*-Befall.

Bedeutung, Vorkommen

B. cinerea ist weit verbreitet, spielt aber bei Getreide als Gelegenheitsschaderreger keine bedeutende Rolle. Nur in Ausnahmefällen dürften wirtschaftlich spürbare Schäden entstehen.

Vorbeugende Maßnahmen

Der Landwirt wird ohnehin auf die Abwehr aller primären Schadensursachen achten. Eine gesonderte Bekämpfung dieses Schwächeparasiten ist dann nicht notwendig.

Literatur

Amelung, D., und W. W. Beer, 1984: Symptomatik der *Rhynchosporium*-Blattfleckenkrankheit an Gerste und ihre Differenzierung von anderen ähnlichen Schadbildern. Nachrichtenbl. Pflanzenschutz DDR **38**, 180.

Jenkins, J. E. E., 1974: *Botrytis* disease in barley. Pl. Pathol. **23**, 83-84.

Kiewnick, L., 1986: Kennen Sie Grauschimmel an Getreide? DLG Pflanzenschutz-Praxis, H. 1, 17.

King, J. E., A. D. Evers und B. A. Stewart, 1981: Black-point of grain in spring wheats of the 1978 harvest. Pl. Pathol. **30**, 51–53.

***Botrytis*-Ährenbefall an zweizeiliger Gerste**

***Botrytis*-Ährenbefall an mehrzeiliger Gerste**

Narrenkopfkrankheit des Getreides – *Sclerophthora macrospora*

Erreger, Wirtspflanzen

Der Erreger *Sclerophthora macrospora* (Sacc.) Thirum., Shaw et Naras. gehört innerhalb der Klasse der Oomyceten zur Familie der *Peronosporaceae* (Falsche Mehltaupilze). Er ist ein obligater Parasit auf allen Getreidearten, Mais sowie vielen Gräsern. Es gibt keine auf einzelne Wirtspflanzen spezialisierte Formen.

Schadbild

Befallene Pflanzen sind gestaucht, ihre Blätter verdickt und verdreht. Die Pflanzen bilden entweder keine oder verdrehte Ähren, die oft in den deformierten Blattscheiden steckenbleiben und kaum lebensfähige Samen entwickeln. – Ähnliche Schäden können entstehen, wenn auf eine Spritzung mit wuchsstoffhaltigen Herbiziden ein Kälteeinbruch folgt.

Biologie, befallsfördernde Faktoren

Der Erreger überdauert als Myzel in mehrjährigen Gräsern. Bei genügend Regen oder Überflutung bilden sich im Frühjahr Sporangien, die konzentriert in großer Zahl ungeschlechtliche Zoosporen entlassen. Beste Entwicklungsbedingungen liegen bei 10-25 °C vor. Die Zoosporen können nur Getreide infizieren, das unter Wasser steht. Es werden zuerst die Blattscheiden befallen. Dabei dringen die Keimschläuche direkt in das Wirtsgewebe ein. In der Pflanze breitet sich der Parasit dann systemisch aus. Man findet das Pilzmyzel im Blattgewebe, insbesondere in den Interzellularräumen in der Nähe der Gefäße. Hier werden auch die kugeligen Oosporen gebildet. Sie sind wahrscheinlich für die sporadische Verbreitung über größere Entfernung von Bedeutung, wenn sie mit Pflanzenteilen vom Stoppelfeld verweht werden. Sie spielen bei der Herbstinfektion der Wildgräser eine Rolle, wobei sie – ebenfalls über Sporangien – ihre Zoosporen bei längerer Überflutung über einen langen Zeitraum verteilt freigeben. Hochanfällig sind die zahlreichen Wirtspflanzen nur im Jugendstadium.

Bedeutung, Vorkommen

Die Narrenkopfkrankheit des Getreides hat im allgemeinen keine wirtschaftliche Bedeutung. Zum Problem kann sie allerdings in Überflutungsgebieten werden, insbesondere in Bachnähe, wo Grasnebenwirte Inokulumquellen darstellen.

Vorbeugende Maßnahmen

In gefährdeten Gebieten muß die Entwässerung, evtl. durch Drainage, verbessert werden.

Literatur

Kiewnick, L., 1992: Mißbildungen an Winterweizen. Gesunde Pflanzen **44**, 125-127.

Semeniuk, G., und C. J. Mankin, 1964: Occurrence and development of *Sclerophthora macrospora* on cereals and grasses in South Dakota. Phytopathology **54**, 409-416.

Zwatz, B., 1987: Narrenkopfkrankheit auch an Getreide - Häufig falsche Diagnose. DLG Pflanzenschutz-Praxis H. 2, 42-43.

Narrenkopfkrankheit, Hexenbesen in Winterweizen

Verzwergung, Verdrehungen und Mißbildungen der Pflanzen

Schwärzepilze – *Cladosporium, Aureobasidium und Alternaria*

Erreger, Schadbild

Unter der Sammelbezeichnung Schwärzepilze werden verschiedene Saprophyten und Schwächeparasiten zusammengefaßt.

Als häufigste Vertreter seien genannt:

Cladosporium herbarum Link ex Fr. (Hauptfruchtform *Mycosphaerella tassania* (de Not.) Johanson), *Aureobasidium pullulans* (de Bary) Arnaund und *Alternaria alternata* (Fr.) Keissler.

Sie kommen bei entsprechenden Voraussetzungen auf allen Getreidearten vor. Gegen Ende der Getreidevegetation ist besonders bei anhaltender Feuchtigkeit oder Notreife vereinzelt oder in ganzen Beständen eine schmutzig-graue Verfärbung kranker oder abgestorbener Pflanzen oder Pflanzenteile zu erkennen.

Biologie, Bedeutung

Schwärzepilze leben von toter organischer Substanz, sie besiedeln als erste das gerade abgestorbene Pflanzengewebe. Häufig sind sie Indikator, nicht Ursache von vorausgehenden Schadensereignissen, z. B. Befall mit Fußkrankheitserregern, Ährenfusarien oder Gelbverzwergungsvirus. Außerdem binden sie – ebenso wie Hefen und Bakterien – leicht lösliche Nährstoffe, die im Blattlaushonigtau und im Pollen von abblühendem Roggen überreichlich enthalten sind. Die Schwärzepilze stehen damit in Nährstoffkonkurrenz zu fakultativen Parasiten wie *Septoria nodorum, Helminthosporium* und *Fusarium.*

Eine übermäßige Entwicklung dieser Pilzgruppe beeinträchtigt über einen verminderten Lichtzutritt die Photosyntheseleistung von Hochertragsbeständen. *Cladosporium*-Arten und auch *Alternaria alternata* können sogar den Alterungsprozess des Blattes beschleunigen und dadurch geringe Ertragsverluste verursachen. *Alternaria*-Pilze schließlich erzeugen auch Toxine, die Tiererkrankungen hervorrufen.

Jegliche Erkrankung oder sonstige Schwächung von Pflanzen oder Pflanzenteilen, verzögerte Ernte und feuchte Witterung fördern den Befall mit Schwärzepilzen.

Vorbeugende Maßnahmen

Es ist wichtig, mit pflanzenbaulichen Maßnahmen alle primären Ursachen des Schwärzepilzbefalls abzuwehren. Eine direkte Bekämpfung ist in der Regel nicht notwendig.

Literatur

Blakemann, J. P., und N. J. Fokkema, 1982: Potential for biological control of plant diseases on the phylloplane. Ann. Rev. Phytopathol. **20,** 167-192.

Dickinson, C. H., 1981: Interaction of fungicides with minor pathogens on cereals. EPPO Bull. **11,** 311-316.

Fokkema, N. J., I. Riphagen, R. J. Poot und C. de Jong, 1983: Aphid honeydew, a potential stimulant of *Cochliobolus sativus* and *Septoria nodorum* and the competitive role of saprophytic mycoflora. Trans. Brit. Mycol. Soc. **81,** 355-363.

Jachmann, H.-Th., und H. Fehrmann, 1989: Effects of phyllosphere micro-organisms on the senescence of wheat leaves. Z. Pflanzenkrankh. Pflanzensch. **96,** 124-136.

Schwärzepilze auf erntereifem Weizen nach längerer Regenperiode

***Cladosporium*-Arten im Lupenbild**

Bakterielle Spelzenfäule – *Pseudomonas syringae* pv. *atrofaciens*

Erreger, Wirtspflanzen

Der Erreger der Bakteriellen Spelzenfäule ist das Bakterium *Pseudomonas syringae* pv. *atrofaciens* (McCulloch) Young, Dye et Wilkie, syn. *Pseudomonas atrofaciens*. Wirtspflanzen sind alle Getreidearten sowie verschiedene Gräser. Eine Spezialisierung auf einzelne Getreidearten liegt offensichtlich nicht vor, hingegen wird eine physiologische Rassenbildung innerhalb einer Getreideart angenommen.

Schadbild, Verwechslungsmöglichkeit

Das typischste Krankheitsmerkmal der Bakteriellen Spelzenfäule ist der Spelzenbefall, der an Weizen in zwei unterschiedlichen Erscheinungsbildern auftritt. Das häufigere Symptom sind wasserdurchtränkt-dunkelgrüne Flecke am Spelzengrund; daher auch die Bezeichnung Basale Spelzenfäule. Später verfärben sich die Befallsstellen schokoladenbraun, gleichermaßen auf Innen- und Außenseite. Anders als bei *Septoria nodorum* bleiben diese Verbräunungen auf die unteren Spelzenteile begrenzt. Dieses Schadbild findet man auch an Ähren und Rispen der anderen Getreidearten.

In Süddeutschland tritt nur an Weizen daneben ein anderes Schadbild auf: Streifenförmige, seltener großflächige Braunfärbungen vor allem auf den oberen Spelzenteilen. Einzelne Streifensymptome setzen sich auf die Ährenspindel fort. Gelegentlich zeigt das oberste Halmstück einzelne schokoladenbraune Flecke.

Typische Zeichen eines Kornbefalls sind dunkelbraune Verfärbungen am Keimlingsende. Stark befallenes Saatgut verfault im Boden, oder die Keimpflanzen daraus sterben ab. Blattsymptome – scharf vom gesunden Gewebe abgegrenzte Verbräunungen von 1-3 mm Durchmesser – treten selten auf.

Beide Ährenbefallsbilder der Bakteriose werden bei Weizen mit jenen von *Septoria nodorum* verwechselt. Streifensymptome verursacht auch ein zweites Bakterium, das nur in wärmeren Ländern vorkommt, nämlich *Xanthomonas campestris* pv. *translucens* (in Österreich nachgewiesen!). Bei einzelnen Zuchtstämmen können Streifensymptome genetisch bedingt auftreten. Eine Verfärbung der Kornbasis entsteht auch nach Befall mit pilzlichen Parasiten wie z. B. *Helminthosporium sativum*.

Biologie, befallsfördernde Faktoren

Ausgangspunkt der Bakteriose sind sichtbar oder latent verseuchtes Saatgut, in engen Getreidefolgen auch befallene Ernterückstände sowie Wildgräser am Feldrand. Die Ausbreitung von Pflanze zu Pflanze erfolgt in mehreren Infektionsschüben durch feinste Regentröpfchen mit Wind. Frühe Ähreninfektionen können zu verringertem Tausendkorngе-

Blattbefall, relativ selten

Fäulesymptome am Spelzengrund

Streifennekrosen an Spelzenspitze

wicht, ja sogar Schrumpfkorn führen.

Feuchte Witterungsabschnitte während des Schossens und/oder der Ährenphase begünstigen also die Erregerausbreitung. Feuchtigkeit in der Kornfüllungsphase ist auch für die Vermehrung des Bakteriums am Spelzengrund erforderlich, andernfalls bleibt ein Befall latent. Gute Befallsvoraussetzungen bestehen in Anbaulagen mit hoher Luftfeuchte (Waldrandflächen) oder langer Tauphase (z. B. Moorlagen). Bei den Weizensorten gibt es offensichtlich genetisch bedingte Unterschiede im Grad der Anfälligkeit. Auch reagieren große und dichte Ähren anfälliger als locker aufgebaute Fruchtstände.

Bedeutung, Vorkommen

Der Erreger der Bakteriellen Spelzenfäule kommt in allen Ländern vor, in denen nach dem Ährenschieben des Getreides reichlich Niederschläge fallen. Seit dem Nachweis in Deutschland 1985 steigt die Zahl der Befallsmeldungen von Jahr zu Jahr. 1992 wurde in Niedersachsen bei Untersuchungen nach dem Zufallsprinzip das Bakterium in vielen Weizen-, Gersten- und Hafererntеproben gefunden. Die Verbreitung nimmt zu – wohl wegen des Verbots der Quecksilberbeizmittel 1982.

Die wirtschaftliche Bedeutung dieser Bakteriose ist, von wenigen Ausnahmefällen abgesehen, gering. Neben der Kornfüllung können die optische Reinheit der Mahlprodukte beeinträchtigt, die Backeigenschaften der Mehle verschlechtert und die Keimrate des Saatguts vermindert werden.

Vorbeugende Maßnahmen

Saatguthygiene stellt die wichtigste Vorbeugemaßnahme gegen die Bakterielle Spelzenfäule dar. Man achte auf alljährlichen Saatgutwechsel. Das Saatgut sollte nur aus befallsfreien Beständen möglichst in Trockenlagen gewonnen werden. Für Befallslagen wird zusätzlich eine einjährige Unterbrechung des Getreideanbaus empfohlen.

Literatur

Kietzell, J. von, A. Fessehaie und K. Rudolph, 1992: Die basale Spelzenfäule an Getreide, verursacht durch *Pseudomonas syringae* pv. *atrofaciens:* Aktuelle Verbreitung des Erregers in Deutschland. Mitt. Biol. Bundesanst. Land- Forstwirtsch., Berlin-Dahlem H. 283, 56.

Mavridis, A., D. Meyer, H. Mielke und G. Steinkampf, 1992: Zum Auftreten und zur Schadwirkung der basalen Spelzenfäule beim Sommerweizen. Kali-Briefe (Büntehof) **20** (6), 469-473.

Poschenrieder, G., 1986: Eine wenig bekannte Getreidebakteriose. DLG Pflanzenschutz-Praxis H. 1, 18.

Toben, H., A. Mavridis und K. Rudolph, 1991: Zum Vorkommen der basalen Spelzenfäule an Weizen und Gerste, hervorgerufen durch *Pseudomonas syringae* pv. *atrofaciens,* in West-Deutschland. Z. Pflanzenkrankh. Pflanzensch. **98**, 225-235.

Zwatz, B., 1990: Schwarzspelzigkeit des Weizens *(Xanthomonas translucens).* Pflanzenschutz, Wien, Folge 1, 15.

Durch *Pseudomonas* bedingte Braunspitzigkeit bei Weizen

Durch *Pseudomonas* bedingte Braunspitzigkeit bei Gerste

Gelbverzwergungs-Virus der Gerste – *barley yellow dwarf virus*

Erreger, Wirtspflanzen

Unter dem Sammelnamen "Gelbverzwergungs-Virus der Gerste (barley yellow dwarf virus, BYDV)" werden mindestens fünf eng verwandte Getreideviren zusammengefaßt, die bevorzugt durch jeweils eine Blattlausart (Vektor), deren Initialen in die Kurzbezeichnung integriert sind, übertragen werden. Drei dieser BYD-Virustypen haben in Deutschland wirtschaftliche Bedeutung:

BYD – MAV *Sitobion (Macrosiphum) avenae* (Große Getreideblattlaus)

BYD – PAV *Rhopalosiphum padi* (Haferblattlaus) und *Sitobion (Macrosiphum) avenae*

BYD – RPV *Rhopalosiphum padi*

Als Vektoren dieser Viren kennt man insgesamt 24 Blattlausarten. Für die drei genannten Viren ist die Bleiche Getreideblattlaus *(Metopolophium dirhodum)* ein weiterer wirkungsvoller Überträger. Für die Virose wäre die Bezeichnung Getreidegelbverzwergung treffender, denn alle Getreidearten zählen zu den Wirtspflanzen. Besonders anfällig sind Gerste und Hafer, dann folgt Weizen, am widerstandsfähigsten sind Roggen und Triticale. Ein wichtiger Virusträger ist Mais, allerdings nicht immer mit Symptomen. Daneben kommen die Viren auf mehr als 100 Gräserarten vor, insbesondere auf den Weidelgräsern.

Die Gelbverzwergungs-Viren gehören zur Gruppe der Luteoviren, wie auch das Kartoffelblattroll-Virus und das Milde Rübenvergilbungs-Virus. Sie vermehren sich nur im Phloem, verursachen Wachstumsstauchungen, eine von Blattadern begrenzte Vergilbung oder Rotfärbung der Blätter von der Spitze her, Blattrollen sowie ein Sprödewerden infizierter Blätter. Diese Viren werden persistent von Blattläusen übertragen.

Schadbild, Verwechslungsmöglichkeit

Alle BYD-Viren verursachen Verzwergung der Pflanzen und Verfärbung der Blätter. Auf frühzeitig gesätem Wintergetreide zeigen sich erste Symptome gelegentlich schon im Herbst; der volle Umfang des Befalls wird allerdings erst im nachfolgenden Frühjahr sichtbar. Stark befallene Pflanzen im Zentrum von Befallsnestern sind dann nach Frost u. U. bereits abgestorben.

Die Verzwergungen sind bei Wintergerste ausgeprägter als bei Winterweizen. Bei stark gestauchter Gerste kommt es zu verstärkter Bestockung mit einem grasähnlichen Erscheinungsbild, während Hafer und Weizen kaum bestocken. Es unterbleibt dann das Schossen, oder es werden nur wenige partiell taube Ähren oder Rispen ausgebildet. Typische Schadbilder sind auch streifige Aufhellungen zwischen den Blattadern und an den Blatträndern.

Bei späteren Infektionen im Frühsommer kommt es nicht

Befallsnester in Wintergerste im Herbst (links) und im Frühjahr (rechts)

mehr zu der typischen Halmverkürzung. Verkleinerte, schmale, steil stehende Fahnenblätter, z. T. mit gerollten Blatträndern, sind dann ein erster Hinweis. Gerste wird von der Blattspitze her streifig fahlgelb; Weizenblätter verfärben sich über Gelb in Orangerot bis Tiefrot. Hafer reagiert zunächst mit gelblich-graugrünen Streifen von der Blattspitze her und später mit einer Rotfärbung der Blattspreiten (Haferröte). Roggen läßt nur schwach streifige Blattaufhellungen erkennen. – Später Virusbefall führt zu mangelnder Einkörnung, Flissigkeit bei Hafer und Schmachtkorn. Derart dünne Ähren ragen dann, steil aufrecht stehend, über den Bestand hinaus („Kirchturmähren"), reifen vorzeitig ab und werden von Schwärzepilzen besiedelt.

Verfärbungen der Blätter und Wuchsdepressionen verursachen bei Wintergerste auch Gelbmosaik-Viren sowie bei Weizen und Roggen mehrere weitere Mosaik-Viren. Diese Mosaikerkrankungen sind am deutlichsten an den jeweils jüngsten Blättern sichtbar. – Gelbverzwergungsschadbilder können auch mit jenen durch Frosteinwirkung, Nässe- und Säureschäden, Stickstoff- und Magnesiummangel verwechselt werden.

Biologie, befallsfördernde Faktoren

Wichtige Virusquellen stellen im Herbst infiziertes Ausfallgetreide sowie Mais dar, daneben auch ausdauernde Gräser auf Grünland und Feldrändern sowie Ungräser, besonders Hühnerhirse, in breitblättrigen Ackerkulturen.

Alle BYD-Viren werden nur durch Blattläuse übertragen, die die Viren beim Saugen aus dem Phloem infizierter Pflanzen aufgenommen haben. Abhängig von der Viruskonzentration im Blatt und den vorherrschenden Temperaturen benötigen die Blattläuse 1-12 Stunden Saugzeit zur wirkungsvollen Virusaufnahme. Vom Verdauungstrakt gelangen die Viren in die Körperflüssigkeit der Blattläuse über virusspezifische Rezeptoren in der Darmwand. Eine weitere virusspezifische Schwelle besteht dann beim Übergang in die Speicheldrüse. In der Blattlaus erfolgt keine Virusvermehrung (Propagation). Nach einer Zirkulationszeit von 1-2 Tagen kann das Virus persistent (zeitlebens) von der Blattlaus über den Speichel in das Pflanzengewebe injiziert werden. Eine Virusabgabe erfolgt nach mehrstündigem Saugen; die kürzeste bisher ermittelte Übertragungszeit liegt bei 30 Minuten.

Die verschiedenen Gelbverzwergungs-Viren werden also jeweils nur durch bestimmte Blattlausarten übertragen, und zwar persistent, zirkulativ und nicht-propagativ. Die lebendgebärenden Blattläuse geben die Viren jedoch nicht an ihre Nachkommen ab. Auf virusbefallenen Pflanzen siedeln sich die Blattläuse bevorzugt an und bilden auch häufiger geflügelte

Wintergerste: Virus-Befallsnest

Im Frühjahr streifige Aufhellungen

Blattsymptom nach dem Ährenschieben

Formen, die die Viren weiter verbreiten.

Herbstgeflügelte Blattläuse, soweit sie grasartige Wirtspflanzen ansteuern, tragen die Viren in frühgesäte Wintergetreideschläge. Noch im Herbst kann bei milder Witterung eine erste sekundäre Ausbreitung nesterweise um die zufällig verteilten Primärherde erfolgen. Nach Lebendüberwinterung (nur bei milder Winterwitterung) setzen die Vektoren bereits im zeitigen Frühjahr die Virusverbreitung fort.

Nach tiefen Wintertemperaturen (mindestens –12 °C) hingegen überdauern die Blattläuse bei uns nur im Eistadium. Lediglich die im Frühjahr von Gramineen zufliegende Große Getreideblattlaus kann dann schon Virusträger sein. Die von den Winterwirten Traubenkirsche und Heckenrose abfliegenden Arten Haferblattlaus bzw. Bleiche Getreideblattlaus „beladen" sich erst nach und nach an infiziertem Wintergetreide oder Gräsern. Die ungeflügelten Blattlausgenerationen übertragen die Viren im Bestand wieder nur nesterweise.

Wird die infizierte Pflanze zusätzlich durch Trockenheit, Frost oder weitere parasitäre Erkrankungen belastet, reagiert sie mit enormem Leistungsabfall. Das Schadensausmaß hängt u. a. ab vom Virusreservoir, von der Zahl und der Dynamik der Blattläuse, dem Entwicklungsstadium der Kulturpflanze zum Zeitpunkt der Infektion, der Getreideart sowie von der Nährstoff- und Wasserversorgung der Kulturpflanze. Im Jugendstadium sind alle Getreidearten besonders virusanfällig; Altersresistenz erlaubt nur noch eine verminderte Virusvermehrung. Erste Symptome nach der Infektion junger Getreidepflanzen erscheinen – temperaturabhängig – nach 2-4 Wochen. Ein Befall des Weizens etwa ab dem Zeitpunkt der Blüte beeinflußt den Kornertrag nicht mehr.

Bei einzelnen Getreidearten gibt es gewisse Unterschiede in der Sortenreaktion, die allerdings selten gesichert sind. Lediglich bei Gerste nutzt man bereits ein Hauptgen für die Resistenzzüchtung. Die Infektionswahrscheinlichkeit kann auch durch eine geringere Attraktivität der Wirtspflanzen für die Blattläuse herabgesetzt werden.

Das Infektionsrisiko ist bei frühen Wintergetreide- und späten Sommergetreidesaaten wesentlich höher. Spät abreifende Sorten werden nach Virusbefall mehr geschädigt als frühreife. Hohe sowie späte Stickstoffdüngung begünstigt die Blattlausvermehrung. Milde Herbstwitterung sowie eine frühzeitige Erwärmung im Frühjahr lassen eine gefährliche Vermehrung der Vektoren erwarten. Der Blattlausflug beginnt bei Temperaturen um 10–12 °C.

Bedeutung, Vorkommen

Die Gelbverzwergungs-Viren sind weltweit verbreitet. In Deutschland treten mit abnehmender wirtschaftlicher Bedeu-

Weizen: Streifige Blattverfärbung

Schadbild eines Herbstbefalls

Notreife Ähren mit Schwärzepilzen

tung die Typen PAV, MAV und RPV auf; zu verbreiteten Schäden ist es bisher lediglich in Ausnahmejahren gekommen.

Gewöhnlich ist nur frühgesäte Wintergerste gefährdet, und zwar durch Herbstinfektionen nach langanhaltender milder Witterung. In Verbindung mit winterlicher Frosteinwirkung kann es dann nesterweise bis flächig zu Totalausfällen kommen.

Vorbeugende Maßnahmen

Ein Verzicht auf extreme Frühsaaten des Wintergetreides stellt den besten Schutz vor Herbstinfektionen dar. Ausfallgetreide ist vor dem Auflaufen des Wintergetreides sorgfältig zu vernichten. Man vernachlässige auch nicht die Pflege von Feldrainen und Wegrändern. Lückige Getreidebestände werden bevorzugt von den virusübertragenden Blattläusen besiedelt. Alle acker- und pflanzenbaulichen Maßnahmen, die einen gleichmäßigen, lückenlosen Feldaufgang und eine zügige Pflanzenentwicklung fördern, tragen daher gleichzeitig zur Befallsminderung bei. Sommergetreide sollte man möglichst frühzeitig aussäen. Frühreifende Sorten und Zurückhaltung bei der Stickstoffspätdüngung verringern das Schadensrisiko durch Frühjahrsinfektionen.

Besonders in Jahren und Lagen mit hohem Virusspiegel muß ein früher Befall der Blattläuse im Herbst und Frühjahr abgewehrt werden. In der kritischen Zeit sollten daher intensive Blattlauskontrollen (in den warmen Mittagsstunden!) durchgeführt werden. Primärinfektionen lassen sich kaum verhindern. Die Bekämpfungsmaßnahmen richten sich vorrangig gegen die Virusausbreitung im Bestand. Für die Virusabwehr gibt es bisher noch keine gesicherten Blattlaus-Bekämpfungsschwellen; allein aus der Zahl der Blattläuse kann man nicht auf die Höhe der Virusgefahr schließen.

Literatur

Geissler, K., und E. Karl, 1989: Untersuchungen zum Besiedlungsverlauf der Virusvektoren und zur Befallsstärke von Infektionsreservoiren und Wintergersten-Neusaaten mit dem Gelbverzwergungs-Virus (barley yellow dwarf virus). Arch. Phytopathol. Pflanzenschutz, Berlin **25**, 251-258.

Gildow, F. E., 1990: Barley yellow dwarf virus-aphid vector interactions associated with virus transmission and vector specificity. In: Burnett, P. A. (Hrsg.): World perspectives on barley yellow dwarf. CIMMYT, Mexico, D. F., 111-122.

Gray, S. M., A. G. Power, D. M. Smith, A. J. Seaman und N. S. Altman, 1991: Aphid transmission of barley yellow dwarf virus: acquisition access periods and virus concentration requirements. Phytopathology **81**, 539-545.

Huth, W., 1991: Gelbverzwergung von anderen Schadbildern unterscheiden. DLG Pflanzenschutz-Praxis, H. 1, 14-17.

Huth, W.und G. Lauenstein, 1991: Zum Problem der Gelbverzwergung in Getreidebeständen. Gesunde Pflanzen **43**, 139-148.

Plump, R. T., 1990: The epidemiology of barley yellow dwarf in Europe. In: Burnett, P. A. (Hrsg.): World perspectives on barley yellow dwarf. CIMMYT, Mexico, D. F., 215-227.

Qualset, C. O., 1990: Genetics of host plant resistance to barley yellow dwarf virus. In: Burnett, P. A. (Hrsg.): World perspectives on barley yellow dwarf. CIMMYT, Mexico, D. F., 368-382.

Symptom an Hafer: Haferröte

Symptom an Roggen: streifige Aufhellungen

Gelbmosaik-Viren der Wintergerste

Erreger, Wirtspflanzen, Spezialisierung

Von den 16 in Deutschland bisher nachgewiesenen Getreideviren haben die Gelbmosaik-Viren der Wintergerste sowie die Gelbverzwergungs-Viren die größte wirtschaftliche Bedeutung. Die Gelbmosaikvirosen der Gerste werden von zwei Viren verursacht, die sich zwar serologisch unterscheiden lassen, hingegen nicht aufgrund ihrer Schadsymptome:

Gerstengelbmosaik-Virus, barley yellow mosaic virus (BaYMV)

Mildes Gerstenmosaik-Virus, barley mild mosaic virus (BaMMV).

Häufig treten beide Viren gemeinsam auf.

In jüngster Zeit ist ein weiterer Virusstamm entdeckt worden, der serologisch mit dem BaYMV verwandt ist und daher als BaYMV-2 bezeichnet wird. Er läßt sich nur anhand der Resistenzeigenschaften der Wirtspflanzensorten erkennen, denn gerade bei den Sorten, die gegen die beiden anderen Stämme immun sind, wird seine Schadwirkung sichtbar. Dieses Virus findet man besonders auf jenen Standorten, auf denen schon lange Wintergerstensorten mit Resistenz gegen die erstgenannten beiden Viren angebaut werden. – In Japan sind bereits sieben verschiedene BaYMV-Stämme beschrieben worden.

Die Gelbmosaik-Viren kommen unter natürlichen Bedingungen nur an Wintergerste vor, in Laborversuchen sind unter entsprechenden Temperaturbedingungen auch Sommergerste und andere *Hordeum*-Arten als Wirtspflanzen geeignet. Einige *Aegilops*-Arten und Gräser werden ebenfalls als Wirte genannt; sie sind für die natürliche Virusausbreitung ohne Bedeutung.

Erste Befallsnester im Gerstenbestand

Schadbild, Verwechslungsmöglichkeit
Im zeitigen Frühjahr – manchmal schon im Januar – zeigen sich auf Gerstenschlägen in Form kleiner Befallsherde Vergilbungen, die sich bei jedem Wintergerstenanbau streifenartig in Richtung der Bodenbearbeitung ausdehnen, bis schließlich nach einigen Jahren das gesamte Feld verseucht ist. – Befallene Pflanzen sind fahlgrün bis gelblich und weisen an den jüngsten Blättern strichelartige gelbgrüne Aufhellungen auf. Während der Blattstreckung vergrößern sich die Befallsstellen und führen zu einem Vergilben der Blätter von der Spitze her; bei einigen Sorten treten zusätzlich Nekrosen auf. Schließlich sterben diese Blätter ab. Kranke Pflanzen sind weniger winterhart, schlechter als gesunde entwickelt, geringer bestockt, mit verkürzten Halmen und vermindertem Wurzelwerk; sie sterben zum Teil vorzeitig ab oder bilden kleine Ähren. Setzt warme, wüchsige Witterung ein, ist der Neuzuwachs wieder gesund.

Nesterweises Auftreten von Vergilbungserscheinungen gibt es auch bei Bodenstrukturproblemen (Bodenverdichtung, Staunässe) sowie bei Befall mit *Typhula*-Fäule, Schneeschimmel oder dem Gelbverzwergungs-Virus; dieser Virusbefall ist meist einmalig, nicht stets am gleichen Ort wiederkehrend. Das Schadbild der Einzelpflanze ähnelt den Symptomen bei Magnesium-Mangel. Die Nekrosen durch Gelbmosaik-Viren werden im Frühjahr häufig mit *Rhynchosporium*-Befall verwechselt.

Biologie, befallsfördernde Faktoren
Die bodenbürtigen Viren werden durch den Pilz *Polymyxa graminis* Led. übertragen, der als obligater Parasit auf Gramineenwurzeln in fast allen Böden weit verbreitet ist. Von diesem Bodenpilz gibt es offensichtlich jeweils auf eine Getreideart spezialisierte Stämme. Bodenvernässung im Herbst sowie auch frühzeitige Wechselfröste auf wassergesättigten Böden (durch Auffrieren des Bodens Verletzung des Wurzelsystems!) begünstigen den Befall mit *P. graminis* und die Virusinfektion. Der Schaden allein durch *P. graminis* ist unbedeutend. Erst nach einem winterlichen Kälteschock erfolgen dann Virusvermehrung und Sym-

Krankheitsbild im zeitigen Frühjahr

ptomausprägung in der Wintergerste, wenn die Blätter bei Temperaturen von 3-13 °C (Gerstengelbmosaik-Virus) bzw. bis 17 °C (Mildes Gerstenmosaik-Virus) gebildet werden. Das BaYMV ist gegen höhere Temperaturen weitaus empfindlicher als das BaMMV. In den Spätwintermonaten liegt daher das Gerstengelbmosaik-Virus meist in höherer Konzentration in den Pflanzen vor, in den späteren Entwicklungsstadien der Gerste ist es das Milde Gerstenmosaik-Virus. Eine starke Virusvermehrung ist vor allem im atlantischen Klimabereich mit langer Wolkenbedeckung und geringen Unterschieden zwischen Tag- und Nachttemperaturen zu erwarten. Im kontinentalen Klimaraum kommt selbst bei mittleren Lufttemperaturen und Strahlungswetter die Blattemperatur schnell aus dem kritischen Bereich heraus. Nachts wird es andererseits sehr kalt, so daß die Gefahr ebenfalls gering ist. Bei langanhaltender kühler Frühjahrswitterung werden also viele Blattetagen geschädigt, nach schneller Erwärmung bleibt der Schaden gering.

Das Ausmaß des Schadens hängt auch vom Standort ab. Schwerste Schäden sind auf ton- und schluffhaltigen Böden mit hoher Wasserkapazität zu beobachten, die sich im Frühjahr nur langsam erwärmen. Da die dickwandigen Dauersporen des Pilzes bis zu 20 Jahre im Boden lebensfähig bleiben, ist ein „Aushungern" des Pilzes durch Aussetzen des Wintergerstenanbaus nicht möglich. Frühe Aussaat der Wintergerste begünstigt die Vermehrung des Wurzelparasiten in der Pflanze (Dauer eines Vermehrungszyklus 8–10 Tage) und die Virusübertragung. – Die Pilz- und damit Virus-Verbreitung erfolgt mit Erde an Ackergeräten und Ernteprodukten wie Kartoffeln oder Zuckerrüben sowie durch Wasser oder Wind.

In der Bundesrepublik Deutschland waren 1992 17 virusresistente Wintergerstensorten zugelassen. Alle auf dem europäischen Markt registrierte resistente Sorten sind immun gegenüber den beiden Mosaikviren BaYMV und BaMMV, d. h. in ihnen wird kein Virus vermehrt. Die Immunität läßt sich auf ein rezessiv vererbtes Resistenzgen zurückführen. Diese Sorten sind hingegen anfällig für den neuen Virusstamm BaYMV-2. Da in dem Vektor *Polymyxa graminis* keine Virusvermehrung stattfindet, sind die aus resistenten Sorten in den Boden gelangenden Dauersporen und Zoosporen frei von Viren.

Bedeutung, Vorkommen

Obwohl in Deutschland bei Wintergerste die Krankheit wahrscheinlich seit Mitte der 60er Jahre beobachtet wurde, ist der Erreger erst 1978 nachgewiesen worden. Das Verbreitungsgebiet von BaYMV und BaMMV hat sich inzwischen stark ausgeweitet; gegenwärtig gilt mehr als die Hälfte der Ge-

Strichelartige Aufhellungen durch Gelbmosaik-Viren

Symptome des Barley Mild Mosaik Virus (BaMMV)

treidefläche in den alten Bundesländern als verseucht, und Befallsherde wurden auch in fast allen Gebieten der neuen Bundesländer gefunden. Da das alljährliche Befallsgeschehen extrem abhängig vom Witterungsverlauf im Winterhalbjahr ist, sind die Ertragsverluste von Jahr zu Jahr sehr unterschiedlich.Die wirtschaftliche Bedeutung liegt bei Ertragsverlusten von 20-80 % auf den betroffenen Feldern höher als beim Gelbverzwergungs-Virus.

Vorbeugende Maßnahmen

Für Wintergerste sollte ein Anteil von 25 % in der Fruchtfolge nicht überschritten werden; ggfs. ist auf Sommergerste auszuweichen. Man vermeide auf jeden Fall extrem frühe Wintergerstensaat. Sind die Viren einmal auf einer Fläche aufgetreten, gibt es keine Möglichkeit der Entseuchung durch ackerbauliche oder chemische Maßnahmen. Lediglich die Verbreitung durch Erdverschleppung an Ackergeräten und Pflanzgut läßt sich durch sorgfältige Reinigung eindämmen.

Die einzige voll wirksame Gegenmaßnahme ist der Anbau virusresistenter Wintergerstensorten. Betriebe mit nachgewiesenem Befall sollten auf der gesamten Betriebsfläche auf resistente Sorten umstellen. Nur gegen das offensichtlich weniger aggressive BaYM-2 Virus gibt es bisher noch keine resistenten Sorten.

Geschädigte Gerstenbestände dürfen nicht durch "harte" Herbizidmaßnahmen oder Krankheitsbefall weiter belastet werden. Es wird eine frühzeitige N-Ausgleichsdüngung empfohlen.

Literatur

Adams, M. J., P. Jones and A. G. Swaby, 1987: The effect of cultivar used as host for *Polymyxa graminis* on the multiplication and transmission of barley yellow mosaic virus (BaYMV). Ann. appl. Biol. **110**, 321-327.

Bastin, V., C. Boute and H. Maraite, 1989: Inoculum potential and host range of *Polymyxa graminis*. EPPO Bull. **19**, 541-546.

Frahm, J., und G. Haumann, 1989: Mindererträge durch das BaYMV – in Westfalen-Lippe –. Eine Analyse der Einflußfaktoren. Gesunde Pflanzen **41**, 45-48.

Huth, W., 1988: Ein Jahrzehnt barley yellow mosaic virus in der Bundesrepublik Deutschland. Nachrichtenbl. Deut. Pflanzenschutzd. (Braunschweig) **40**, 49-55.

Huth, W., 1991: Verbreitung der Gelbmosaikviren BaYMV, BaMMV und BaYMV-2 und Screening von Gerstensorten auf Resistenz gegenüber BaYMV-2. Nachrichtenbl. Deut. Pflanzenschutzd. (Braunschweig) **43**, 233-237.

Stanarius, A., G. Proeseler und Uta Siebert, 1991: Zum Vorkommen des Gerstengelbmosaik-Virus (barley yellow mosaic virus) und des Milden Gerstenmosaik-Virus (barley mild mosaic virus) in unterschiedlichen Gerstengenotypen auf ein und demselben Befallsstandort. Arch. Phytopathol. Pflanzenschutz, Berlin **27**, 259-266.

Strichelartige Chlorosen und Nekrosen

***P. graminis*: Ansammlung von Dauersporen in Haarwurzelzellen**

Bodenübertragbares Weizenmosaik-Virus

Erreger, Wirtspflanzen, Spezialisierung

Bereits 1980 wurde in der ehemaligen DDR bei einem Roggenbestand das Bodenübertragbare Weizenmosaik-Virus (soil-borne wheat mosaic virus, SBWMV) nachgewiesen, das als gefährlicher Krankheitserreger insbesondere von Weizen gilt. Höchste Anfälligkeit zeigt Durumweizen bei Herbstaussaat. Weitere Wirtspflanzen des Virus sind Triticale sowie auch Trespenarten. Da nur Herbstinfektionen zu Symptomen führen, scheint besonders das Wintergetreide gefährdet.

Das SBWMV tritt z. T. vergesellschaftet mit ein oder zwei weiteren Viren auf, nämlich dem Weizengelbmosaik-Virus (wheat yellow mosaic virus, WYMV) und dem Weizenspindelstrichelmosaik-Virus (wheat spindle streak mosaic virus, WSSMV). Alle drei Viren werden von dem Bodenpilz *Polymyxa graminis* Led. übertragen. Da Inokulationen von Weizen durch *P. graminis* mit Roggenherkünften des SBWM-Virus nicht gelungen sind, schließt man auf eine Wirtspflanzenspezialisierung des Überträgers.

Schadbild, Verwechslungsmöglichkeit

Ein leichtes Rotfärben und Einrollen der Blätter werden als erste Zeichen einer Erkrankung selten erkannt. Typischer sind dann ab Ende Februar/Anfang März Aufhellungen, später chlorotische Strichelsymptome auf den Blattspreiten der jüngsten, z. T. noch eingerollten Blätter. Diese Mosaikbilder sind über das Blatt unregelmäßig verteilt – anders als die Symptome einiger Mangelkrankheiten. Die Blattflecke vergrößern sich und führen zum Vergilben der gesamten Blattspreite von der Spitze her. – Befallene Pflanzen bleiben im Wuchs zurück und sind meist weniger bestockt.

Die Weizenmosaikvirose tritt anfangs in Form kleiner Befallsnester auf. Bei jedem weiteren Anbau der Wirtspflanze dehnen sich die Befallsflächen in Bearbeitungsrichtung aus. – Gegenüber witterungsbedingtem Streß wie z. B. Frost, Nässe oder Trockenheit sowie bei gleichzeitig parasitärer Belastung sind die virusbefallenen Pflanzen besonders empfindlich.

Eine Unterscheidung von anderen Weizenmosaikerkrankungen ist nur mit serologischen oder elektronenmikroskopischen Tests möglich. Blattverfärbungen und Wuchsdepressionen werden auch durch das Gelbverzwergungs-Virus sowie durch Bodenverdichtungen hervorgerufen.

Biologie, befallsfördernde Faktoren

Der Befall der Getreidewurzeln durch den obligaten Parasiten *Polymxa graminis* an sich bleibt ohne spürbare Schadwirkung; der Bodenpilz ist jedoch ein Vektor zahlreicher gefährlicher Mosaikviren bei allen Wintergetreidearten. Die Dau-

Strichelförmige Aufhellungen und chlorotische Blattverfärbungen

– *soil-borne wheat mosaik virus*

ersporen des Pilzes können mehr als 20 Jahre im Boden überleben. Bei Anbau von Wirtspflanzen dringen im Herbst seine zweigeißeligen Zoosporen in Haarwurzeln sowie das Rindengewebe größerer Wurzeln ein und übertragen die Viren. Das Weizenmosaik-Virus vermehrt sich zunächst nur in den Wurzeln und wird erst gegen Ende des Winters in die Blätter zur weiteren Vermehrung ab Vegetationsbeginn transportiert. – Die Verbreitung des Virus in den Dauersporen des Überträgers erfolgt mit Bodenteilen durch Wasser und Wind sowie die Feldbearbeitung.

Voraussetzung für die Pilzinfektion und damit die Virusübertragung ist Feuchtigkeit im Herbst und Winter. Böden mit hohem Schluff- und/oder Tonanteil sowie schlechter Wasserableitung begünstigen daher den Befall. Langanhaltende kühle Witterung im Herbst und Frühjahr fördern dann die Virusvermehrung und das Schadensausmaß. Bei Temperaturen ab 18-20 °C bleibt der Blattzuwachs ohne Symptome.

Die Weizensorten unterscheiden sich in ihrer Feldresistenz gegenüber dem SBWMV. Bei widerstandsfähigen Sorten werden keine oder nur wenige Viren von der Wurzel in den Sproßteil transportiert. Die Mechanismen der Resistenz wie auch ihre Vererbung sind noch nicht voll geklärt. Sorten mit Immunität gegen dieses Virus kennt man nicht.

Bedeutung, Vorkommen

Die Weizenmosaikvirose wurde bei Weizen schon vor Jahrzehnten in den USA und Japan festgestellt. In Europa gibt es begrenzte Vorkommen insbesondere in Regionen mit milder Winterwitterung, so z. B. in Frankreich und Italien. Kleine Befallsflächen speziell bei Roggen auf leichten Sandböden wurden in jüngster Zeit in Sachsen-Anhalt und Niedersachsen gefunden.

Bei anfälligen Sorten können in Einzeljahren durch diese Virose Ertragsverluste bis 70 % auftreten. Es werden vor allem die Ertragskomponenten Bestandesdichte und Kornzahl pro Ähre vermindert.

Vorbeugende Maßnahmen

Als wirkungsvollste Vorbeugemaßnahme ist der Anbau resistenter Sorten anzusehen. Man vermeide auch Frühsaaten von Wintergetreide.

Literatur

Hariri, Dj., M. Courtillot, P. Zaoui und H. Lapierre, 1987: Multiplication of soilborne wheat mosaic virus (SBWMV) in wheat roots infected by a soil carrying SBWMV and wheat yellow mosaic virus (WYMV). Agronomie **7**, 789-796.

Larsen, H. J., M. K. Brakke und W. G. Langenberg, 1985: Relationship between wheat streak mosaic virus and soilborne mosaic virus infection, disease resistance, and early growth of winter wheat. Plant Disease **69**, 857–862.

Proeseler, G., A. Stanarius, Renate Gippert und H. Schnee, 1990: Virusbefall an Roggen. Nachrichtenbl. Pflanzenschutz DDR **44**, 273-274.

Vacher, C., und M. Bonnefoy, 1992: Maladies à virus - les mosaïques des céréales. Perspectives Agricoles No. 171, 22-31.

Typische chlorotische Flecke und Streifen

Tierische Schaderreger

Nematoden

Getreidezystenälchen – *Heterodera avenae*

Erreger, Wirtspflanzen, Spezialisierung

24 *Heterodera*-Arten sind gegenwärtig als Parasiten an Getreide und Gräsern bekannt, unter denen die weitaus größte wirtschaftliche Bedeutung das Getreidezystenälchen *Heterodera avenae* Wollenweber hat. Es wird nach seiner Hauptwirtspflanze auch als Haferzystenälchen, Haferälchen oder Hafernematode bezeichnet und gehört innerhalb der Klasse Nematoden zur Ordnung *Tylenchida*.

Die fadenförmigen Larven mit Mundstachel sind bis zu 0,6 mm lang. Daraus entwickeln sich entweder die frei beweglichen, aalartigen Männchen (1–1,6 mm) oder die zitronenförmig anschwellenden Weibchen (0,6 - 0,8 mm x 0,5 mm), die mit dem Vorderende in der Wurzelhaut der Wirtspflanze festsitzen und sich später als Zyste ablösen.

Die Hauptwirtspflanze von *H. avenae* ist der Hafer. Es folgen mit abnehmender Vermehrungsrate und Empfindlichkeit Sommerweizen, Sommergerste, Wintergerste, Winterweizen und Winterroggen. Im Vergleich zu Roggen sind einige Triticalesorten höher anfällig. Auch die meisten Gräser werden befallen; wenn sie auch weniger gute Wirtspflanzen als Getreide darstellen, so tragen sie dennoch zum Erhalten einer Nematodenpopulation bei. Obgleich Mais befallen und zuweilen stark geschädigt wird, gilt er als Neutralpflanze, da sich der Erreger hier kaum vermehren kann.

Von *H. avenae* sind mindestens 10 Pathotypen nachgewiesen, die sich in ihrer Virulenz gegenüber den einzelnen Getreidesorten unterscheiden und oft in Mischpopulationen vorkommen. In Süddeutschland herrschen die Pathotypen A (Ha11) und C (Ha12) vor, und in Norddeutschland ist auch die Rasse E (Ha61) häufiger vertreten.

Neben *H. avenae* seien noch das Gerstenzystenälchen (*Heterodera hordecalis* Andersson) und das Irische Gräserzystenälchen (*Heterodera mani* Mathews) genannt. *H. hordecalis* tritt bevorzugt an Gerste und Roggen auf (daher der Name *hordecalis*). Zum Wirtspflanzenkreis von *H. mani* zählen neben den Getreidearten einige Gräser.

Schadbild, Verwechslungsmöglichkeit

Typisch für den Befall mit dem Getreidezystenälchen sind insbesondere in Haferbeständen Kümmerwuchs und ungleiche Wuchshöhen, nesterweise verteilt auftretend. Diesem Schadbild voraus geht eine rötliche Verfärbung der Blattspitzen, die später zu einer Vergilbung der gesamten Blattspreite führt. Die schwach bestockten Pflanzen bilden oft nur einen Halm aus, und die Rispe mit geringem Kornansatz reift verzögert.

Der ebenfalls hoch empfindliche Sommerweizen wird bei Befall hingegen nicht im Län-

Im Haferbestand ungleiche Wuchshöhen und nesterweise Kümmerwuchs

genwachstum beeinträchtigt, so daß die Praxis die wahre Schadensursache meist nicht erkennt.

Die Wurzeln befallener Pflanzen sind verkürzt, dicht verzweigt und dunkler gefärbt als bei gesunden. Ab Mitte Juni bis August kann man daran mit der Lupe (10fach) die weißen, stecknadelkopfgroßen Zysten gut erkennen, die sich nach dem Lösen von den Wurzeln braun verfärben.

Sie sind ein sicheres Unterscheidungsmerkmal zur Abgrenzung von ähnlichen Erscheinungsbildern wie z. B. Nährstoffmangel, ungleichmäßige Stickstoffdüngung, Bodenverdichtung, Staunässe, Trokkenheit oder Befall mit dem Gelbverzwergungs-Virus.

Biologie, befallsfördernde Faktoren

Unter günstigen Bedingungen können erste Larven bereits im Spätherst schlüpfen, in junges Wurzelgewebe eindringen und im folgenden Jahr zur Zystenbildung führen. Die Masse der Eier und Larven überdauert allerdings in den Zysten im Boden. Erwärmt sich der Boden im Frühjahr auf 4 °C, beginnen die L2-Larven bei genügend Feuchtigkeit im März zu schlüpfen. Da die optimale Schlüpftemperatur bei 11 °C liegt, verlassen die meisten Larven erst im April/Mai ihre Zysten. Bezogen auf die Lufttemperatur beginnt an sonnigen Standorten der Massenschlupf der Larven, wenn der Wochenmittelwert vor dem Kontrolltermin zwischen 4,2 und 6,8 °C liegt, während in Lagen ohne Sonneneinstrahlung Durchschnittstemperaturen über 7,5 °C Voraussetzung sind. In jedem Jahr schlüpft nur ein Teil der Larven, die bei Vorfinden geeigneter Wirtspflanzen den Ausgangspunkt für eine neue Generation bilden. Die Larven dringen kurz hinter der Wurzelspitze in die Streckungszone der Wurzel ein und siedeln sich, nach einer kurzen Wanderphase im Rindengewebe, parallel zur Wurzelachse nahe dem Zentralzylinder an. Hier induzieren sie die Bildung von Riesenzellen, an denen die Tiere saugen. Nach zwei Häutungen verläuft die Entwicklung der L4-Larven zu Männchen und Weibchen unterschiedlich.

Die wurmförmigen Männchen liegen verschlungen in der 3. Larvenhaut und nehmen keine Nahrung mehr auf. Nach ein paar Tagen schlüpfen sie und wandern in den Boden aus. Die Weibchen schwellen weiter an und bringen dadurch die Rindenschicht zum Aufplatzen. Sie bleiben mit dem Vorderende im Wurzelgewebe stecken, während ihr freies Hinterende von den Männchen begattet wird. Ein Weibchen bildet durchschnittlich 250 Eier.

Aus den Eiern entwickeln sich innerhalb der Zyste die Larven, die aber erst nach der ersten Häutung, über mehrere Jahre verteilt, schlüpfen. Es gibt also jährlich nur eine Generation. Die Verbreitung der Zysten geschieht vor allem durch

Dicht verzweigtes Wurzelwerk, Zysten zitronenförmig, 0,7 mm

Getreidezystenälchen an Wurzeln

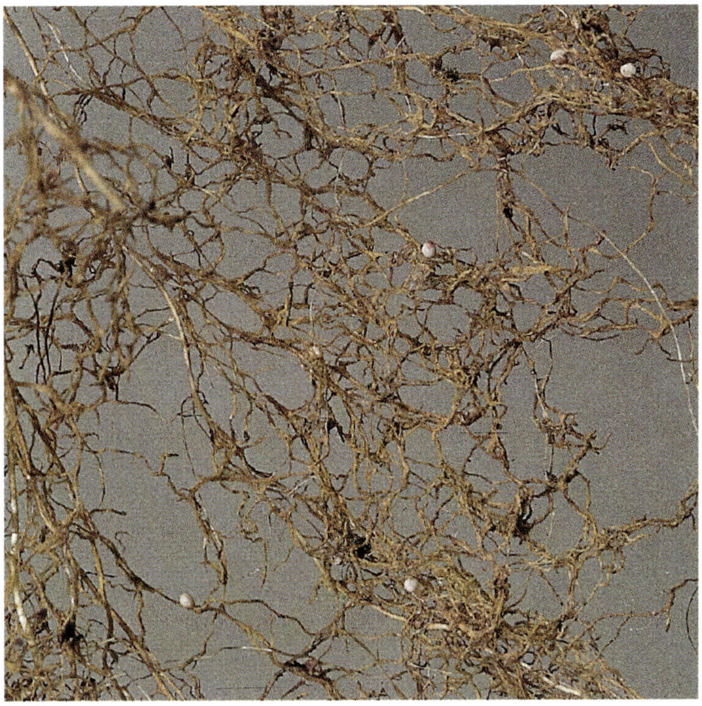

Ackergeräte, Schlepperreifen und Abfallerde am Pflanzgut sowie durch Wind und Wasser.

Das Schadausmaß hängt von der Getreideart und -sorte, der Fruchtfolge und den Umweltbedingungen ab. Ein kühles, feuchtes Frühjahr fördert das Schlüpfen der Larven, nachfolgende Trockenheit verstärkt den Schaden. Lockere Böden mit hohem Porenanteil sagen dem Erreger mehr zu als verdichtete und sauerstoffarme. Durch eine frühe Stickstoffdüngung wird zunächst für einige Wochen der Schlupf der Nematodenlarven gehemmt.

Bedeutung, Vorkommen

Das Getreidezystenälchen ist weltweit verbreitet; in der Bundesrepublik Deutschland können mindestens 50 % der Ackerflächen als verseucht angesehen werden. Es ist in feuchtkühlen Klimagebieten auf leichten und mittleren Böden bei intensivem Getreideanbau ein wichtiger Fruchtfolgeschädling. Bereits bei schwachem Befall können hohe Verluste auftreten, bei Hafer bis über 50 %. Oft baut sich die Population zunächst unterschwellig ohne sichtbare Symptome an der Pflanze auf. Besteht Verdacht auf Nematodenbefall, sollte der Landwirt im Winterhalbjahr Bodenproben ziehen und untersuchen lassen. Als Schadensschwellen gelten bei Hafer > 300, bei Sommergerste > 750 Eier und Larven je 100 ml Boden. Nach dem Biotestverfahren werden als kritisch für Hafer 5, für Sommergerste 10 und für Winterweizen 15 neugebildete Zysten je Vierkammergefäß angesehen. Die Schwellenwerte können durch Witterungseinflüsse modifiziert werden. Hohe Niederschläge und sinkende Temperaturen nach der Saat verschieben den Wert nach unten.

Vorbeugende Maßnahmen

Bei geringem Anfangsbefall sollte Hafer am Beginn der Fruchtfolge stehen, bei hohem Verseuchungsgrad Hafer und Sommergetreide nur alle 5-6 Jahre angebaut werden. Der einmalige Anbau einer anfälligen Hafersorte vermehrt die Nematodenpopulation um den Faktor 8-10, der Anbau einer Nichtwirtspflanze (Mais, Hack-, Öl- oder Hülsenfrucht, resistente Getreidesorte) hingegen verringert den Verseuchungsgrad auf 1/3 bis 1/7 des Ausgangswertes. Eine weitere Möglichkeit der Vorbeuge liegt in der Wahl von resistenten, teilresistenten oder ertragstoleranten Sorten. Sommergetreide sollte möglichst frühzeitig in einen gut abgesetzten Boden gesät werden. Eine zusätzliche Stickstoffdüngung mit schnell wirkenden N-Formen verringert die Schäden, obwohl die Vermehrung des Schädlings dadurch sogar gefördert wird. In jedem Fall muß auf eine sorgfältige Beseitigung aller Ungräser, insbesondere des Flughafers, geachtet werden.

Schadbild von *Heterodera avenae*

Literatur

Andersen, S., und K. Andersen, 1982: Suggestions for determination and terminology of pathotypes and genes for resistance in cyst-forming nematodes, especially *Heterodera avenae*. EPPO Bull. **12**, 379-386.

Andersson, S., 1982: Population dynamics and control of *Heterodera avenae* – A review with some original results. EPPO Bull. **12**, 463-475.

Baumer, M., P. Behringer, R. Graf, R. Diercks und G. Fischbeck, 1979: Untersuchungen zur Schätzung der physiologischen Schadensschwelle des Getreidezystenälchens (*Heterodera avenae* Woll.) bei Hafer und Sommerweizen. Z. Pflanzenkrankh. Pflanzensch. **86**, 25-38.

Behringer, P., 1988: Die Bekämpfung zystenbildender Nematoden in Bayern nach den Grundsätzen des integrierten Pflanzenschutzes. Gesunde Pflanzen **40**, 400-406.

Decker, H., und A. Dowe, 1982: Zur Bestimmung der an Gramineen in Mitteleuropa vorkommenden zystenbildenden Nematodenarten. Nachrichtenbl. Pflanzenschutz DDR **36**, 27-32.

Grosse, E., und H. Decker, 1983: Einige Untersuchungen zum Nachweis von *Heterodera avenae* Wollenweber, 1924, im Boden. Nachrichtenbl. Pflanzenschutz DDR **37**, 205-208.

Schönhammer, A., und G. Fischbeck, 1985: Untersuchung zur Populationsdynamik von *Heterodera avenae* (Woll.) in getreidereichen Fruchtfolgen und Getreidemonokulturen. I. Die Entwickung der Befallswerte im Verlauf von 15 Versuchsjahren. Bayer. Landwirtsch. Jahrb. **62**, So.heft 3, 69-84.

Stock- oder Stengelälchen – *Ditylenchus dipsaci*

Erreger, Wirtspflanzen, Spezialisierung

Das Stock- oder Stengelälchen *Ditylenchus dipsaci* (Kühn) gehört zu den Nematoden der Ordnung *Tylenchida*. Die 1 - 1,5 mm langen, farblosen Nematoden kommen vor allem auf Roggen – insbesondere Winterroggen – und Hafer vor, seltener auf Winterweizen und Wintergerste. Bevorzugt befallen werden Rüben, Ackerbohnen und Rotklee. *D. dipsaci* tritt in zahlreichen biologischen Rassen auf; die vielfach wenig spezialisiert sind und sich wegen ihrer überlappenden Wirtspflanzenkreise kaum exakt von einander abgrenzen lassen. So befällt die Roggenrasse auch Hafer, Mais u. a., die Maisrasse auch Roggen.

Schadbild

Nematodenschäden treten in Befallsnestern auf, die sich von Jahr zu Jahr in Pflugrichtung vergrößern. Im Winterroggen fallen solche Herde schon im November auf, sind aber am deutlichsten im März und April zu erkennen. Befallene Pflanzen bleiben im Wachstum zurück, ihre Triebe sind an der Basis zwiebelartig angeschwollen, die Blätter korkenzieherartig verdreht und am Rand gewellt. Bei starker Bestockung unterbleibt das Schossen. Manche Pflanzen sterben im Winter ganz ab.

Ursachen von nesterweise vermindertem Pflanzenwuchs können auch Bodenverdichtung oder -vernässungen, Nährstoffmangel, Säureschäden oder Virusbefall sein.

Biologie, befallsfördernde Faktoren

Das Stengelälchen kann in verschiedenen Entwicklungsstadien im Pflanzengewebe und im Boden überwintern. Bei genügend Bodenfeuchtigkeit dringen die Altlarven durch Spaltöffnungen oder Verletzungen in die Jungpflanzen ein und saugen im unteren Stengelbereich. Wurzeln werden nicht befallen.

Nach der Begattung legt das Weibchen 200-500 Eier. Ältere Larven suchen oft neue Pflanzen auf. Vor Abreife des Getreides haben die meisten Nematoden die Wirtspflanze verlassen. Bei Trockenheit im Boden oder im Stroh können die Tiere in eine Trockenstarre fallen und mehr als 20 Jahre überdauern. Da sich pro Jahr etwa 4 Generationen entwickeln, ist mit einer ungeheuren Vermehrungsrate zu rechnen.

Stockälchen treten bevorzugt in kühl-feuchten Klimazonen auf. Der Schaden bei Winterroggen wird durch milde Winter verstärkt. Niederschlagsreiche Witterung nach der Aussaat begünstigt den Befall, da die Nematoden nur bei genügend Feuchtigkeit in die Jungpflanzen eindringen können.

Starke Ausdünnung und Wuchshemmung im Haferbestand

Gestauchter Wuchs, Triebbasis zwiebelartig verdickt

Bedeutung, Vorkommen

In Deutschland kann vor allem das Auftreten in Winterroggen auf leichten, humusarmen Böden zu Korn- und Strohverlusten bis 50% führen. Eindeutige Schadsymptome entstehen bei einer Dichte von mehr als 100 Nematoden/100 ml Boden. Befallene Pflanzen werden oft zusätzlich durch sekundäre Stengelfäulen geschädigt.

Vorbeugende Maßnahmen

Auf befallenen Flächen sollte man mit Roggen- und Haferanbau mindestens 4 Jahre aussetzen. Wichtig ist die sorgfältige Vernichtung der Unkräuter und Ungräser im Bestand. Verseuchtes Stroh darf nicht auf andere Felder verschleppt werden.

Eine Förderung der Jugendentwicklung läßt die Pflanzen dem kritischen Befallsstadium schnell entwachsen.

Literatur

Gentzsch, D., 1990: Rassen von *Ditylenchus dipsaci* mit Hinweisen für die Praxis. Gesunde Pflanzen **42,** 432-435.

Högger, C. H., 1990: Verbreitung von pflanzenparasitären Nematoden an Winterweizen in der Schweiz. Landwirtschaft Schweiz **3,** 477-483.

Sturhan, D., 1980: Stengelälchen an Getreide. Die Landtechn. Zeitschrift **31,** 1701.

Getreideblattläuse

Erreger, Wirtspflanzen

Die Getreideblattläuse gehören zur Ordnung der *Hemiptera* (Schnabelkerfe), die mit ihren stechend-saugenden Mundwerkzeugen nur flüssige Nahrung aufnehmen können. Bei der Unterordnung *Homoptera* (Gleichflügler) sind sowohl Vorder- als auch Hinterflügel dünn und durchsichtig. Zu diesen Pflanzensaugern gehört die Familiengruppe *Aphidinae* (Blattläuse). Die Getreideblattläuse sind Vertreter der Familie *Aphididae* (Röhrenläuse).

Unter der Bezeichnung Getreideblattläuse wird eine Vielzahl von Blattlausarten zusammengefaßt, die neben anderen Gräsern auch Getreide als Haupt- oder Nebenwirt besiedeln. In Mitteleuropa leben allerdings höchstens 7 Arten regelmäßig an Getreide, von denen im wesentlichen drei durch Übervermehrung schädlich werden können:
Große Getreideblattlaus *Sitobion avenae* (Fabr.), syn. *Macrosiphum avenae*, Hafer- oder Traubenkirschenblattlaus *Rhopalosiphum padi* (L.), Bleiche Getreideblattlaus *Metopolophium dirhodum* (Walk.).

Beschreibung der ungeflügelten Imagines:

Große Getreideblattlaus*:* 2–3 mm lang, spindelförmig, Hinterleibsröhrchen (Siphonen) schwarz, spitz zulaufend, bis 1,5mal so lang wie das farblose Schwänzchen (Cauda), Fühler nahezu körperlang; Körperfarbe grün oder rötlichbraun mit dunkler Rückenpigmentierung.

Haferblattlaus: 1,5–2,3 mm, rundlich bis oval, kurze schwach pigmentierte Hinterleibsröhrchen, zum Ende verjüngt mit Krempe an der Öffnung, Schwänzchen deutlich kürzer als Hinterleibsröhrchen, Körperfarbe olivgrün bis bräunlich, zwischen den Hinterleibsröhrchen rostrot, Fühler reichlich halbe Körperlänge.

Bleiche Getreideblattlaus*:* 2–3 mm, schmal-spindelförmige Körperform, hellgrün mit dunkelgrünem Mittelstreifen auf dem Rücken, Hinterleibsröhrchen hell, spitz zulaufend, doppelt so lang wie Schwänzchen, Fühler fast Körperlänge.

Alle drei Arten kommen an Weizen, Hafer, Gerste und auch Roggen vor sowie an Futter- und Wildgräsern. Die Haferblattlaus und die Bleiche Getreideblattlaus sind, neben der Maisblattlaus *(Rhopalosiphum maidis),* auch häufig auf Mais zu finden. Für *R. padi* und *M. dirhodum* dienen die Gramineen nur als Sommerwirte. Im Herbst wandern sie auf die Gemeine Traubenkirsche *(Prunus padus)* bzw. Wild- und Gartenrosen. Die Große Getreideblattlaus ist nicht wirtswechselnd; als Winterwirte dienen Getreideneuansaaten und Gräser.

Schadbild

Die Getreideblattläuse verursachen durch ihr Saugen an Blättern und Ähren kein spezifisches Schadbild, sofern sie nur in geringer Dichte auftreten. Bei starkem Befall von Ähren

Goße Getreideblattlaus: ungeflügelte Sommergenerationen

Große Getreideblattlaus: Nymphe, Vorstufe zur Geflügelten

und Rispen sind vor allem die Ährenspindel, die Rispenäste und der Spelzengrund dicht mit Blattläusen besetzt. Geschädigte Ähren erscheinen dann kurz vor der Reife deutlich schmaler als die gesunden. Auf stark befallenen Blättern entstehen zunächst gelbliche Flecke; später vergilben diese Blätter vorzeitig. Bei Saugschäden durch die Haferblattlaus rollen oder kräuseln sich die Blätter manchmal.

Auf den befallenen Pflanzen siedeln sich bei hoher Luftfeuchtigkeit Schwärzepilze an, die sich auf den kohlenhydratreichen Ausscheidungen (Honigtau) der Blattläuse entwickeln. Nach der Abreife zeigt das Getreide ein schmutziggraues Aussehen.

Biologie, befallsfördernde Faktoren

Die Getreideblattläuse durchlaufen bei uns in der Regel einen vollständigen Entwicklungszyklus (Holozyklus) mit Wechsel von ungeschlechtlicher (parthenogenetischer) und geschlechtlicher Vermehrung und Überwinterung in Eiform. Dieser komplexe Entwicklungsablauf sei am Beispiel der Haferblattlaus genauer erläutert.

Auf dem Winterwirt (Traubenkirsche) schlüpft im März/April die Larve der ungeflügelten Stammutter (Fundatrix), wenn die Tagesdurchschnittstemperaturen über 7 °C liegen. Aus der Stammutter entwickeln sich ungeschlechtlich mehrere Generationen von Fundatrigenien. Der Anteil der geflügelten Formen (Frühjahrsgeflügelte), die auf die Sommerwirte abwandern, hängt von den Witterungsbedingungen ab. Bei kühlem, feuchtem Wetter entstehen überwiegend ungeflügelte Tiere, so daß auf dem Winterwirt oft noch bis in den Juni hinein Blattläuse anzutreffen sind. Bei warmem und trockenem Wetter hingegen können schon in der 1. Generation 90 % der Nachkommen geflügelt sein. Die Besiedlung durch die flugaktiven Tiere beginnt dann entsprechend früh.

R. padi ist zunächst auf den unteren Blättern und in Blattscheiden zu finden, da sie für ihre weitere Entwicklung Schatten und Feuchtigkeit braucht. Später wandert sie zum oberen Halmabschnitt, weniger häufig auch zu Ähren und Rispen. Auf dem Sommerwirt entwickeln sich mehrere Generationen ungeflügelter Weibchen (Virginogenien = Jungfern, Aptere = Ungeflügelte). Da die Larven ihre 4 Stadien in 9 Tagen (bei 21 °C) durchlaufen und jede Blattlaus etwa 70 Nachkommen erzeugt, läßt die hohe Vermehrungsrate die Population schnell anwachsen. Bei Übervölkerung und Nahrungsmangel werden zunehmend geflügelte Weibchen (Alatae) gebildet, die auf Ausfallgetreide und Gräser fliegen (Sommergeflügelte), sich weiter vermehren und im Spätsommer dort Gynopare (Weibchenmütter) entwickeln. Jene fliegen schließlich zurück zum Winterwirt

Große Getreideblattlaus: Sommergeflügelte, natürliche Größe ca. 2,5 mm

Haferblattlaus: Stammutter und erste Nachkommen

(Herbstflug), wo sie ungeflügelte eierlegende Weibchen erzeugen, die von den später zufliegenden Männchen begattet werden. Ab Mitte Oktober werden die Eier an Rinde und Knospen der Traubenkirsche abgelegt. – In milden Wintern können Larven und erwachsene Tiere an Wintergetreidefrühsaaten auch lebend überdauern und im nächsten Frühjahr die Vermehrung auf den Sommerwirten parthenogenetisch fortsetzen (anholozyklische Überwinterung). I. d. R. ist dann mit einem frühen Blattlausbefall des Getreides zu rechnen.

In ähnlicher Weise verläuft der Zyklus auch bei den beiden anderen Blattlausarten, die ebenfalls bei günstigen Bedingungen (Temperaturminimum nicht unter -8 °C) lebend überwintern. Die Bleiche Getreideblattlaus benutzt als Winterwirt Wild- und Gartenrosen, ab Mitte Mai besiedelt sie Gräser und Getreide. Sie ist vor allem auf den oberen Blättern – auch auf ihrer Unterseite – anzutreffen.

Die Große Getreideblattlaus, die bei weitem häufigste Art, legt ihre Eier im Herbst an Gräsern, Ausfallgetreide und frühgesätem Wintergetreide ab und besiedelt weitere Getreidefelder ab der 2. Maidekade, bei Lebendüberwinterung schon früher.

Die Große Getreideblattlaus bevorzugt wegen ihres höheren Stickstoffbedarfs Ähren und Rispen, wo sie an Spindeln und Spelzenbasis besonders bei Weizen saugt; in den Ährchen ist das Verhältnis Aminosäure: Zucker am engsten.

Zur Massenvermehrung der Getreideblattläuse kommt es vor allem bei trocken-warmen Witterungsbedingungen zur Zeit der Kornbildung und -reife. Im Bereich 10-20 °C nimmt die Blattlausvermehrung mit steigender Temperatur zu. Bei 20 °C ist die Vermehrungsrate von *M. dirhodum* am höchsten; das Entwicklungsoptimum von *S. avenae* liegt bei 20–23 °C, das von *R. padi* bei .25 °C.

Wegen der raschen Larvenentwicklung bringen es die Getreideblattläuse auf bis zu 8 Generationen in einer Vegetationsperiode. Bei einer Lebensdauer von 30 Tagen (bei 22 °C) und der hohen Reproduktionsrate kann sich z. B. eine *S. avenae*-Population in 3 Tagen verdoppeln und nach 50 Tagen auf das Fünfzigfache steigern. Nach dem Höhepunkt der Vermehrung im Milchreife-Stadium kommt es rasch zum Zusammenbruch der Population aufgrund von Übervölkerung, Nahrungsmangel und Vermehrung der Blattlausfeinde (Marienkäfer, Schwebfliegen, Florfliegen, Schlupfwespen, pilzliche Parasiten). Bei hohen Temperaturen (ab 30 °C) sterben die Blattlauslarven ab.

Voraussetzung für ein Blattlausmassenauftreten sind also anhaltende Trockenheit und mindestens durchschnittliche Temperaturen in der Zeit ab dem Ährenschieben des Weizens. Hohe Stickstoffdüngung begünstigt die Blattläuse ent-

Haferblattlaus auf Traubenkirsche: Nymphe und Frühjahrsgeflügelte

Ungeflügelte Weibchen an Getreide, ca. 2 mmlang

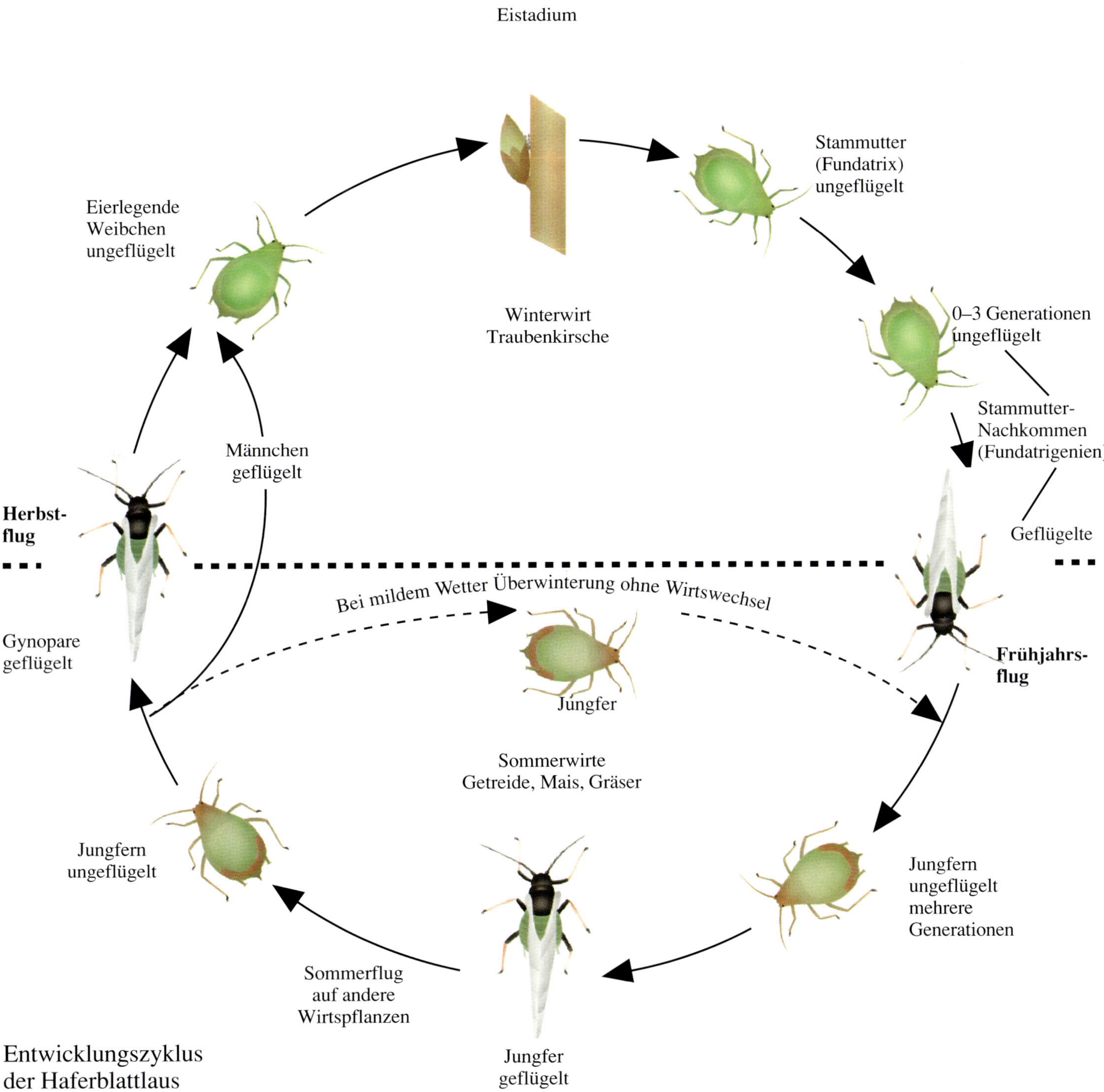

Entwicklungszyklus
der Haferblattlaus
(Rhopalosiphum padi)

scheidend, da sie einen hohen Bedarf an löslichen Stickstoffverbindungen (Aminosäuren) haben.

Die überschüssigen Kohlenhydrate, die die Blattläuse beim Saugen aufnehmen, scheiden die Tiere im Kot als „Honigtau" wieder aus. Diese Ausscheidungen beeinträchtigen den Gasaustausch durch die Spaltöffnungen der Kulturpflanze. Die sich darauf ansiedelnden Schwärzepilze verringern die Photosyntheseleistung der Pflanzen. – Die Blattlausvermehrung wird auch durch den Anbau spät abreifender Getreidesorten, die in gleicher Richtung wirkenden Getreidefungizide sowie durch den Einsatz von breitwirksamen Insektiziden gefördert; letztere töten vor allem die natürlichen Gegenspieler der Blattläuse ab.

Bedeutung, Vorkommen

Die Getreideblattläuse sind weltweit verbreitet, in Mitteleuropa hat die Große Getreideblattlaus die größte wirtschaftliche Bedeutung.

Die Schadenshöhe hängt ab von der Verteilung der Blattlauspopulation an der Pflanze, der Dauer und Dichte der Blattlausbesiedlung wie auch den Wirkungen des Honigtaus auf die Photosyntheseleistung der Pflanze. Honigtau begünstigt auch Infektionen durch fakultative Parasiten wie *Septoria nodorum* und *Fusarium* spp.

Der primär durch Saugen am Phloem entstehende Schaden bleibt unabhängig von der Ertragshöhe. Man rechnet pro Blattlaus mit einem Substanzverlust von 5 mg; das entspricht bei nur einer Blattlaus/Halm schon einem Ertragsverlust von 20 kg/ha. Der unmittelbare Schaden beruht vor allem auf einer Minderung des Tausendkorngewichts.

Ein weiterer wesentlicher Aspekt bei der Beurteilung der Blattläuse ist ihre Bedeutung als Überträger des Gelbverzwergungs-Virus (BYDV) der Gerste. Mit einer sehr frühzeitigen Ausbreitung des Virus ist bei einer anholozyklischen Überwinterung der Getreideblattläuse auf ihren Sommerwirtspflanzen zu rechnen.

Vorbeugende Maßnahmen

Da die wirtswechselnden Arten der Getreideblattläuse auf Rosen bzw. Traubenkirsche für ihre Entwicklung angewiesen sind, sollten diese Sträucher nicht in Feldgehölzen oder an Straßenböschungen angepflanzt werden. Bei Weizen und Hafer gibt es in der Sortenresistenz gegen Getreideblattläuse bisher nur geringe Unterschiede. Hohe ungeteilte Stickstoffgaben sind auf jeden Fall zu vermeiden. Alle Maßnahmen, die die Entwicklung der Blattlausfeinde fördern (herbizidfreie ökologische Nischen, nur nützlingsschonende Insektizide), sind gleichzeitig ein Beitrag zur Blattlausbekämpfung. In Jahren mit starkem Blattlausauftreten können die natürli-

Haferblattlaus: Eierlegende Weibchen, geflügeltes Männchen bei Kopula

Eier (0,5 mm lang) an Traubenkirsche

chen Gegenspieler diese Schädlinge aber nicht in Schach halten. Deshalb muß nach Befallskontrollen in der Zeit zwischen Beginn des Ährenschiebens und Ende der Blüte über eine eventuell erforderliche Bekämpfung entschieden werden.

Als Richtwerte für eine gezielte Bekämpfung gelten Ende der Blüte 3-5 Blattläuse/Ähre bzw. ein Anteil mit Aphiden besetzter Ähren von 60-80 %. Bei normalen Witterungsverhältnissen, durchschnittlichen Parasitierungsraten (8 %) und einem mittleren Räuber-Beute-Verhältnis (5 Marienkäfer oder 10 Marienkäfer-, Schwebfliegen- oder Florfliegenlarven je m^2) läßt dieser Besatz eine maximale Besiedlungsdichte Ende der Milchreife von 15-20 Blattläuse/Ähre erwarten. Unter Berücksichtigung auch sehr günstiger bzw. ungünstiger Vermehrungsvoraussetzungen ist der Entscheidungsspielraum auf 1 - 10 Blattläuse/Ähre zu erweitern. Für nur an Blättern saugende Aphiden wurden folgende Bekämpfungsrichtwerte erarbeitet:

Winterweizen, Hafer: 25 Blattläuse/Halm zur Vollblüte
Sommergerste: 15 Blattläuse/Halm zur Vollblüte

Die genannten Bekämpfungsschwellenwerte gelten allein für die blattlausbedingten Saugschäden; gesicherte Schwellenwerte zur Abwehr der gefährlichen Gerstengelbverzwergungsvirus-Herbstinfektionen gibt es hingegen bisher noch nicht.

Literatur

Blackman, R. L., V. F. Eastop und P. A. Brown, 1990: The biology and taxonomy of the aphids transmitting barley yellow dwarf virus. In: Burnett, P. A. (Hrsg.): World perspectives on barley yellow dwarf. CIMMYT, Mexico, D. F., 197-214.

Carter, N., I. F. G. McLean, A. D. Watt und A. F. G. Dixon, 1980: Cereal aphids: a case study and review. Appl. Biol. **5**, 271-348.

Freier, B., 1988: Das Wirtspflanzenspektrum der Getreideblattläuse. Tag.-Ber., Akad. Landwirtsch.-Wiss. DDR, Berlin Nr. 271, 471-473.

Freier, B., und Th. Wetzel, 1978: Vorschlag zur Vereinfachung der Schaderreger- und Bestandsüberwachung der Getreideblattlaus *(Macrosiphum (Sitobion) avenae* (Fabr.)). Nachrichtenbl. Pflanzenschutz DDR **32**, 24-26.

Freier, B., B. Reinsch und Th. Wetzel, 1980: Zur Bedeutung der Artdetermination bei Getreideblattläusen für die Überwachung und gezielte Bekämpfung. Nachrichtenbl. Pflanzenschutz DDR **34**, 1-5.

Holz, F., und Th. Wetzel, 1989: Ein Fallstudienkatalog als schlagbezogene Entscheidungshilfe für die gezielte Bekämpfung der Getreideblattlaus *(Macrosiphum avenae* (Fabr.)). Nachrichtenbl. Pflanzenschutz DDR **43**, 58-60.

Rossing, W. A. H., 1991: Simulation of damage in winter wheat caused by the grain aphid *Sitobion avenae*. 3. Calculation of damage at various attainable yield levels. Neth. J. Plant. Pathol. **97**, 87-103.

Thieme, Th., und U. Heimbach, 1992: Bildschlüssel zur Bestimmung von Blattläusen im Getreide. Nachrichtenbl. Deut. Pflanzenschutzd. **44**, 201–208.

Wetzel, Th., und F. Schütte, 1988: Zur Schadens- und Bekämpfungsschwelle der Getreideblattlaus *(Macrosiphum (Sitobion) avenae* (Fabr.)). Nachrichtenbl. Deut. Pflanzenschutzd. (Braunschweig) **40**, 177-179.

Zimmermann, G., 1978: Zur Biologie, Untersuchungsmethodik und Bestimmung von Entomophthoraceen *(Phycomycetes: Entomophthorales)* an Blattläusen. Z. angew. Entomol. **85**, 241-252.

Bleiche Getreideblattlaus: junge Weibchen und Gynopare

Ungeflügelte Generation (bis 3 mm) auf Sommerwirt Getreide

Thripse

Getreideblasenfüße

Erreger, Wirtspflanzen

Bis zu 18 Arten der Ordnung *Thysanoptera* (Blasenfüße, Fransenflügler, Thripse) werden auf Getreide und Gräsern gefunden. Die häufigsten Vertreter sind: Der Unbezahnte Getreideblasenfuß, *Limothrips cerealium* (Haliday), der in Ähren und Rispen aller Getreidearten die dominierende Art ist. Als Blattscheidenbewohner von Roggen und Gerste tritt verbreitet der Bezahnte Getreideblasenfuß auf, *Limothrips denticornis* (Haliday). In beiden Lebensräumen findet man den Frühjahrsackerblasenfuß, *Thrips angusticeps* Uzel, der neben Getreide und anderen Gramineen auch zweikeimblättrige Pflanzen befällt. Die 1-2 mm langen, schlanken Vollkerfe sind schwarzbraun gefärbt. Die schmalen Flügel sind an den Rändern mit langen Fransen besetzt (Fransenflügler), und die Fußenden tragen blasenartige Haftanhänge (Blasenfüße).

Schadbild, Verwechslungsmöglichkeit

Larven und erwachsene Tiere stechen die Epidermis- und Parenchymzellen von Blättern und Ähren an und saugen sie aus. Da in die geschädigten Zellen Luft eindringt, wirkt das ganze Blatt silbrig gesprenkelt. Später verfärbt es sich braun und trocknet ein. Charakteristisch für Thrips-Befall sind auch punktförmige schwarze Kotflecke. Im Frühjahr treten durch den Reifungsfraß der zufliegenden Weibchen diese typischen „Thrips-Flecke" besonders an den jüngsten Blättern auf. Die Larven von *L. denticornis* schädigen in der Öffnung der Fahnenblattscheide. Die 2 ährenbewohnenden Arten können durch ihr Saugen an Fruchtknoten und Korn die Samenbildung verhindern. Sie verursachen außer dieser Taubährigkeit (Schartigkeit) eine Braunfleckigkeit am jungen Getreidekorn, und der Befall kann zu Schmacht- und Kümmerkorn führen.

Taubährigkeit an Wintergerste kann auch auf Fritfliegenbefall zurückgehen. Die Weißfärbung der Fahnenblattscheiden wird gelegentlich mit Frostschäden oder *Fusarium nivale*-Befall verwechselt.

Biologie, befallsfördernde Faktoren

Die häufigste Art, *L. cerealium,* überwintert als befruchtetes Weibchen in Rindenritzen an Feldgehölzen, in Gras und Bodenstreu, aber auch in Häusern. Im Frühjahr ab 14 °C verlassen die Tiere ihre Schlupfwinkel und werden passiv durch den Wind verweht; sie besiedeln von Ende April bis Ende Mai die Wintergetreidefelder. Nach 1–2 Wochen Reifungsfraß legen sie mit einem Legestachel etwa 80 Eier, meist in Gruppen von 3–8 Stück zuerst in die Blätter oder Blattscheiden, später in die Spelzen der Blütenstände.

Nach etwa 1 Woche schlüpfen die Larven, die gleich nach dem Ährenschieben in die Blütenstände wandern, um an Blütenspelzen und Fruchtknoten zu saugen. Da die Eiablage sich über mehrere Wochen hinzieht, sind die Larven von Ende Mai bis Ende Juli anzutreffen. Nach 20–30 Tagen verpuppen sich die Tiere. Die männlichen Nymphen beenden ihre Entwicklung 2–4 Tage vor den Weibchen, so daß die Männchen die weiblichen Nymphen begatten können. Während die ungeflügelten Männchen bald absterben, fliegen die Weibchen – besonders bei schwülwarmem Wetter („Gewitterfliegen") – auf Sommergetreide. Hier legen sie nach 2–3 Tagen Reifungsfraß ca. 120 Eier in die Getreideblüten ab. Die Entwicklung verläuft etwas rascher als bei der 1. Generation. Nach der Befruchtung fliegen die Weibchen zu den Winterquartieren. Der Unbezahnte Getreideblasenfuß tritt mehr im atlantischen Klimabereich auf.

Bezahnter Getreideblasenfuß: Larven und Vollkerf

Bezahnter Getreideblasenfuß an Roggen

Die Entwicklung der ebenfalls bivoltinen Art *L. denticornis* verläuft ähnlich. In den geschlossenen Fahnenblattscheiden von Gerste und Roggen leben alle Stadien geschützter gegen Regen als in den offenen von Weizen und Hafer.

Bei *T. angusticeps* sind die beiden Generationen durch kurzflügelige im Frühjahr bzw. langflügelige Vollinsekten im Sommer gekennzeichnet. Es überwintern die kurzflügeligen Männchen und Weibchen im Boden. Sie werden schon bei Temperaturen ab 6 °C aktiv. Da sie nicht fliegen können, sind sie vor allem in Gerste nach Weizenvorfrucht zu erwarten. Die Weibchen legen von Ende April bis Anfang Juni etwa 30 Eier bei Sommergerste in vegetative Pflanzenteile, bei Wintergerste auch in die Blütenspelzen. Anders als bei *L. cerealium* fressen die Larven nur am Schlupfort, wandern also nicht in die Blüten ein. Die Altlarven verpuppen sich im Boden; ab Juni schlüpfen die langflügeligen Tiere und fliegen auf Sommergerste und Winterweizen. Hier legen die Weibchen ihre Eier an der Ähre ab. Die Larven leben überwiegend in den sterilen Blütchen und wandern zur Verpuppung Mitte Juli bis Anfang August in den Boden. Die noch im August schlüpfenden kurzflügeligen Blasenfüße bleiben den Winter über im Boden.

Warmes und mäßig feuchtes Wetter im Frühjahr und Sommer begünstigt die Vermehrung der Getreideblasenfüße; starke Nässe und Kälte sind ihnen unzuträglich. Die Thripse werden auch durch hohe Stickstoffdüngung gefördert, denn sie besaugen zuerst die saftigsten Pflanzenteile. Den natürlichen Gegenspielern, die bei der Blattlauskontrolle so erfolgreich sind, entziehen sich die Blasenfüße durch ihre versteckte Lebensweise in den Blattscheiden oder hinter den Spelzen. Einigen Erfolg hat allerdings der vor allem in alternativ bewirtschafteten Betrieben anzutreffende räuberische Blasenfuß *Aelothrips intermedius* Bagnall, der Larven, Nymphen und Eier der phytophagen Thripse aussaugt.

Bedeutung, Vorkommen

Die Blasenfüße gehören zu den latenten Schaderregern, denen nur gelegentlich eine wirtschaftliche Bedeutung zukommt. Verluste können durch Saugen der Thripse an den Samenanlagen auftreten. Bei einem Populationsmaximum im Milchreifestadium von 25 Tieren/Ähre wurde in Weizen eine Ertragsminderung von 9 % festgestellt.

Vorbeugende Maßnahmen

Vorbeugend empfiehlt es sich, den Grasbewuchs von Wegrändern und Feldrainen im Frühjahr kurzzuhalten. In Betrieben mit einem höheren Anteil blühender Unkräuter im Bestand ist auch mit der regulierenden Funktion durch die räuberisch lebende Thrips-Art *Ae. intermedius* zu rechnen. Als Bekämpfungsrichtwert für ährenbewohnende Arten gilt eine Dichte von 4 Thripsen je Ähre, wenn im Bestand mehr als 50 % der Ähren zu einem Viertel sichtbar sind.

Literatur

Holtmann, H., 1962/1963: Untersuchungen zur Biologie der Getreide-Thysanopteren. Z. angew. Entomol. **51**, Teil I: 1-41, Teil II: 285–299.

Körting, A., 1930: Beitrag zur Kenntnis der Lebensgewohnheiten und der phytopathogenen Bedeutung einiger an Getreide lebender Thysanopteren. Z. angew.. Entomol. **16**, 451–512.

Lattauschke, G., 1985: Untersuchungen zum Artenspektrum, zur Biologie, Populationsdynamik und Schadwirkung der Getreide-Thysanopteren. Diss. Martin-Luther-Univ. Halle-Wittenberg, 112 S. + 6 Tabellen als Anlage.

Lattauschke, G., und Th. Wetzel, 1986: Zum Auftreten und zur Bedeutung von Thysanopteren im Getreidebau. Nachrichtenbl. Pflanzenschutz DDR **40**, 162–165.

Oakley, J. N., 1980: Damage to barley germ by *Limothrips* spp. *(Thysanoptera: Thripidae)*. Pl. Pathol. **29**, 99.

Patrzich, R., und M. Klumpp, 1991: Vergleich der phytophagen und räuberischen Thripse *(Thysanoptera)* auf unterschiedlich bewirtschafteten Weizenfeldern in Hessen. Z. Pflanzenkrankh. Pflanzensch. **98**, 464–470.

Bezahnter Getreideblasenfuß, natürliche Größe ca. 1 bis 2 mm

Schadbild des Bezahnten Getreideblasenfuß

Käfer

Getreidelaufkäfer – *Zabrus tenebrioides*

Erreger, Wirtspflanzen

Im Gegensatz zu den meisten Vertretern der Familie *Carabidae* (Laufkäfer), die sich räuberisch ernähren, ist der Getreidelaufkäfer, *Zabrus tenebrioides* Goeze, ein Pflanzenfresser.

Den Hauptschaden verursacht die bis zu 3 cm lange Larve. An ihrem dunklen Kopf sitzen 4-gliedrige Antennen und kräftige, beißende Mundwerkzeuge. Brust und Hinterleib sind hellgelb, wirken aber wegen der großen schwarzbraunen Rükkenplatten eher dunkel. Das Hinterende trägt 2 dornenartige Fortsätze, an der Brust sitzen 3 kurze Beinpaare.

Der schwarze Käfer mit hellerer Unterseite, dessen Fühler und Beine rotbraun gefärbt sind, ist 12-15 mm lang und 6 mm breit. Der Halsschild ist fast quadratisch, die Flügeldecken sind gewölbt.

Der Getreidelaufkäfer befällt alle Getreidearten, vor allem die Winterformen. An Hafer ist er seltener anzutreffen, aber auch viele Wild- und Futtergräser dienen als Nahrungsquelle.

Schadbild, Verwechslungsmöglichkeit

Im Herbst fressen die L1-Larven die Keimlinge von auflaufendem Getreide bis zur Erdoberfläche ab. An Jungtrieben wird vor allem die Blattbasis geschädigt, so daß der äußere Teil der Spreite welkt und abstirbt. – Zu ähnlichen Schäden kommt es durch lückiges Auflaufen, durch Abtrift von Herbiziden oder nach Befall mit Mehltau, Getreideerdfloh und Drahtwurm.

Der Hauptschaden entsteht im Frühjahr, wenn die Larven ganze Blätter und Triebe zu wergartigen Knäueln zerkauen. Sie ziehen auch Blätter in ihre Wohnröhren hinein. Die sicherste Diagnose ermöglichen diese offenen, bis 4 mm starken Wohnröhren mit krümelig aufgeworfener Erde in unmittelbarer Nähe der Futterpflanzen.

Eine Larve schädigt etwa 100 cm² Blattfläche, das entspricht ungefähr 25 jungen Getreidetrieben. Bei Massenauftreten der Schädlinge kann es daher zu Kahlfraß kommen.

Die Beeinträchtigung durch die Fraßtätigkeit der Käfer an milchreifen Samen ist weniger gravierend. Manchmal wird dabei der Spindelansatz verletzt, so daß die Ähren umknicken; oder es bleiben nur leere Ährenspindeln übrig.

Biologie, befallsfördernde Faktoren

Die Käfer schlüpfen im Juni/Juli aus Erdkokons und besiedeln Getreidefelder, Wiesen und Weiden. Die langlebigen Tiere verstecken sich tagsüber in Schlupfwinkeln und fressen nachts an den Ähren. Nach der Paarung im August legen die Weibchen im August/September 80-100 Eier einzeln oder in kleinen Paketen in flache Bodenkammern in lockere Erde oder Grasbewuchs. Etwa 2 Wochen später schlüpfen die Larven. Sie leben in strohhalmstarken, bis 30 cm tiefen Röhren,

Wohnröhren von Larven mit aufgeworfenen Erdhäufchen

Wergartig zerkaute Pflanzen, darunter der Schädling

die sie senkrecht in den Boden graben. Sie fressen nachts an Ausfallgetreide, Gräsern und Wintergetreide, solange der Boden nicht gefroren ist. Nach der Winterruhe werden die Larven wieder aktiv. Die L3-Larven benötigen nunmehr täglich etwa das 10fache an Nahrung der L1-Larven. Ende Mai verpuppen sich die ausgewachsenen Larven in Erdhöhlen.

Erhöhte Bodentemperaturen in den Monaten August bis Oktober, verbunden mit geringer Bodenfeuchtigkeit, begünstigen die Bildung und Ablage der Eier des Getreidelaufkäfers. Mittlere und schwere Böden eignen sich besonders für den Röhrenbau der Larven. Bei wiederholtem Anbau von Wintergetreide sowie verspätetem oder gar unterlasssenem Stoppelschälen kann es dann zu einem bekämpfungswürdigen Populationsaufbau kommen. Auch auflaufendes Ausfallgetreide lockt die Tiere an.

Bedeutung, Vorkommen

Der Getreidelaufkäfer tritt in Mitteleuropa örtlich begrenzt in wärmeren Gebieten vor allem in Jahren mit trockenwarmer Herbstwitterung auf. Die größten Schäden entstehen durch den Fraß der Laufkäferlarven vor der Bestockung des Getreides. – Der Befall ist bei Wintergetreidevorfrucht gleichmäßig über das Feld verteilt; bei Einwanderung vom Grünland her bleiben die Fraßschäden auf einen Randstreifen beschränkt.

Vorbeugende Maßnahmen

Die wichtigste Vorbeuge liegt in der Fruchtfolge. Auf befallenen Flächen sollte kein Wintergetreide nachgebaut werden. Umbruch der Stoppeln gleich nach der Ernte und Grubbern vor der Aussaat vermindern den Larvenbesatz; auch pflugloser Anbau von Weizen und Gerste reduziert den Schadensumfang.

Als Bekämpfungsrichtwerte zur Zeit der Bestockung gelten für Wintergetreide
- im Herbst 3-7 geschädigte Triebe/m^2
- im Frühjahr 7-14 Triebe/m^2 bzw. 3-5 Larven/m^2

für Sommergetreide
- 3-5 geschädigte Triebe/m^2

Literatur

Bassett, P., 1978: Damage to winter cereals by *Zabrus tenebrioides* (Goeze) *(Coleoptera: Carabidae)*. Pl. Pathol. **27**, 48.

Epperlein, K., und Th. Wetzel, 1985: Zum Witterungseinfluß auf den Massenwechsel des Getreidelaufkäfers *(Zabrus tenebrioides* Goeze). Beitr. Ent., Berlin **35**, 409-413.

Epperlein, K., B. Freier und Th. Wetzel, 1985: Larvenschäden des Getreidelaufkäfers – sichere Diagnose und Bekämpfungsentscheidung. Nachrichtenbl. Pflanzenschutz DDR **39**, 185-187.

Kreuz, E., und K. Engelhardt, 1991: Studien zum Auftreten des Getreidelaufkäfers *(Zabrus tenebrioides* Goeze) in Beständen von Winterweizen und Wintergerste unter dem Einfluß von Fruchtfolge, Bodenbearbeitung und organischer Düngung. Arch. Phytopathol. Pflanzenschutz. Berlin **27**, 487–493.

Wetzel, Th., und K. Epperlein, 1978: Biologie, Schadwirkung und Bekämpfung des Getreidelaufkäfers *(Zabrus tenebrioides* Goeze). Nachrichtenbl. Pflanzenschutz DDR **32**, 31-34.

Larve, bis 3 cm Länge

Getreidelaufkäfer, natürliche Größe 1,5 cm

Drahtwürmer – *Agriotes lineatus, Agriotes obscurus*

Erreger, Wirtspflanzen

Drahtwürmer, die Larven der Schnellkäfer, gehören zu den verbreitetsten Schädlingen an fast allen landwirtschaftlichen und gärtnerischen Kulturen. Unter den 130 Arten aus der Familie der *Elateridae* (Schnellkäfer) in Deutschland kommen 2 Arten am häufigsten vor: der Saatschnellkäfer, *Agriotes lineatus* (L.), und der Düstere Humusschnellkäfer, *Agriotes obscurus* (L.).

Die gelbbraunen Larven beider Käfer unterscheiden sich nur in bestimmten Details am Hinterende. Der Drahtwurm hat seinen Namen von dem runden, langgestreckten Körper (bis 25 mm) mit glattem, glänzendem Chitinpanzer. Auch die Käfer sehen sich sehr ähnlich. Der schmale braun-schwarze Körper ist langgestreckt (8-12 mm), die Flügeldecken sind mit hellen und dunklen Längsstreifen versehen. Ein Charakteristikum der Schnellkäfer ist ihre Eigenart, aus der Rückenlage ruckartig in die Bauchlage herumzuschnellen. Die Käfer fressen an der Basis von Getreideblättern und Wildgräsern, ohne bemerkenswerten Schaden anzurichten. Auch Blütenpollen sagt ihnen zu.

Die Drahtwürmer aber schädigen alle Getreidearten, Mais, vor allem Hackfrüchte, Gemüse und Zierpflanzen. Beim Getreide werden Weizen und Hafer stärker angegriffen als Gerste und Roggen, Winter- und Sommergetreide in gleicher Weise.

Schadbild, Verwechslungsmöglichkeit

Drahtwürmer fressen nur unterirdisch; betroffen sind schon die Keimlinge, bevor sie die Bodenoberfläche erreichen, so daß es zu Auflaufschäden kommt. Die Blätter befallener Pflanzen welken, werden gelb oder rötlich und sterben schließlich ab. Sie lassen sich leicht aus dem Boden ziehen und reißen an der pinselartig zerfaserten Fraßstelle ab. Dieses Schadbild kommt dadurch zustande, daß die Larven mit ihren Oberkiefermundwerkzeugen den Saft aus dem Gewebe pressen und dessen härtere Bestandteile zurücklassen. Die Larven wandern von Pflanze zu Pflanze, entlang den Drillreihen. Da der Schädling junge Triebe bevorzugt, besteht Gefahr nur bis zur Bestockung des Getreides.

Ähnliche Schadbilder verursachen Brachfliege und Fritfliege, die aber nur das Herzblatt zerstören.

Biologie, befallsfördernde Faktoren

Der bevorzugte Lebensraum der Drahtwürmer sind Wiesen und Weiden, da sie hier ideal feuchte und humusreiche Böden für ihre Entwicklung vorfinden. Wegen des Nahrungsreichtums kommt es dort allerdings nur höchst selten zu einer Schadwirkung. Erst nach dem Grünlandumbruch fallen die hungernden Larven über die Einsaaten her.

Die nachtaktiven Käfer halten sich tagsüber unter Steinen

Drahtwurm, bis 25 mm lang, die Larve eines Schnellkäfers

oder Erdschollen versteckt. Im Juni und Anfang Juli legen die Weibchen 150-230 weiß-glänzende runde Eier einzeln oder in kleinen Paketen an dicht bewachsenen Stellen in die oberste Bodenschicht ab.

Die nach 4-6 Wochen schlüpfenden Junglarven leben im ersten Jahr von Humus. Erst ab dem 2. Lebensjahr gehen sie – insbesondere bei zunehmender Austrocknung des Bodens – auch auf lebende Pflanzen über. Bei trockenen oder kalten Bodenbedingungen wandern sie in größere Tiefen ab, zur Überwinterung bis 60 cm. Abhängig von Nahrungsangebot und Witterung dauert die Larvenentwicklung 3-5 Jahre. Dann verpuppen sich die Drahtwürmer im Juli/August in Erdhöhlen in 10-30 cm Tiefe. Die Käfer schlüpfen vor allem im September und überwintern entweder im Puppenlager oder in der Bodenstreu.

Drahtwürmer bevorzugen saure Böden mit hohem Humusgehalt. Alle Stadien der Schnellkäfer sind in Ernährung und Entwicklung an hohe Luftfeuchtigkeit und verhältnismäßig hohen Wassergehalt des Bodens gebunden.

Viele natürliche Feinde für Käfer und Larven, wie insektenfressende Vögel, räuberische Käfer und der Maulwurf, können den Befall erheblich vermindern. Die Drahtwürmer werden auch von verschiedenen Pilzen parasitiert.

Schnellkäfer braun bis schwarz, ca. 10 mm lang

Bedeutung, Vorkommen

Die Larven der Agriotes-Arten gehören zu den wichtigsten Allgemeinschaften. Durch die lange Larvenentwicklung kommt es bei den Drahtwürmern, wie bei den Engerlingen, zu einem mehr oder minder ausgeprägten 4- bis 5jährigen Rhythmus im Schadauftreten. Die Schäden sind in humusarmen Böden und in trockenen Jahren besonders ausgeprägt.

Mit einem starken Auftreten ist immer dann zu rechnen, wenn der bevorzugte Lebensraum Wiese oder Weide in Ackerland umgewandelt wird. Auf altem Ackerland ist der Drahtwurm nur selten in größerer Zahl zu finden.

Vorbeugende Maßnahmen

Im 2. und 3. Jahr nach einem Gründlandumbruch ist das Risiko von Drahtwurmschäden besonders groß. Soll Wintergetreide nachgebaut werden, sollte zur Abwehr von Drahtwurm und Fritfliegen mindestens 4 Wochen vor der Aussaat gepflügt werden. (In Brachfliegenbefallsgebieten wird durch die Sommerbrache allerdings die Befallswahrscheinlichkeit erhöht.)

Durch mehrfache Bodenbearbeitung bei warmem Wetter wird ein Teil der empfindlichen Eier und Drahtwurmjunglarven vernichtet. Auch die dem Pflug und dem Grubber folgenden Vögel vermindern die Drahtwurmdichte. Die Wintergetreidesaat sollte dann in ein gut abgesetztes oder verdichtetes Saatbett erfolgen, nicht zu früh und nicht zu tief, u. U. mit leicht erhöhter Saatstärke. Eine frühe Stickstoffgabe fördert die rasche Jungendentwicklung des Getreides.

Mit wirtschaftlich spürbaren Drahtwurmschäden ist in Getreide ab einer Besatzdichte von 6 Larven je m^2 zu rechnen. Die zur Befallsermittlung empfohlene Kontrollmethode mit Kartoffelscheiben versagt immer dann, wenn der Boden gut feucht und reichlich mit absterbenden Grünpflanzen durchsetzt ist.

Literatur

Blunk, H., und H. Maercks, 1951: Lebensweise und Bekämpfung der Drahtwürmer. Flugblatt C 6 Biol. Bundesanstalt Braunschweig, 1. Aufl., 6 S.
König, K., 1981: Drahtwürmer. Die Landtechn. Zeitschrift **32**, 151.
Langenbuch, R., 1932: Beiträge zur Kenntnis der Biologie von *Agriotes lineatus* L. und *Agriotes obscurus* L. Z. angew. Entomol. **19**, 278–300.

Rothalsiges und Blaues Getreidehähnchen

Erreger, Wirtspflanzen

Getreidehähnchen aus der Familie der *Chrysomelidae* (Blattkäfer) kommen in Deutschland in 2 Arten vor: Rothalsiges oder Buntes Getreidehähnchen, *Oulema melanopus* (L.), und Blaues Getreidehähnchen, *Oulema lichenis* Voet.

Beim 5-6 mm langen Käfer des Rothalsigen Getreidehähnchens heben sich von den blaugrünen, seltener schwarzen Flügeldecken orangerot der Halsschild sowie Schenkel und Schienen der Beine ab. Der Kopf und die Fußglieder sind schwarz. Das etwas kleinere Blaue Getreidehähnchen (4–5 mm) ist einheitlich blau bis blaugrün gefärbt. Bei beiden Arten sind deutliche Punktreihen auf den Flügeldecken zu erkennen.

Die Larven beider Arten sind kaum zu unterscheiden. Die bis 5 mm langen Larven wirken wegen ihrer klebrigen, schleimigen Kothülle wie Nacktschnecken mit stärker gewölbtem Körper und plumpen Beinen. Die kräftige Kopfkapsel ist schwarz, die gelbliche Haut ist von der schwärzlichen Kothülle verdeckt.

Beide Schädlingsarten werden am häufigsten auf Weizen und Gerste gefunden; auf Hafer vermehrt sich nur das Rothalsige Getreidehähnchen. Es zählen auch zahlreiche Wildgräser zu den Wirtspflanzen, und das Rothalsige Hähnchen wird gelegentlich sogar auf Mais angetroffen.

Schadbild, Verwechslungsmöglichkeit

Die Fraßschäden der Käfer sind zu vernachlässigen, zumal die Vollkerfe mehrfach ihren Fraßort wechseln. Bei ihrem kurzen Reifungsfraß ab Anfang Mai fressen sie langgestreckte Löcher zwischen den Blattrippen, zunächst an Wintergerste, dann an Winterweizen und schließlich – vor allem das Blaue Getreidehähnchen – an Sommerweizen.

Ab Anfang Juni sind die Fraßspuren der Larven zu entdecken. Die Tiere nagen die Zellschichten zwischen den Blattadern bis auf die Epidermis der Blattunterseite ab, so daß keine Löcher, sondern streifenförmige Fenster entstehen. Dieses Schadbild ist bei Sommergerste und -weizen vor allem auf den Fahnenblättern anzutreffen. Jede Larve zerstört im Mittel 2,5–3,5 cm^2 Blattfläche, das entspricht bei Weizen etwa 10 % der Gesamtfläche des Fahnenblattes.

Das Schadensausmaß ist manchmal so groß, daß das ganze Feld schon von weitem weiß wirkt. Die Schädigung durch die Larven kann bei Winterweizen bis zum Ende der Milchreife andauern. Wird Weizen bei trockener Witterung sehr früh befallen, kann eine Halmverkürzung eintreten.

Die Fensterfraßsymptome der Getreidehähnchenlarven sollten nicht mit den silbrig-durchscheinenden Blattminen der Minierfliegenlarven verwechselt werden.

Larve mit typischem Fensterfraß-Schadbild

Blaues Getreidehähnchen bei Eiablage

– *Oulema melanopus, Oulema lichenis*

Biologie, befallsfördernde Faktoren

Die Käfer kommen Ende April/Anfang Mai aus ihren Winterquartieren im Boden oder unter Pflanzenresten. Nach einem Reifungsfraß an Gräsern wandern sie in der 1. Maidekade in Getreidefelder ein. Nach der Befruchtung legt das Weibchen ab Mitte Mai über 5-7 Wochen seine ovalen, glänzend gelben Eier einzeln oder in kurzen Reihen auf die Oberseite der jeweils obersten Blätter ab. Dabei bevorzugt es dichte Bestände und Pflanzen mit großer Blattfläche, um eine gute Ernährung der Larven sicherzustellen.

Beginn, Umfang und Dauer der Eiablage hängen vor allem von der Temperatur ab. Ab einer Temperaturschwelle von 9 °C beginnt die Eiablage, wobei sich die Eizahl mit steigender Temperatur erhöht (50-200 Eier je Weibchen). Überdurchschnittlich warme und trockene Frühjahrs- und Sommerwitterung begünstigt daher die Schädlingsvermehrung. Nach 8-10 Tagen schlüpfen die Larven und beginnen mit ihrem Fensterfraß. Das 4. Larvenstadium, das etwa 75 % des Fraßschadens anrichtet, verpuppt sich schließlich entweder 2-5 cm tief im Boden in einem Erdkokon (Rothalsiges Getreidehähnchen) oder in einem erhärteten Schaumkokon an Blättern, Halm oder Ähren (Blaues Getreidehähnchen). Das Puppenstadium des Blauen Getreidehähnchens ist also bei niedrigen Temperaturen und starken Niederschlägen viel stärker gefährdet als das im Boden geschützte des Rothalsigen Hähnchens. Die Jungkäfer schlüpfen Ende Juli und ernähren sich vor allem von Wildgräsern. Ab Ende August bis Mitte Oktober suchen sie ihre Winterlager auf. Unter unseren Klimabedingungen gibt es nur eine Generation pro Jahr; in Südeuropa kommt u. U. eine zweite Schädlingsgeneration hinzu.

Die Schädlinge treten gehäuft bei Spätsaaten und Pflanzen mit Entwicklungsverzögerung auf, auch an Wintergetreide angrenzende Sommergetreidefelder sind stärker gefährdet.

Starke Behaarung verleiht manchen Weizensorten eine gewisse Resistenz, da hier weniger Eier abgelegt werden und die Entwicklungsbedingungen für die Eier ungünstiger sind. Sie liegen der Blattfläche nicht fest an und fallen deshalb leichter herunter oder vertrocknen. Auch erreichen die Junglarven das Blattgewebe beim Fressen schlechter.

Das Getreidehähnchen hat eine Vielzahl von natürlichen Feinden. Marienkäfer, Laufkäfer, Kurzflügler, Florfliegenlarven und Raubwanzen fressen Eier und Larven. Verschiedene Schlupfwespen parasitieren in Eiern oder Larven. Schließlich werden die Getreidehähnchenlarven auch durch insektenpathogene Pilze der Gattung *Entomophthora* abgetötet.

Rothalsiges Getreidehähnchen

Geschädigter Weizenbestand

Bedeutung, Vorkommen

Die Getreidehähnchen, die im kontinentalen Klimaraum Südeuropas und der USA gravierende Schäden verursachen, sind bei uns nur selten von bekämpfungswürdiger Bedeutung. Doch ist die Tendenz durch die Intensivierung des Getreidebaus steigend. In Mitteleuropa überwiegt dabei meist das Blaue Getreidehähnchen.

Während der Käferfraß vernachlässigt werden kann, schaden die Larven durch die Reduzierung der Blattflächen und damit der Photosyntheseleistung. Als Folge davon sind sowohl die Kornzahl je Ähre als auch das Tausendkorngewicht verringert. Bei allen Getreidearten existiert ein Toleranzbereich, in dem Fraßschäden zu keiner Ertragseinbuße führen. Je höher das Ertragspotential einer Getreidepflanze ist, desto höher ist allerdings auch die Verlustquote. Gerste reagiert auf einen Hähnchenbefall viel empfindlicher als Weizen, bei dem 10 % Verlust der Fahnenblattfläche etwa 10 % Ertragsverlust entsprechen.

Getreidehähnchen können mit ihren beißenden Mundwerkzeugen auch leicht mechanisch übertragbare Gräserviren auf Getreide weitergeben, z. B. das Knaulgrasscheckungs-Virus (cocksfoot mottle virus) und das Trespenmosaik-Virus (brome mosaic virus). Die Fraßwunden der Käfer und Larven begünstigen auch die Besiedlung des Getreides mit pilzlichen Parasiten wie z. B. *Fusarium*.

Vorbeugende Maßnahmen

Weniger hohe Bestandesdichten und geringere, bedarfsbezogene Stickstoffdüngung vermindern zugleich das Befallsrisiko durch Getreidehähnchen. Eine chemische Bekämpfung ist nur selten nötig, dann gelten dafür folgende Schwellenwerte:

- Hafer: 0,75 – 1,5 Eier und Larven/ Fahnenblatt
- Weizen: 0,5 – 1,0 Eier und Larven/ Fahnenblatt
- Gerste: 0,5 – 1,0 Eier und Larven/Halm
- Roggen: 0,5 – 1,5 Eier und Larven/Halm

Da die Käfer die Felder vom Rand her besiedeln, ist oft eine Randbehandlung ausreichend.

Literatur

Haeselbarth, E., 1989: Über einige Schlupfwespen *(Hymenoptera)* als Parasiten des Getreidehähnchens *Oulema lichenis* (Voet) *(Coleoptera, Chrysomelidae)* in Südbayern. Z. angew. Entomol. **107**, 493-507.

Hennecke, V., 1987: Blattflächenverzehr durch Larven des Blauen Getreidehähnchens *Oulema lichenis* (Voet) *(Col., Chrysomelidae)* auf Gerste und Weizen. Z. angew. Entomol. **103**, 477-483.

Heyer, W., und Th. Wetzel, 1983: Untersuchungen zum Einfluß der Temperatur auf die Eiablage der Getreidehähnchen *Oulema lichenis* Voet und *Oulema melanopus* (L.) *(Coleoptera, Chrysomelidae)*. Arch. Phytopathol. Pflanzenschutz, Berlin **19**, 265-274.

Heyer, W., und Th. Wetzel, 1990: Zum Auftreten der Getreidehähnchen *(Oulema melanopus* L. und *O. lichenis* Voet) und zur Aktualisierung des Bekämpfungsrichtwertes. Nachrichtenbl. Pflanzenschutz DDR **44**, 226-230.

Honěk, A., 1991: Crop density and abundance of cereal leaf beetle (*Oulema* spp.) in winter wheat *(Coleoptera, Chrysomelidae)*. Z. Pflanzenkrankh. Pflanzensch. **98**, 174-178.

Hähnchenlarve nach Häutung mit Resten der alten Larvenhaut und Kot

Eier des Getreidehähnchen

Getreidewickler und Ährenwickler

Erreger, Wirtspflanzen

Unter den Schmetterlingen (Ordnung *Lepidoptera*) der Familie Wickler *(Tortricidae)* kommen in Deutschland an Getreide zwei Arten vor, nämlich der Getreidewickler, *Cnephasia pumicana* (Zell.), und der Ährenwickler, *Cnephasia longana* (Haw.). In Aussehen, Biologie und Schadbild unterscheiden sich die beiden Arten kaum.

Die bis 18 mm langen Raupen sind hellgelb bzw. hellgrau. Nur die Larve des Ährenwicklers hat einen relativ großen Kopf und schwach angedeutete Streifen auf dem Rücken.

Die Spannweite der Falter beträgt 15-20 mm. Der Getreidewickler hat eine unscheinbar graue Färbung mit schwacher Bänderung. Beim Ährenwickler sind die Männchen gelblichweiß bis bräunlich-gelb gefärbt, nur die Weibchen tragen auf ihren gelbweißen, braungelben oder rotbraunen Flügeln eine ausgeprägte Bindenzeichnung.

Als Wirtspflanzen kommen alle Getreidearten sowie Wildgräser in Frage. Die Raupen von *C. longana* sind auch auf krautigen Pflanzen zu finden.

Schadbild, Verwechslungsmöglichkeit

Ab Mitte April kann man in Getreideblättern bis zu 1 cm lange Minen von 1-2 mm Breite parallel zu den Blattadern entdecken. Sie sind nicht mit den viel größeren Platzminen von Minierfliegen oder dem erst später auftretenden Schabefraß der Getreidehähnchen zu verwechseln. Später verläßt die Raupe die Mine und setzt ihre Nahrungsaufnahme auf höheren Blättern mit Schabe- und Fensterfraß fort. Dabei wickelt sie Blätter mit einem Gespinst zusammen (Wickler). Vor allem bei Gerste und Hafer bohrt sich die Raupe auch durch die Blattscheiden bis in den Halm, der dann entweder vor dem Schieben steckenbleibt oder später umbricht. Eine Schädigung vor dem Ährenschieben kann zur partiellen Taubährigkeit führen. Beide Wicklerarten befallen bei allen Getreidearten auch die Ähre bzw. Rispe und können 30-50 % der Körner zerstören. Bei Weizen werden die Samen von innen her ausgefressen, bei Gerste wird die Ähre schartig, da einzelne Körner ganz fehlen. Ein typisches Zeichen für den Befall mit *Cnephasia* sind durchlöcherte Ährchen mit Kotresten.

Auch die Larven der Queckeneule, *Apamea sordens*, und der Halmeule, *Oria musculosa* Hb., schädigen die Ähren.

Biologie, befallsfördernde Faktoren

Im Juli/Anfang August legt das Weibchen in der Abenddämmerung bis in die Nacht in etwa 14 Tagen 80-130 Eier an die Rinde von Laub- und Nadelbäumen bis in 5 m Höhe. Die winzigen ovalen, anfangs weißlichen, später rötlichen Eier sind z. T. mit Bauchschuppen der Weibchen bedeckt. Nach 2–3 Wochen schlüpfen die rötlichen oder orangegelben Eirau-

Wickler-Blattmine, 5–10 mm lang und 1–2 mm breit, im Durchlicht mit kleiner Raupe und dunklen Kotkrümeln

Cnephasia pumicana / Cnephasia longana

pen, die keine Nahrung aufnehmen und in einem Gespinst in Rindenritzen überwintern. Bei ungünstigem Wetter sterben viele Tiere über Winter ab. Bei Tagestemperaturen über 10 °C verlassen die Raupen ihr Winterquartier, kriechen den Stamm hinauf und lassen sich mit einem Gespinstfaden bis zu 400 m weit verwehen. Der Höhepunkt dieser Verdriftungsphase liegt bei einer Tagesmitteltemperatur von 13 °C.

Gelangen die Junglarven auf eine Wirtspflanze, beginnen sie dort mit ihrem Minierfraß. Nach der Nahrungsaufnahme an Blättern und Ähren und mehreren Häutungen verpuppen sich die Raupen in einem Kokon an der Ähre oder unter der Blattscheide oder oberen Blättern. Ab Ende Juni schlüpfen die Falter und fliegen in der Dämmerung zur Begattung auf Gehölze. Die Weibchen legen am Abend danach ihre Eier ab. Es gibt also nur eine Generation pro Jahr.

Da der Schädling für seine Fortpflanzung auf Bäume angewiesen ist, sind nur Felder in der Nähe von Gehölzen, auch Einzelbäumen, gefährdet. Eine enge Getreidefruchtfolge verstärkt dann den Populationsaufbau.

In trockenwarmen Jahren können sich die Raupen besonders gut entwickeln, während sie bei kühlen, feuchten Witterungsbedingungen häufig durch Pilz- oder Viruskrankheiten geschädigt werden.

Getreidewicklerlarve, bis 18 mm lang, und Fraßschaden am Blatt

Bedeutung, Vorkommen

Der Getreidewickler ist in wärmeren Regionen Südeuropas zu Hause, besonders in Frankreich und im pannonischen Raum Österreichs. Aus diesen Gebieten ist er auch nach Südwestdeutschland, vor allem Rheinland-Pfalz, vorgedrungen. Der Ährenwickler ist eher im atlantischen Klimaraum zu finden, z. B. in Norddeutschland.

In Rheinland-Pfalz überschneiden sich die Verbreitungsgebiete der beiden Arten, und nur hier, wo der Schädling seit 1977 beobachtet wird, sind Ertragsverluste von etwa 20 % aufgetreten. Seit einer Baculo-Virus-Erkrankung der Raupen im Jahre 1983 gab es kaum noch wirtschaftliche Schäden.

Vorbeugende Maßnahmen

Vorbeugende Maßnahmen sind kaum möglich, denn ein Abholzen der für die Eiablage nötigen Gehölze ist aus ökologischen Gründen nicht zu vertreten. Wenn die Verdriftungsphase abgeschossen ist (Kontrolle durch Leimtafeln), kann eine Behandlung des Feldrandes (bis 50 m) an der Waldseite mit Kontaktinsektiziden sinnvoll sein.

Der vorläufige Bekämpfungsschwellenwert liegt bei 2 Blattminen auf 3 Pflanzen.

Literatur

Cate, P., 1981: Neues zum Problem des Getreidewicklers *(Cnephasia pumicana* Zell.) in Österreich. Pflanzenarzt **34** (2), 12-16.

Erfurth, P., E. Hahn, K. Patschke und Waltraud Halbing, 1975: Zum Auftreten des Wicklers *Cnephasia longana* Haw. in der DDR 1974. Nachrichtenbl. Pflanzenschutz DDR **29**, 87-90.

Glas, M., 1984: Werden Wickler eine Gefahr für unseren Getreideanbau? DLG Pflanzenschutz-Praxis H. 1, 55-57.

Glas, M., 1985: Zweiter Beitrag zur Verbreitung von Ährenwickler, *Cnephasia longana* (Haworth), und Getreidewickler, *C. pumicana* (Zeller), *(Lepidoptera: Tortricidae)* in der Bundesrepublik Deutschland. Ergebnis einer Pheromonfallenerhebung von 1983. Nachrichtenbl. Deut. Pflanzenschutzd. (Braunschweig) **37**, 21-27.

Glas, M., H. Bathon und R. Schietinger, 1984: Wickler *(Cnephasia* spp., *Lepidoptera: Tortricidae)* an Getreide. Informationen zum Integrierten Pflanzenschutz. Nachrichtenbl. Deut. Pflanzenschutzd. (Braunschweig) **36**, 12.

Reipsch, Sabine, 1988: Zum Auftreten der Halmeule *(Oria musculosa* Hb.) im Bezirk Erfurt. Nachrichtenbl. Pflanzenschutz DDR **42**, 211–212.

Queckeneule – *Apamea sordens*

Erreger, Wirtspflanzen

Aus der Familie der Eulen *(Noctuidae)* wird an Getreide gelegentlich die Queckeneule, *Apamea sordens* (Hufn.), syn. *Parastichtis basilinea* Fabr., angetroffen. Die anfangs hellbraunen, später graubraunen Raupen mit 3 hellen Rückenlinien, wie sie für Eulenraupen typisch sind, werden bis 4 cm lang. Die Körperringe sind mit dunklen, behaarten Warzen besetzt. – Die Falter (Körperlänge 2 cm) haben eine Flügelspannweite von ca. 4 cm. Auf den bräunlich-grauen Vorderflügeln hebt sich ein gelblicher Nierenfleck mit dunkler Umrandung ab. An der Flügelwurzel verläuft ein schwarzer Längsstrich. Die graubraunen Hinterflügel hellen sich zur Basis hin auf und tragen einen schmalen gelblichen Saum.

Wirtspflanzen sind alle Getreidearten und viele Wildgräser. Sommer- und Wintergetreide werden in gleichem Maße befallen.

Schadbild, Verwechslungsmöglichkeit

Wegen seiner nächtlichen Lebensweise wird der Schädling in Getreidefeldern oft nicht bemerkt. Befallene Ähren und Rispen sind an den Fraßlöchern in den Spelzen und den Kotkrümeln zwischen den Ährchen zu erkennen. Die Raupen fressen an milchreifen Körnern, die sie z. T. völlig aushöhlen. Die geschädigten Körner schrumpfen, so daß Kümmerkorn entsteht. Ältere Larven nagen auch von außen an Spelzen und Körnern, solange sie nicht zu hart sind. Die unregelmäßigen Fraßspuren sind von den runden Löchern der Kornkäfer deutlich zu unterscheiden. Es kommen auch Fraßschäden an jungen Saaten im Herbst und Frühjahr vor. Der Befall mit Getreide- und Ährenwickler sowie mit der Halmeule führt zu ähnlichen Ährenbefallssymptomen.

Biologie, befallsfördernde Faktoren

Die ausgewachsene Raupe sucht zur Überwinterung Schutz im Boden. Im Frühjahr frißt sie an den Wurzeln verschiedener Gräser, besonders der Quecke, bis sie sich Mitte Mai in der obersten Bodenschicht in einem Kokon verpuppt. Ab Ende Mai schlüpfen die Falter, die bis in den Juli hinein fliegen. Die Weibchen legen ihre Eier nachts einzeln ab an junge Ähren und Rispen von Getreide- und Wildgräsern. Etwa 10 Tage später schlüpfen die Raupen und dringen durch die Spelzen in die milchreifen Körner ein. Nach der Getreideernte setzen sie ihre nächtliche Nahrungsaufnahme an Ausfallgetreide und Gräsern fort.

Bedeutung, Vorkommen

Die Queckeneule tritt bei uns nur sporadisch auf. Aber in einzelnen Jahren wurde auf Feldern in Waldnähe ein Massenauftreten dieses Gelegenheitsschädlings mit Ertragsverlusten über 20 % an Weizen beobachtet. Dabei kommt es durch die angefressenen Körner auch zu einer Qualitätsminderung.

Raupen, die mit dem Erntegut ins Lager gelangen, richten keinen Schaden mehr an, da die Körner als Nahrung zu hart sind.

Vorbeugende Maßnahmen

Wurde im Reifestadium des Getreides Befall festgestellt, sollte das Feld unmittelbar nach der Ernte möglichst tief gepflügt werden, um den Raupen das Aufsteigen an die Bodenoberfläche zu verwehren. Als vorläufiger Richtwert für eine Bekämpfung gilt 1 Raupe/ 10 Ähren bzw. Rispen.

Literatur

Bollow, 1950: Die Queckeneule *(Hadena basilinea* F.). Pflanzenschutz **2**, 106-107
Engel, H., 1958: Beobachtungen und Erfahrungen bei dem Auftreten der Queckeneule in Südbaden. Gesunde Pflanzen **10**, 239-244.
Naton, E., 1983: Queckeneule. Die Landtechn. Zeitschrift **34**, 1600.

Nächtlicher Fraß an Weizenähren

Typisch für Eulenraupen 3 helle Rückenstreifen

Pflanzenwespen

Getreideblattwespen

Erreger, Wirtspflanzen

Die Familie der Echten Blattwespen *(Tenthredinidae)* gehört innerhalb der Ordnung der Hautflügler *(Hymenoptera)* zur Unterordnung Pflanzenwespen *(Symphyta)*. In Getreidebeständen sind 7 Arten aus den 3 Gattungen *Dolerus, Selandria* und *Pachynematus* nachgewiesen, wobei die *Dolerus*-Arten überwiegen; im Raum Halle wurde am häufigsten *D. gonager* (Fabr.) gefunden.

Als Wirtspflanzen dienen neben den Getreidearten auch viele Gräser, wie z. B. Wiesenfuchsschwanz, Wiesenrispe, Wehrlose Trespe sowie auch Riedgras und Binsen. Winterweizen und Sommergetreidearten sind durch Blattwespenlarven besonders gefährdet. In Wintergerste und Winterroggen hingegen entwickeln sich, bedingt durch ihr rasches Wachstum, nur wenig Larven.

Die Imagines der Blattwespen sind je nach Art 6-12 mm lang und tragen am Kopf 9-gliedrige Fühler. Die Grundfarbe ihres Körpers ist schwarz, doch können verschiedene Abschnitte auch gelblich, bräunlich oder rötlich gefärbt sein. Die gut entwickelte Aderung der 4 durchsichtigen Flügel ist ein wichtiges Merkmal zur Unterscheidung der Arten.

Die Blattwespenlarven sind gegliedert in Kopf, 3 Brustsegmente mit 3 Brustfußpaaren und 10 durch Querfalten unterteilte Hinterleibssegmente mit meist 8 Bauchfußpaaren (an den Hinterleibssegmenten 2-8 und 10). Die Bauchfüße der Blattwespenlarven haben im Gegensatz zu jenen der Schmetterlingslarven keine zusätzlichen Klammerorgane.

Diese sog. „Afterraupen" werden 20-25 mm lang und sind i. d. R. von grüner Grundfarbe.

Schadbild

Der Schaden wird ausschließlich von den Larven verursacht, die an den jüngsten Blättern, bevorzugt am Fahnenblatt, fressen. Die Afterraupen der *Selandria*- und der *Pachynematus*-Arten benagen dabei die Blätter von den Rändern her, *Selandria* frißt auch an den unteren Teilen der Blütenstände oder an den Einzelblüten der Haferrispen. *Dolerus*-Arten hingegen beginnen mit dem Fraß von der Blattspitze her, auch die Spelzen werden von der Spitze abwärts angefressen. An Hafer wurde außerdem ein Benagen der Staubgefäße beobachtet. – Vor allem die jungen Entwicklungsstadien der nachtaktiven Blattwespenlarven werden bei Befallskontrollen am Tage meist übersehen.

Biologie, befallsfördernde Faktoren

Die Imagines schlüpfen ab Mitte April, und zwar zuerst die *Dolerus*-Arten (vereinzelt ab Ende März), dann folgt *Pachynematus* und zuletzt *Selandria*. Die Vollkerfe ernähren sich von Nektar, Pollen und auch Pflanzensaft. Die Männchen, die ein paar Tage vor den Weibchen schlüpfen, sterben nach der Be-

Larve von *Dolerus gonager*

gattung ab. Die Weibchen legen je nach Art und in Abhängigkeit von der Temperatur Mitte April bis Ende Mai mit ihrem Legebohrer auf unterschiedliche Weise ihre Eier in die Blätter ab. *Selandria*-Arten bringen es in 4 Tagen auf etwa 150 Eier, *Dolerus*-Arten produzieren nur 50-70 und *Pachynematus* 50 Eier. Die Embryonalentwicklung verläuft bei *Dolerus* mit 14 Tagen am langsamsten *(Selandria* 8-10 Tage, *Pachynematus* 4-5 Tage). Die Larven benötigen für ihre Entwicklung 4–5 Wochen (nur *Pachynematus* 2 Wochen), bei niedrigen Temperaturen auch länger. Da sich die Entwicklungszeiten der einzelnen Arten überschneiden, sind Blattwespenlarven über einen langen Zeitraum (bis 110 Tage) in den verschiedenen Getreidebeständen anzutreffen. Die Hauptschadenszeit der gefräßigen Altlarven reicht vom Ährenschieben bis zur Milchreife der Wirtspflanzen.

Die Larven schließen ihre Entwicklung nach 5-6 Häutungen ab und wandern in den Boden, wo sie entweder in einem Erdkokon überwintern (Gattung *Dolerus)* oder sich sofort verpuppen. *Selandria* und *Pachynematus* bilden nämlich noch eine zweite Generation im Jahr, gelegentlich bei günstigen Bedingungen sogar eine dritte. Die Puppenruhe beträgt bei *Pachynematus* nur 8-10 Tage, bei *Selandria* hingegen 6 Wochen, so daß die 2. Generation sich nicht mehr an Getreide, sondern an Gräsern entwickelt.

Die Populationsstärke der Blattwespen wird vor allem von der Witterung beeinflußt. Sowohl zu hohe als auch zu tiefe Temperaturen, heftige Niederschläge und starker Wind dezimieren die Anzahl dieser Schadinsekten. Häufig ist auch eine Parasitierung der Larven durch Brackwespen oder andere parasitische Hautflügler, gelegentlich auch eine Verpilzung, festzustellen.

Bedeutung, Vorkommen

Blattwespen sind überall in Europa vertreten, doch haben sie in Deutschland bisher keine wirtschaftliche Bedeutung erlangt. Die Schädigung beruht auf der Verminderung der Assimilationsfläche, hauptsächlich des Fahnenblattes.

Vorbeugende Maßnahmen

Auch wegen zahlreicher anderer pflanzenhygienischer und pflanzenbaulicher Gründe wird der Landwirt insbesondere beim Sommergetreide auf eine frühe Saat und eine zügige Jugendentwicklung achten.

Eine Bekämpfung ist nur wirtschaftlich, wenn mehr als 2 Larven pro Halm auftreten und die Behandlung frühzeitig erfolgt.

Literatur

Richter, L., 1991: Blattwespen in Getreidebeständen – Untersuchungen zu ihrem Auftreten im Raum Halle. Diplomarbeit Martin-Luther-Univ. Halle-Wittenberg, Institut für Phytopathologie und Pflanzenschutz, 96 S.

Wetzel, Th., und B. Freier, 1980: Zum Auftreten und zur Bedeutung der Blattwespen *(Tenthredinidae)* im Getreidebau. Nachrichtenbl. Pflanzenschutz DDR **34**, 10-13.

Imago von *Dolerus haematodes,* Weibchen

Fraßbild einer *Dolerus haematodes*-Larve

Getreidehalmwespe – *Cephus pygmaeus*

Erreger, Wirtspflanzen

Die Halmwespen *(Cephidae)* gehören zu den Hautflüglern *(Hymenoptera)*. Nur die Larve der Getreidehalmwespe, *Cephus pygmaeus* (L.), schädigt Weizen und Roggen, selten auch Gerste. Kräftige Halme einiger Futter- und Schadgräser werden ebenfalls befallen.

Die schlanke, S-förmig gekrümmte Larve ist 10-14 mm lang. Der gelblich-weiße, fußlose Körper mit brauner Kopfkapsel ist deutlich segmentiert.

Die 8-10 mm große Halmwespe trägt auf ihrem glänzend schwarzen, schlanken Hinterleib zwei charakteristische gelbe Querbinden. Die Oberseite der Brust und die Beine weisen gelbliche Flecke auf. Das letzte Antennenglied ist verdickt.

Schadbild

Kurz vor der Reife des Getreides findet man im Bestand einzelne Halme mit nur mangelhaft entwickelten Körnern, vereinzelt auch vollkommen tauben Ähren, ohne äußere Zeichen einer Erkrankung. Die Ähren befallener Pflanzen stehen aufrecht. Bei anderen Pflanzen ist die Ähre in der Blattscheide steckengeblieben.

Geschädigte Pflanzen brechen beim Herausziehen mit einer glatten Schnittfläche nahe der Bodenoberfläche ab oder knicken bei geringster Belastung regellos nach allen Seiten um. Im Halminnern führt durch die Halmknoten bis zum Halmgrund ein mit Kot und Fraßmehl gefüllter Fraßgang, in dem die weißliche Larve sitzt.

Biologie, befallsfördernde Faktoren

Die Getreidehalmwespe schlüpft ab der 2. Maihälfte aus der Puppe an der Halmbasis vorjähriger Stoppeln und fliegt zur Nahrungsaufnahme bevorzugt auf gelbblühende Ackerunkräuter. Nach der Begattung legt das Weibchen Ende Mai bis Juni mit seinem kurzen Legebohrer etwa 50 Eier einzeln in die obersten Halmglieder vor allem kräftiger Triebe, besonders am Feldrand. Nach ca. 10 Tagen schlüpfen die Larven, die sich langsam abwärts durch den Halm fressen und dabei die Halmknoten durchbohren. Das Innengewebe des Halmes dient ihnen hierbei als Nahrung. Die ausgewachsene Larve nagt an der Halmbasis eine ringförmige Rinne in die Stengelwand, unter der sie den Halm nach oben mit einem Pfropfen aus Nagemehl verschließt. An dieser geschwächten Stelle bricht der Halm bei Belastung durch Sturm und Regen leicht um. Unter dem Pfropfen spinnt sich die Larve in einen zellophanartigen Kokon ein, in dem sie den Winter in Diapause verbringt. Erst im Frühjahr findet die Verpuppung statt, und schon nach einer kurzen Puppenruhe von 8-14 Tagen schlüpft die ausgewachsene Getreidehalmwespe.

Larve der Getreidehalmwespe, bereit zur Überwinterung im Getreidehalm

Bedeutung, Vorkommen

Während die Getreidehalmwespe in Osteuropa ein bedeutender Weizenschädling ist, spielt sie in Mitteleuropa kaum eine Rolle. In warmen und trockenen Jahren tritt sie gelegentlich stärker auf. Als wirtschaftliche Schadensschwelle wird ein Besatz von 32 Larven je m² (= 8 % der Halme befallen) angesehen.

Vorbeugende Maßnahmen

Durch tiefes Unterpflügen der Stoppeln im Herbst werden die überwinternden Larven vernichtet. Eine direkte Bekämpfung müßte zur Flugzeit der Wespe erfolgen.

Literatur

Hinke, 1950: Die Getreidehalmwespe *(Cephus pygmaeus* L.). Pflanzenschutz **2**, 105.
Rademacher, B., 1967: Untersuchungen über die tatsächlichen Ertragsschäden bei Befall von Winterweizen und Sommergerste durch die beiden Getreidehähnchen *(Lema cyanella* L. und *L. melanopus* L.) sowie durch die Getreidehalmwespe *(Cephus pygmaeus* L.). Z. Pflanzenkrankh. Pflanzensch. **74**, 311-316.

Weizengallmücken – *Contarinia tritici, Sitodiplosis mosellana*

Erreger, Wirtspflanzen

Die zu den Zweiflüglern *(Diptera)* zählende Gelbe Weizengallmücke *(Contarinia tritici* (Kby.)) und Orangerote Weizengallmücke *(Sitodiplosis mosellana* (Géh.)) sind 1,5 – 2,5 mm lang. Sie unterscheiden sich durch ihre namengebende Körperfarbe und den Legeapparat der Weibchen. Die Gelbe Weizengallmücke hat eine zitronengelbe lang ausstreckbare Legeröhre, die Orangerote eine kurze. Die Larven sind 2 – 2,5 mm lange Maden ohne Beine und Kopfkapsel und von gleicher Farbe wie die Mücken. Nur die Larven der Gelben Weizengallmücke können springen.

Wirtspflanzen für beide Gallmückenarten sind vor allem Weizen, ferner Roggen und Gerste. Die Gelbe Weizengallmücke kann sich außerdem an Quecke und Ackerfuchsschwanz entwickeln.

Schadbild, Verwechslungsmöglichkeit

Durch das Saugen der Larven in den Kornanlagen sind diese völlig zerstört oder teilgeschädigt. An der unteren Hälfte der Hüllspelzen befallener Körner ist anfangs oft eine helle, später dunklere Verfärbung sichtbar. Von den Larven der Gelben Weizengallmücke sind im Durchschnitt 6 an einer Kornanlage zu finden. Die Larven der Orangeroten Weizengallmücke saugen einzeln oder selten zu zweien an einer Kornanlage. Nach Befall der Ährchen kommt es zu einem Aufplatzen der Fruchtschale und oft zu sekundären Pilzinfektionen.

Symptome an den Spelzen können mit denen der Spelzenbräune und der Bakteriellen Spelzenfäule verwechselt werden. In Kornanlagen kommen auch die orangeroten Larven vom Roten Weizenblasenfuß *(Haplothrips aculeatus)* und die gelben vom Unbezahnten Getreideblasenfuß *(Limothrips cerealium)* vor. Die Larven der Thripse, die einen dunklen Kopf und 3 Beinpaare besitzen, laufen bei Störung weg.

Befall der Ähren durch Weizengallmücken läßt sich feststellen, indem einzelne Ähren auf Gallmückenlarven untersucht werden, am besten in der ersten Junihälfte, wenn die Larven fast ausgewachsen sind, aber die Weizenähren noch nicht verlassen haben.

Biologie, befallsfördernde Faktoren

Beide Mückenarten schlüpfen aus dem Boden vorjähriger Weizenfelder von Mitte Juni bis Mitte Juli. Gallmücken sind schlechte Flieger und vermögen aktiv nur kurze Strecken zurückzulegen, vom Wind können sie jedoch in weit entfernte Felder verfrachtet werden. Die Gelbe Gallmücke fliegt den Weizen zur Zeit des frühen Ährenschiebens an, die Orangerote etwas später, kurz vor der Blüte. Im Feld halten sich beide Mückenarten, deren Lebensdauer nur einen oder wenige Tage beträgt, bevorzugt nahe dem Erdboden auf. Am Abend fliegen sie, vor allem bei windstiller Witterung in der Dämmerung in die Ähren zur Eiablage. Bei hoher Luftfeuchte kann die Eiablage auch am Tage stattfinden. Die Flugperiode beträgt meist etwa 2 – 3 Wochen, kann aber besonders bei der Orangeroten Gallmücke länger dauern. Die Weibchen der Gelben Gallmücke legen vor allem an Ähren, die gerade aus der Blattscheide schieben, 5 – 8 Eier pro Kornanlage ab, wobei die Gesamteizahl pro Tier 30 – 40 beträgt. Die Weibchen der Orangeroten Gallmücke legen ihre Eier einzeln ab, durch Doppel- und Mehrfachbelegung können 2 und mehr Maden pro Korn auftreten.

5–10 Tage nach der Eiablage schlüpfen die Larven und saugen an den Kornanlagen. Nach 3–4 Wochen wandern sie bei regnerischer Witterung in die

Gelbe Weizengallmücke (2 mm) bei Eiablage

In einer Kornanlage zahlreiche Larven

oberste Bodenschicht. Dort bilden sie einen Überwinterungskokon, der im Mai des kommenden Jahres zur Verpuppung verlassen wird; ist der Mai niederschlagsarm, so überliegen die Larven bis zum nächsten Jahr. Auch ein mehrjähriges Überliegen im Boden ist u. U. möglich. Etwa ab Mitte Juni schlüpfen die Mücken an der Bodenoberfläche, wo die Begattung der Weibchen erfolgt. Nur die befruchteten Weibchen suchen die neuen Weizenfelder auf. Beide Mückenarten bilden eine Generation pro Jahr.

Der Weizen ist nur während der kurzen Zeitspanne von 5 Tagen durch die Gallmücke gefährdet. Die Gelbe Weizengallmücke kann Weizenähren zur Zeit des späten Ährenschiebens nicht mehr, die Orangerote nur Ähren vor der Blüte erfolgreich belegen. Bei Trockenheit bilden die Larven der Orangeroten Weizengallmücke in den Ähren „Scheinpuppen", sie umgeben sich mit einer pergamentähnlichen Hülle und wandern erst bei Feuchtigkeit in den Boden ein. Starke Niederschläge schlagen die Gallmücken während der Flugperiode zu Boden. Natürliche Feinde der Weizengallmücken sind parasitierende Schlupfwespen.

Bedeutung, Vorkommen

Beide Weizengallmücken sind in den mitteleuropäischen Weizenanbaugebieten weit verbreitet und treten in unregelmäßigen Zeitabständen in sog. „Gallmückenjahren" regional als gefährliche Schädlinge mit starken Ertragsausfällen auf. Der frühe Befall durch die Gelbe Weizengallmücke führt zu einer verringerten Kornzahl pro Ähre, das spätere und vereinzelte Auftreten der Orangeroten Gallmücken verursacht Kümmerkorn oder zumindest mißgestaltete Körner. Bereits schwacher Befall der Ähren durch die Weizengallmücken kann zur Beeinträchtigung der Saatgut- und Backqualität führen.

Vorbeugende Maßnahmen

Geregelte Fruchtfolge sowie der Anbau von Winterweizensorten, deren Ähren spät geschoben werden, sind nur begrenzt wirksam. In Gallmückenjahren sind direkte Maßnahmen gegen die eierlegenden Weibchen, u.U. nur am Feldrand, wirtschaftlich.

Bekämpfungsschwelle:
Gelbe Weizengallmücke:
10 Mücken/10 Ähren
Orangerote Weizengallmücke:
10 Mücken/20 Ähren

Literatur

Basedow, Th., 1977: Der Einfluß von Temperatur und Niederschlägen auf Diapause und Phänologie der Weizengallmücken *Contarinia tritici* (Kirby) und *Sitodiplosis mosellana* (Géhin) *(Dipt., Cecidomyidae)*. Zool. Jahrb., Abt. Syst. Ökol. Geograph. Tiere **104,** 302-326.

Basedow, Th., und H. Gillich, 1982: Untersuchungen zur Prognose des Auftretens der Weizengallmücken *Contarinia tritici* (Kirby) und *Sitodiplosis mosellana* (Géhin) *(Dipt., Cecidomyidae)*. Anz. Schädlingsk. Pflanzen-Umweltsch. **55,** 84-89.

Lübke, Marita, und Th. Wetzel, 1985: Untersuchungen zur Überwachung der Gelben Weizengallmücke *(Contarinia tritici* (Kirby). Nachrichtenbl. Pflanzenschutz DDR **39,** 182-185.

Einzelne Larve der Orangeroten Weizengallmücke

Orangerote Weizengallmücke

Sattelmücke – *Haplodiplosis equestris*

Erreger, Wirtspflanzen

Die Sattelmücke *Haplodiplosis equestris* (Wagn.), (syn. *H. marginata)* , zählt zu den Zweiflüglern *(Diptera)* und im engeren Sinn zu den Gallmücken *(Cecidomyiidae).* Die etwa 5 mm lange Mücke hat einen gelblich behaarten Körper, einen schwarzbraunen Brustabschnitt und einen roten Hinterleib, durchsichtige Flügel und lange schlanke Beine.

Die ebenfalls bis zu 5 mm lange Larve (Made) besitzt weder Beine noch Kopfkapsel. Sie ist zunächst weißlich und schließlich leuchtend orangerot bis rot gefärbt. Der Madenkörper ist deutlich segmentiert.

Besonders gefährdet sind Sommerweizen, Sommergerste und Winterweizen; kaum befallen werden Wintergerste und fast nie Winterroggen und Hafer. Unter den Gräsern ist die bevorzugte Wirtspflanze die Quecke.

Schadbild, Verwechslungsmöglichkeit

Frühe Symptome sind angeschwollene Blattscheiden befallener Getreidehalme. Später entwickeln sich aus den Verdickungen unter den Blattscheiden sattelartige Querwülste, in denen die ziegelroten Maden liegen. Das oberste Halminternodium wird normalerweise am stärksten befallen, die Ähren bleiben oft in der Blattscheide stecken. Bei starkem Befall ist die für die Mückenart typische Form der Sattelgallen nicht mehr zu erkennen. Der an den Befallsstellen verdickte Halm sieht nach dem Entfernen der Blattscheide mehr oder weniger knubbelig-körnig aus. Frühzeitiger Massenbefall führt zu abnormen Halmverdünnungen mit entsprechend erhöhter Umknickgefahr. Folgeerscheinungen sind im Wuchs zurückgebliebene Pflanzen, Frühreife und Kümmerkorn. Bei feuchter Sommerwitterung kommt es an den Saugstellen der Mückenlarven zu Sekundärbefall mit pilzlichen Schaderregern wie *Fusarium* spp.

Zwergwuchs bei Winterweizen kann mit dem des Zwergsteinbrandes *(Tilletia contraversa),* Steckenbleiben der Ähren mit Befall durch die Gelbe Getreidehalmfliege *(Chlorops pumilionis)* verwechselt werden. Die deutlich fühlbaren Querwülste am Halm und die nach Abschieben der Fahnenblattscheide sichtbaren Sättel bzw. Gallen mit je einer orangefarbenen Larve sind sichere Kennzeichen für den Befall durch die Sattelmücke.

Biologie, befallsfördernde Faktoren

Die Mücken schlüpfen aus dem Boden, sobald sich die oberste Schicht auf 18 °C erwärmt hat, d. h. ab Mitte Mai bis Mitte Juni, und suchen zur Eiablage vorzugsweise Quecke oder Getreidefelder auf. Bei warmfeuchten Bodenverhältnissen erfolgen Schlupf, Flug und Eiablage konzentriert; es kommt zu einem Höchstmaß an Schaden. Kühle und trockene

Extrem starker Befall eines Getreidehalms

Bedingungen hingegen verzögern die Entwicklung und ziehen den Flug zeitlich auseinander. Dementsprechend variieren Flugintensität und -dauer je nach Jahreswitterung, Anbauregion und sogar Feld erheblich. Zur Flugkontrolle sind Gelb- und Weißschalen geeignet. Die Lebensdauer der Mücken beträgt beim Männchen 3 Tage und beim Weibchen 6 Tage. Die flugträge Mücke fliegt aktiv nur über kurze Entfernungen, etwa bis zu 50 m; mit dem Wind kann sie allerdings über größere Strecken verweht werden. Der Zuflug erfolgt vom Feldrand her, und der Befall bleibt bei Fruchtwechsel meist auf den Feldrand beschränkt. Die Flugzeit erstreckt sich über mehrere Wochen. Das Weibchen legt normalerweise in der Nähe von im Vorjahr befallenen Feldern in wenigen Tagen 120–200 längliche rötliche Eier bevorzugt blattoberseits in perlschnurartigen Reihen („Eischnüre") parallel zu den Blattrippen ab.

Nach etwa einer Woche schlüpfen die zunächst glasig-weißlichen Larven, gleiten zur Blattbasis, dringen in die Blattscheide ein, wandern halmabwärts, setzen sich oberhalb eines Halmknotens fest und beginnen zu saugen. Nach ungefähr 4 Wochen bilden sich die charakteristischen Querwülste an den Halmen aus.

Etwa Ende Juni und im Juli verlassen die ausgewachsenen Larven die Blattscheiden und wandern zur Diapause in den Boden, wo sie meist in 6 - 8 cm Tiefe überwintern. Im Frühjahr kommen die Larven zur Verpuppung unmittelbar unter die Bodenoberfläche. Ein Teil der Larven kann die Diapause fortsetzen, d. h. noch ein weiteres Jahr überliegen und die Entwicklung erst nach zwei Jahren beenden. Es erscheint im Jahr nur eine Generation.

Trockenheit ist der wichtigste Begrenzungsfaktor im Lebenszyklus der Sattelmücke. Am empfindlichsten ist das Eistadium. Ebenfalls die Larvenwanderung im Boden und die Verpuppung erfolgen nur bei ausreichender Bodenfeuchte. Bei extremer Trockenheit sind die Larven nicht in der Lage, ihren Entwicklungsort an den Halmen zu verlassen. Schwere Böden sagen der Sattelmücke wegen ihres hohen Feuchtigkeitsgehaltes ganz besonders zu. Der Flug erfolgt ebenfalls nur während Perioden hoher Luftfeuchte. Massenvermehrungen sind insbesondere in feuchten Jahren zu erwarten.

Wichtige biologische Gegenspieler sind Schlupfwespen sowie *Entomophthora*-Pilze, die Eier, Larven und Puppen parasitieren.

Sattelmücke, 5 mm groß, bei Eiablage

Eischnüre auf Weizenblatt, das einzelne Ei 0,9 mm lang

Bedeutung, Vorkommen

Die Sattelmücke ist über ganz Europa verbreitet. Sie kommt vor in Gebieten mit hoher Luft- und Bodenfeuchte, insbesondere auf schweren, wasserhaltenden Böden und in getreidereichen Fruchtfolgen.

Als kritisch wird – je nach Folgewitterung und Standfestigkeit der Getreideart – ein Befall von 3–7 Larven/Halm angesehen.

Örtlich begrenzte Kornverluste an Winterweizen, Sommerweizen und Sommergerste von 15–30 % und mehr bis hin zu Totalverlusten im Extremfall sind möglich. Ertragsverluste durch Sattelmückenbefall können durch Verminderung des Tausendkorngewichts und der Kornzahl pro Ähre, abgeknickte Ähren beim Drusch und bei feuchter Sommerwitterung durch Sekundärverpilzung der Befallsstellen verursacht werden.

Vorbeugende Maßnahmen

In Befallsgebieten sollten anfällige Getreidearten nicht zu eng aufeinanderfolgen. Sommergerste und Weizen sind möglichst nach Nichtgetreidevorfrüchten oder Hafer anzubauen. Frühreifende Wintergetreidearten und -sorten sollten bevorzugt werden. Bei Sommergetreide ist eine frühe Aussaat von Vorteil.

Quecke muß in allen Fruchtfolgegliedern intensiv bekämpft werden. Eine tiefe Pflugfruche mit Vorschäler im Herbst ist vorteilhaft, ebenso mehrmaliges Eggen und Striegeln im Frühjahr.

Bei einer direkten Bekämpfung mit einem zugelassenen Insektizid genügen meist Randbehandlungen, wenn der Befall der Getreidebestände vor allem durch Zuflug erfolgt. Die Bekämpfung mit einem Kontaktinsektizid muß zur Zeit der Eiablage erfolgen. Sie richtet sich gegen die aus den Eiern schlüpfenden Maden, bevor sie an den Blattachseln in die Blattscheide eindringen; in dieser Zeit vorhandene Mücken werden ebenfalls erfaßt. Ein Insektizideinsatz ist angezeigt, wenn auf 20 - 30 % der Pflanzen Eigelege gefunden werden und genügend hohe Luftfeuchte ihre weitere Entwicklung zuläßt.

Literatur

Baier, M., 1964: Zur Biologie und Gradologie der Sattelmücke *Haplodiplosis equestris* Wagner *(Diptera, Cecidomyiidae)*. Z. angew. Entomol. **53**, 217-273.

Basedow, Th., 1986: Die Abundanzdynamik der Sattelmücke, *Haplodiplosis marginata* (von Roser) *(Dipt., Cecidomyiidae)*, bei Fruchtwechsel, bei wiederholtem und permanentem Anbau von Weizen. Z. angew. Entomol., **102**, 11-19.

Rieckmann, W., und U. Kötter, 1986: Die Sattelmücke: Auftreten, Lebensweise und Maßnahmen zur Befallsregulierung. Gesunde Pflanzen **38**, 166-181.

Schütte, F., 1964: Zur Anfälligkeit einiger Getreide- und Gräserarten gegen *Haplodiplosis equestris* (Wagner). Anz. Schädlingsk. Pflanzen- Umweltsch. **37**, 129-132.

Blattscheiden geschwollen; beim Abfühlen deutlich Buckel (Sättel) spürbar

Gartenhaarmücke – *Bibio hortulanus*

Erreger, Wirtspflanzen

Der häufigste Vertreter der Haarmücken *(Bibionidae)*, die zu den Zweiflüglern *(Diptera)* gehören, ist die Gartenhaarmücke, *Bibio hortulanus L.* Die 8–10 mm langen, plumpen Mücken erinnern eher an Fliegen. Das Weibchen unterscheidet sich durch seine gelbrote Rückenfärbung deutlich von dem schwarzen Männchen.

Die beinlosen, bis 16 mm langen Larven sind graubraun, tragen eine dunkelbraune Kopfkapsel und an jedem Segment kurze, dornartige Fortsätze.

Die allein schädigenden Larven sind polyphag. Neben Weizen, Gerste, Roggen und Hafer dienen auch Mais, Kartoffeln, Rüben und Gemüsearten als Nahrungsquelle.

Schadbild, Verwechslungsmöglichkeit

Manchmal im Herbst, meist aber erst im Frühjahr sind bei der Saat Fehlstellen zu beobachten, weil die Larven die angequollenen Körner ausgehöhlt oder Jungpflanzen unter der Bodenoberfläche abgebissen haben. Neben solchen Trieben sind oft zahlreiche Löcher mit kleinen Erdhaufen zu finden.

Das Schadbild ist mit dem der Drahtwürmer und der Sumpfschnake zu verwechseln, doch sind die Fraßstellen der Mückenlarven nicht zerfasert, sondern glattrandig.

Biologie, befallsfördernde Faktoren

Die Larven überwintern in 5-10 cm Bodentiefe und verpuppen sich dort im April oder Anfang Mai. Ab Mitte Mai schlüpfen die Mücken. Sie ernähren sich von Pollen, Nektar und Honigtau. Ende Mai bis Mitte Juni legen die Weibchen ca. 100 Eier in Gruppen in humusreichen, besonders mit Stallmist versetzten Boden. Die Larven leben im Sommer von organischem Material, erst bei Mangel an abgestorbenen pflanzlichen Stoffen im Herbst und vor allem zu Vegetationsbeginn schädigen sie die Jungsaaten. Die gesellig lebenden Larven können Kälte gut ertragen, sind aber empfindlich gegen Austrocknung; deshalb verlassen sie nur in feuchten Nächten den schützenden Boden, um oberirdisch zu fressen.

Bedeutung, Vorkommen

Die Gartenhaarmücke ist in ganz Europa verbreitet, baut aber nur in einzelnen Jahren und Gebieten große Populationen auf. In unregelmäßigen Abständen kommt es zu einem so starken Massenauftreten, daß Umbruch und Neusaat erforderlich werden.

Vorbeugende Maßnahmen

Stalldünger und Pflanzenreste sollten rasch und sorgfältig untergepflügt werden. Da durch die Verpuppung der Schadzeitraum im Frühjahr eng begrenzt ist, erübrigt sich im allgemeinen eine Bekämpfung der Larven.

Literatur

Bollow, H., 1954: Die landwirtschaftlich wichtigen Haarmücken. Pflanzenbau u. Pflanzenschutz **5**, 197-232.

Gartenhaarmücke: Larven (bis 16 mm lang) und Puppen

Imago, nat. Größe ca. 9 mm

Sumpf- oder Wiesenschnake – *Tipula paludosa*

Erreger, Wirtspflanzen

Die zu den Zweiflüglern *(Diptera)* zählende Sumpf- oder Wiesenschnake *(Tipula paludosa* Meig.) ist 22–26 mm lang, grau, mit auffallend langen Beinen. Die aschgraue Larve ist bis zu 4 cm lang, walzenförmig, beinlos mit einer kleinen Kopfkapsel. 2 dunkle Stigmenplatten und 6 Hautzapfen lassen das Hinterende wie eine „Teufelsfratze" wirken.

Von der Sumpfschnake werden insbesondere Gräser und Klee in Wiesen und Weiden befallen und davon ausgehend alle Kulturpflanzen.

Schadbild, Verwechslungsmöglichkeit

Vor allem im Frühjahr treten nesterweise lückige bzw. kahle Stellen im Getreide auf. Die Wurzeln der Pflanzen sind befressen, die Blätter an der Bodenoberfläche abgebissen und oft teilweise in den Erdgang der Larven hineingezogen. Die Larven selbst sind in der obersten Bodenschicht leicht zu finden.

Die faserigen Fraßstellen sind mit denen der Drahtwürmer verwechselbar; Fehlstellen entstehen auch durch den Fraß von Haarmückenlarven.

Biologie, befallsfördernde Faktoren

Die jungen Larven überwintern im Boden. Ihr Hauptschadfraß findet im Frühjahr statt. Tagsüber fressen die Larven unterirdisch, nachts und an feucht-schwülen Tagen an der Bodenoberfläche. Sie verpuppen sich im Juni/Juli in den oberen Bodenschichten. Bereits unmittelbar nach dem Schlupf im August/September legen die Weibchen ihre länglichen, schwarzglänzenden Eier in den Boden lückiger Bestände ab. Die Eier sind empfindlich gegen Austrocknung und hohe Temperaturen. Kühles, regnerisches Wetter während der Hauptflugzeit begünstigt eine Massenvermehrung.

Bedeutung, Vorkommen

Die Sumpfschnake ist vor allem in feuchten Lagen Mittel- und Westeuropas verbreitet. Gefährdet sind vor allem Kulturen nach Grünlandumbruch. Die Schäden können im Einzelfall erheblich sein.

Vorbeugende Maßnahmen

Gute Ernährung junger Bestände, Walzen zur Bodenbefestigung sowie Entwässerung der oberen Bodenschicht sind wichtige vorbeugende Maßnahmen. Nach Grünlandumbruch empfehlen sich eine intensive Bodenbearbeitung sowie bei nachgebautem Getreide eine insektizide Saatgutbehandlung.

Die Bekämpfungsschwelle liegt im Getreide bei 4 Larven je lfd. m Drillreihe bzw. bei 30–50 Larven/m².

Literatur

Lauenstein, G., 1987: Tipuliden als Grünlandschädlinge - Biologie und Bekämpfung. Z. angew. Zool. **73,** 385-431.

Maercks, H., 1953: Über den Massenwechsel von *Tipula paludosa* Meig. in den Jahren 1918 - 1953 und seine Abhängigkeit von der Witterung. Nachrichtenbl. Deut. Pflanzenschutzd. (Braunschweig), **5**, 177 - 181.

Schaden der Sumpf- oder Wiesenschnake bei Weizen: Nahaufnahme mit Larve, rechts ihr Hinterende und Bestandsbild

Fliegen

Brachfliege – *Delia coarctata*

Erreger, Wirtspflanzen

Die zu den Blumenfliegen *(Anthomyiidae)* zählende Brachfliege *(Delia coarctata* (Fall.), syn. *Phorbia = Hylemy(i)a = Leptohylemyia coarctata)* ist etwa 7 mm lang, grau bis gelblich-grau gefärbt und stark behaart. Die Beine sind dunkel mit Ausnahme heller Schenkel und Schienen von Vorder- und Mittelbeinen beim Weibchen. In Aussehen und Größe ähnelt die Brachfliege der Stubenfliege.

Die bis 8,5 mm lange weiße Larve hat weder Beine noch Kopfkapsel. Das schwarze Mundhakenpaar der Made ist gut erkennbar. Das abgeschrägte Hinterleibsende besitzt 6 Fortsätze, die beiden mittleren mit je 2 Spitzen.

Es werden vor allem Wintersaaten von Weizen, Roggen, auch Gerste, seltener Sommersaaten von Gerste und Weizen befallen. Hafer dient der Brachfliege nicht als Nährpflanze. Zu den Wirtspflanzen zählen außerdem Quecke und einige Kulturgräser.

Schadbild, Verwechslungsmöglichkeit

Im Februar bis April welken und vergilben reihenweise die Herzblätter von Winterweizen und -roggen, sehr selten von Wintergerste, und lassen sich leicht herausziehen, da sie am Grunde abgefressen sind. An der Triebbasis einzelner Pflanzen sind spiralig gewundene Fraßgänge mit der Made zu finden. Bei Sommergetreide werden die Keimlinge auch vor dem Auflaufen zerstört. Die geschädigten Triebe sterben oft unter Fäulniserscheinungen an ihrer Basis ab. Bei frühzeitigem Auftreten der Made bzw. unbestocktem Getreide können ganze Pflanzen absterben.

Die Herzblattvergilbung ist mit der durch Fritfliege und Drahtwürmer verursachten Vergilbung verwechselbar. Brachfliegenschaden tritt aber gewöhnlich früher als Fritfliegenschaden auf, die unterirdischen Pflanzenteile sind im Unterschied zum Befall mit Drahtwürmern weder faserig noch abgebissen.

Typischer Brachfliegenschaden: Vergilben und Absterben der Herztriebe

Biologie, befallsfördernde Faktoren

Im Februar und März schlüpfen die Junglarven, die in der Eihülle als Eilarven überwintert haben. Sie wandern zur Erdoberfläche und bohren sich dicht über dem Bestockungsknoten der Wintergetreidepflanzen ein. Sie fressen sich spiralig aufwärts zum Vegetationspunkt vor und zerstören ihn. Während ihrer 8 - 10 Wochen dauernden Entwicklung wandert die Larve von Trieb zu Trieb, oft auch von Pflanze zu Pflanze und vernichtet dabei durchschnittlich zwei Triebe. Die ausgewachsenen Larven verpuppen sich im Mai in der obersten Bodenschicht. Schon im Mai und Juni schlüpfen die Brachfliegen. Die relativ langlebigen Tiere bleiben etwa 4 Wochen auf den vormaligen Befallsflächen. Dann fliegen sie zur Eiablage – höchstens 800 m weit – auf geeignete grobschollige und brachliegende Böden, z. B. nach frühräumenden Kulturen wie Raps oder Frühkartoffeln sowie auf Zuckerrüben- und Kartoffelfelder, selten jedoch auf Getreidebestände. Dort erfolgt von Mitte Juli bis Ende August in einem Zeitraum von 4 - 5 Wochen die Eiablage in maximal drei Schüben von ca. 25 Eiern, die einzeln in Bodenspalten abgelegt werden. Bei größeren Schlägen bevorzugt die Brachfliege die Randzonen.

Der Schlupf der Eilarven im Boden beginnt 1–2 Wochen (Effektivtemperatursumme 40–70 Gradtage über der Basistemperatur 0 °C in 5 cm Bodentiefe) nach der letzten Frostperiode im Januar oder Februar; je nach Temperaturverlauf zieht sich das Schlüpfen über 5–15 Wochen hin. Etwa 100 Gradtage nach dem Larvenschlupf treten bei Winterweizen die Gelbherzigkeitssymptome auf. Zu einer weiteren Schädigung kommt es nach der Wanderung der L2- und L3-Larven zu neuen Trieben. Hohe Frühjahrstemperaturen beschleunigen die Larvenentwicklung und beeinträchtigen die Nachbestockung des Getreides.

Warmes, trockenes Wetter im Juli und August fördert die Eiablage der Brachfliegenweibchen in lockere, bearbeitete Böden. Niederschläge hingegen mindern die Attraktivität der Bodenoberfläche und begrenzen direkt und indirekt das Überleben der Weibchen. Für die Eiablage sollte der Boden feucht, aber nicht zu naß sein. Intensive Bodenbearbeitung in dieser kritischen Zeit schafft die von der Brachfliege bevorzugte grobschollige, rauhe Bodenoberfläche. Je frühzeitiger eine flache Einarbeitung der Eier erfolgt, desto besser sind die Eier vor dem Vertrocknen geschützt. Der moderne Trend zu flacher Bodenbearbeitung vor Winterweizen erhöht also das Befallsrisiko. In dicht gesäten Weizen-

Larve, 9 mm lang: Hinterleibsende schräg abgestutzt mit 6 Fortsätzen, mittlere am größten

beständen entwickeln sich die Brachfliegenlarven besser, und ihre Sterblichkeitsrate ist geringer als in dünn gesäten. Ab einer Dichte von 60 - 80 Eiern/m^2 besteht ein Schadensrisiko für eine Weizensaat.

Eisterilität, insbesondere bei späten Eischüben (die Männchen haben nämlich eine deutlich kürzere Lebenserwartung als die Weibchen), Eiräuber wie Laufkäfer und Kurzflügler, parasitische Schlupfwespen, Trockenheit und tiefes Vergraben können zu einer hohen Eimortalität führen; diese Faktoren begrenzen eine exakte Befallsprognose.

Bedeutung, Vorkommen

Die Brachfliege ist im gesamten gemäßigten europäischen Getreidebau anzutreffen. Sie kommt vor allem in Gebieten vor, in denen Kartoffeln und Rüben in der Getreidefruchtfolge stehen. Die Bedeutung der Brachfliege unterliegt sowohl jährlich als auch regional starken Schwankungen. In Einzeljahren können gebietsweise erhebliche Schäden an Winterweizen auftreten, da dieser zur Zeit des Erstbefalls noch nicht oder nur schwach bestockt ist und ein geringeres Regenerationsvermögen besitzt. Seit einigen Jahren ist eine deutliche Ausbreitung dieses Schädlings hauptsächlich in Frankreich, England und Deutschland zu beobachten.

Vorbeugende Maßnahmen

Bei der Fruchtfolgeplanung sollten die besonders gefährdeten Winterweizenschläge nicht in unmittelbarer Nachbarschaft von befallsbegünstigenden Vorfrüchten liegen; nach frühräumender Vorfrucht möglichst eine Sommerzwischenfrucht anbauen. In Befallslagen empfiehlt sich der Einsatz des Pfluges mit Vorschäler, um die Eier in tiefe Bodenschichten zu vergraben. Die Larven schlüpfen dann erst so spät, daß der Weizen mehr Zeit hat, sich zu bestocken. Wo nach einem Totalausfall Sommergetreide (außer Hafer) nachgesät werden muß, kann wegen des hohen Befallsrisikos auf die Pflugfurche keinesfalls verzichtet werden. Wichtig ist es, ein gut abgesetztes Saatbett durch frühe Bodenbearbeitung und/oder Rückverfestigung mit dem Krumenpacker zu schaffen. In Befallsgebieten wähle man Weizensorten mit gutem Bestockungsvermögen und achte auf einen sortenspezifisch optimalen Aussaattermin und nicht zu tiefe Kornablage.

Bei hoher Befallsgefahr (regionale Bodenuntersuchungen auf Eibesatz berücksichtigen!) ist eine insektizide Saatgutbehandlung mit einem speziell gegen die Brachfliege zugelassenen Präparat angebracht.

Im Frühjahr schafft – wenn erforderlich – das Walzen geschädigter Bestände den Bodenschluß und erschwert den Brachfliegenlarven das Wandern von Pflanze zu Pflanze. Eine frühzeitige Stickstoffdüngung regt die Pflanzen zur Bestockung an.

Brachfliegenweibchen, ca. 7 mm lang

Literatur

Roloff, B., und Th. Wetzel, 1989: Empfehlungen für die Überwachung und Prognose sowie für Maßnahmen des integrierten Pflanzenschutzes gegen die Brachfliege *(Delia coarctata* (Fall..)). Nachrichtenbl. Pflanzenschutz DDR **43,** 11-13.

Roloff, B., und Th. Wetzel, 1989: Untersuchungen zum Einfluß der Bodentemperatur auf den Schlupf der Larven der Brachfliege *(Delia coarctata* (Fall.)) sowie auf die Ausprägung der Schadsymptome. Arch. Phytopathol. Pflanzenschutz, Berlin **25,** 403-407.

Wetzel, Th. , Lutze G., und F. Mende, 1978: Die Brachfliege *Leptohylemyia coarctata* Fallén. Die Neue Brehm-Bücherei, A. Ziemsen Verlag, Wittenberg Lutherstadt, 71 S.

Fritfliege – *Oscinella frit*

Erreger, Wirtspflanzen

Die Fritfliege *Oscinella frit* (L.) gehört innerhalb der Ordnung Zweiflügler *(Diptera)* zur Familie Halmfliegen *(Chloropidae)*.

Die etwa 2 mm lange, glänzend schwarze Fliege hat rote Augen und bräunlich-gelbe Fußglieder.

Die bis zu 5 mm lange schlanke Larve ist glänzend weiß, ohne Kopfkapsel und Beine, mit einem schwarzen, kräftigen Mundhakenpaar und am Hinterende zwei kleinen Ausstülpungen, den Atemöffnungen.

Die etwa 3 mm lange schlanke, tönnchenförmige Puppe ist glänzend hell- bis rotbraun gefärbt mit zwei kleinen Fortsätzen am Hinterende.

O. frit ist eine polyphage, jedoch auf Gramineen beschränkte Art. Zu ihren Wirtspflanzen zählen alle bei uns angebauten Getreidearten und Mais, außerdem zahlreiche Kultur- und Wildgräser, vor allem aus den Gattungen *Poa, Lolium, Festuca, Trisetum* und *Agrostis*. Weitere Wirtspflanzen, die der Fritfliege nur zur Nahrungsaufnahme dienen, sind Blüten im Frühjahr, u.a. von Löwenzahn und Winterraps. Winterroggen ist wegen seiner langen Blühperiode als Pollenspender für die Fliegen der 2. Generation eine wichtige Nährpflanze; als Wirtspflanze für die Eiablage ist er hingegen wenig attraktiv.

Schadbild, Verwechslungsmöglichkeit

Die Schadsymptome der Fritfliege werden allein durch den Fraß der glasig-weißen Maden hervorgerufen. Es treten im Verlauf der Vegetationsperiode zwei typische Schadbilder auf. In frühen Herbstgetreide- und späten Frühjahrssaaten vergilbt das Herzblatt und stirbt ab; es läßt sich leicht herausziehen. An der Blattbasis sind oft Fäulnissymptome zu sehen, z. T. findet man dort die Fliegenmade. Die Hüllblätter sind zunächst noch grün, schließlich gehen nicht bestockte Getreidepflanzen ein. Bereits bestockte Pflanzen, vor allem Hafer, reagieren mit vermehrter Bildung von Seitentrieben, die allerdings selten Halme schieben.

Ein weiteres Schadbild verursachen die Fritfliegenlarven an den Blütenständen vor allem von Gerste und Hafer, gelegentlich auch von Roggen; dabei sind mehrzeilige Gerstensorten stärker als zweizeilige gefährdet. Die Fritfliegenmaden fressen die milchreifen Körner zum Teil oder vollkommen leer. Übrig bleibt oft nur der von den Spelzen eingeschlossene Kot. In den milchreifen Samen findet man u. U. die Larven oder Puppen des Schädlings. Einzelne Partien an Ähren und Rispen sind vergilbt und bleiben taub; partielle, in Extremfällen auch völlige Taubährigkeit oder Kümmerkorn sind die Folge. Solches Korn wurde bereits von den Römern als „frit" bezeichnet. Daraus leitet sich sowohl der Name

Typisches Schadbild: Herztriebe vergilbt

Bei Hafer totale Weißährigkeit

des Schadsymptoms (Fritkorn) als auch der des Schädlings her. Das durch die Fritfliege verursachte Gelbherzigkeitssymptom ist zu verwechseln mit dem Schadbild der Brachfliege *(Delia coarctata)*, der Gelben Getreidehalmfliege *(Chlorops pumilionis)* und jenem der Drahtwürmer. Der Schaden an den Ähren, nämlich die partielle oder totale Weißährigkeit, ähnelt den durch den Erreger der Halmbruchkrankheit bzw. der Schwarzbeinigkeit oder *Fusarium* verursachten Symptomen. Nur in extrem warmen Jahren wird das Jungpflanzenstadium der Gerste gelegentlich auch durch die Gerstenfliege *(Oscinella pusilla* Meig.) geschädigt; sie herrscht im kontinentalen Klimaraum vor.

Biologie, befallsfördernde Faktoren

Die Fritfliege überwintert als ausgewachsene Made zwischen den Blattscheiden geschädigter Triebe. Hier verpuppt sie sich im Frühjahr. Unter mitteleuropäischen Verhältnissen ist von Ende April bis Anfang Juni mit dem Flug der 1. Generation, Ende Juni bis August mit jenem der Sommergeneration und von August bis Ende Oktober mit dem Flug der 3. Generation (= Herbstgeneration) zu rechnen. Die Larven der 1. und 3. Generation schädigen die junge Saat, während jene der 2. und teilweise auch der 1. Generation die Kornanlagen von Sommergerste und Hafer bzw. von Wintergerste zerstören. Je nach den vorherrschenden Temperaturverhältnissen dauert die Larvenentwicklung 20–30 Tage.

Das Weibchen legt einzeln 25–35 Eier ab, und zwar im 1-Blatt-Stadium des Getreides von oben in die Blattüte und im 2–3-Blatt-Stadium bevorzugt hinter die Koleoptile und in die Blattscheiden. Die Made durchfrißt den Herztrieb von oben bis zu seinem Grund. Anders als bei Gräsern schädigt bei Getreide eine Larve stets nur einen Trieb.

Die Kornanlagen der Gerste und des Hafers werden während der Blüte belegt. Die Larven ernähren sich von den milchreifen Körnern; eine Made frißt mehrere davon aus. Gelegentlich bei Hafer, vor allem jedoch bei Gräsern, entsteht noch vor dem Schieben partielle oder totale Weißährigkeit durch den Fraß der Fritfliegenlarven an den Blütenständen in der Blattüte, bei Gräsern fressen die Maden auch am Blütenstandsinternodium.

Warme, trockene Witterung begünstigt die Entwicklung der Fritfliege. Der Hauptschlupf der 1. Fliegengeneration erfolgt nach einer Effektivtemperatursumme von 120 - 150 Gradtagen (über einem Entwicklungsnullpunkt von 7 °C, gemessen in 2 cm Bodentiefe). Die Eiablage beginnt bei Temperaturen über 12 °C. Mit einer großen Herbstgeneration ist zu rechnen, wenn auf ein zeitiges, trockenes Frühjahr ein heißer, regenarmer Sommer und ein langer, milder Herbst folgen. Ein wesentlicher Begrenzungs-

Fritfliegenlarve: bis 5 mm lang, mit einem kräftigen Mundhakenpaar und 2 Ausstülpungen am Hinterleibsende

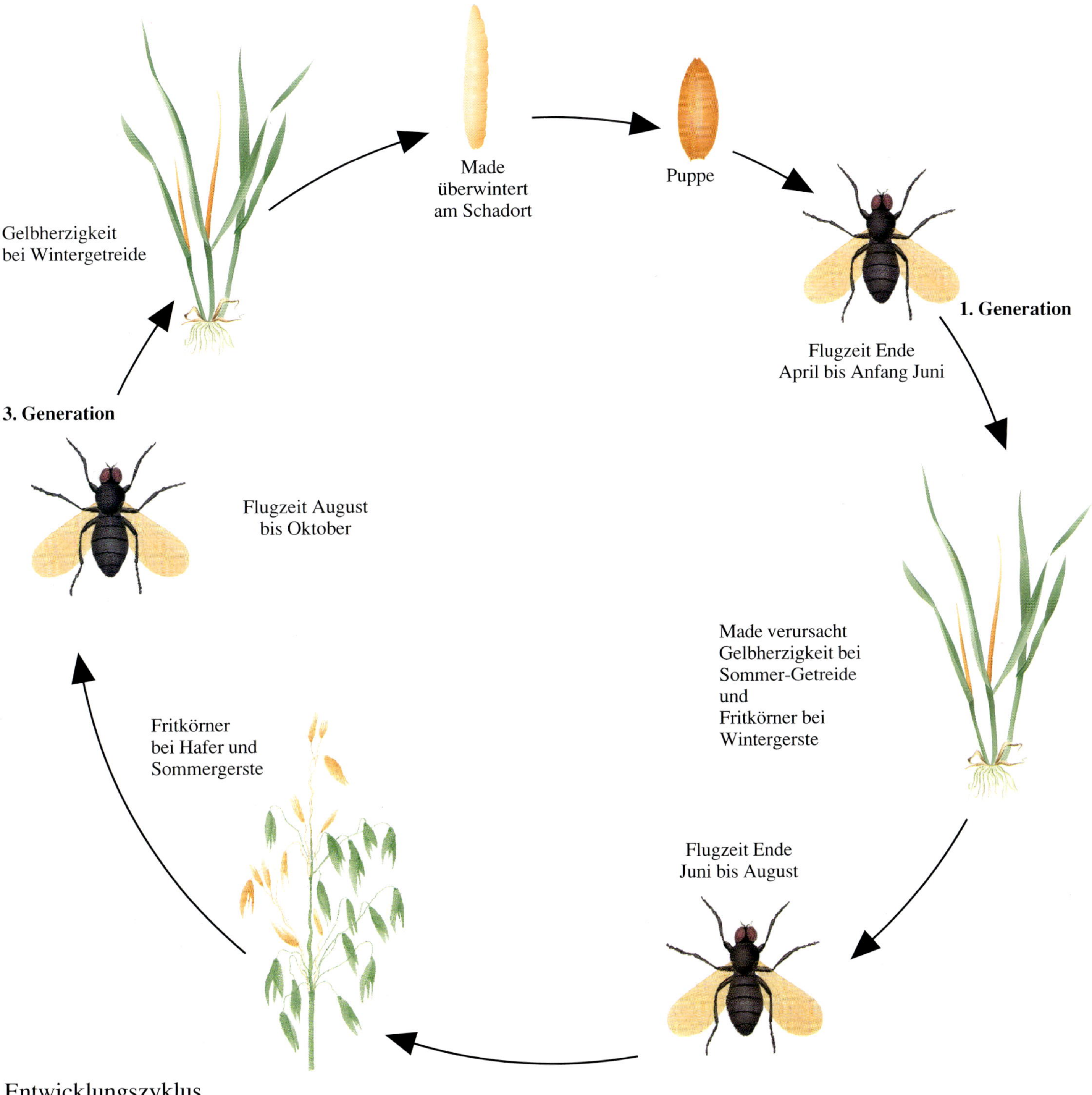

Entwicklungszyklus
der Fritfliege *(Oscinella frit)*

faktor für die Eiablage ist Regen in den kritischen Entwicklungsstadien der Wirtspflanze (1–3-Blatt-Stadium sowie Blüte).

Wichtige Gegenspieler (Räuber) der Fritfliege und anderer in Getreide schädigender Dipterenarten sind Tanzfliegen der Gattung *Platypalpus*.

Bedeutung, Vorkommen

Die Fritfliege ist ein weitverbreiteter und bedeutender Schädling im Getreide- und Maisanbau sowie an Kulturgräsern. Als Auflaufschaderreger tritt sie im Herbst und Frühjahr an jungen Getreidebeständen bei Nichtbeachtung der Saatregeln auf.

In Wintergersten-, Sommergersten- und Haferbeständen können durch die Ähren und Rispen schädigende 1. und 2. Larvengenerationen Ertragsverluste bis 10 % entstehen. Gefährdet ist vor allem Wintergerste insbesondere in der Nähe von Wiesen und Weiden.

Vorbeugende Maßnahmen

Wintergetreide sollte nicht zu früh, Sommergetreide nicht zu spät gedrillt werden, wobei auf gleichmäßige, flache Kornablage zu achten ist. Aufgelaufenes Ausfallgetreide und die Quecke müssen in allen Fruchtfolgegliedern vernichtet werden. Bei gefährdeten Saaten ist kurz vor der Aussaat zusätzlich zur Beizung eine Insektizidbehandlung angebracht. Mit einem schnell wirkenden Stickstoffdünger kann man durch Fritfliegen geschädigte Bestände kräftigen. Eine chemische Bekämpfung ist wirtschaftlich, wenn beim Kescherfang zur Zeit der Wintergerstenblüte mehr als 100 Fritfliegen je Einheitsfang (= 50 Schläge) ermittelt werden.

Literatur

Ohnesorge, B., 1973: Beobachtungen über den Einfluß der Witterung auf den Verlauf des Fritfliegenfluges. Z. Pflanzenkrankh. Pflanzensch. **80**, 246-254.

Stark, A., und Th. Wetzel, 1987: Fliegen der Gattung *Platypalpus (Diptera, Empididae)* – bisher wenig beachtete Prädatoren im Getreidebestand. Z. angew. Entomol. **103**, 1-14.

Volkmar, Christa, und Th. Wetzel, 1984: Zur Generationenfolge der Fritfliege *(Oscinella frit* (L.)) im konzentrierten Getreidebau. Nachrichtenbl. Pflanzenschutz DDR **38**, 1-3.

Volkmar, Christa, und Th. Wetzel, 1984: Zur Artenfrage und zum Auftreten von *Oscinella* spp. in den Blütenständen wichtiger Getreidearten. Arch. Phytopathol. Pflanzenschutz, Berlin **20**, 317-324.

Volkmar, Christa, Stark, A. und Th. Wetzel, 1990: Die Fritfliege *(Oscinella frit* (L.)) als Ährenschädling der Gerste – Auftreten, Überwachung und Bekämpfungsrichtwerte. Nachrichtenbl. Pflanzenschutz **44**, 230-235.

Fritfliege: 2 mm lang, Körper glänzend schwarz mit roten Augen und gelbbraunen Fußgliedern

Wintergerste: Fritkörner

Gelbe Getreidehalmfliege – *Chlorops pumilionis*

Erreger, Wirtspflanzen

Die zu den Halmfliegen *(Chloropidae)* zählende Gelbe Getreidehalmfliege *(Chlorops pumilionis* Bjerk.), auch Gelbe Weizenhalmfliege genannt, ist 3 - 4 mm lang, gelb mit einem schwarzen Dreieck zwischen den Augen, 5 schwarzen Längsstreifen auf dem Brustabschnitt sowie 4 dunklen Querbändern auf dem Hinterleib.

Die gelblichweiße Made, ohne Kopfkapsel und Beine, wird 6 mm lang. Der abgerundete Hinterleib trägt 2 kleine Ausstülpungen, die Atemöffnungen.

Hauptwirtspflanzen der 1. Larvengeneration sind Weizen, vor allem die Sommerform, und Sommergerste. Die Larven der 2. Generation findet man an jungen Trieben aller Wintergetreidearten. Daneben werden Quecke und verschiedene Futtergräser befallen.

Schadbild, Verwechslungsmöglichkeit

Bei der Gelben Getreidehalmfliege treten zwei ganz unterschiedliche Schadbilder der Sommer- und Herbstgeneration auf, die beide ausschließlich von den Larven verursacht werden.

Gegen Ende des Schossens bleiben einzelne Ähren in der Blattscheide stecken oder schieben nur teilweise aus der Blatthülle heraus. Nach Entfernen der Fahnenblattscheide zeigt sich am Halm von der Ährenbasis meist nur bis zum obersten Halmknoten eine bräunliche Fraßrinne, die sich nach unten erweitert. Dort findet man u. U. noch die Made oder die braune Puppe.

Ab Spätherbst tritt der Schaden der 2. Larvengeneration auf. An früh gesätem Wintergetreide sind einzelne Triebe verkürzt und lauchähnlich verdickt. Während des Schossens bleiben sie im Wachstum zurück und gehen allmählich ein.

Bei Winterweizen sind Halmverkürzungen und Steckenbleiben der Ähre verwechselbar mit Zwergsteinbrandbefall. Im Winter zerstörte Herztriebe können mit dem Schadbild durch Fritfliegen- und Brachfliegenlarven verwechselt werden.

Biologie, befallsfördernde Faktoren

Die überwinternden Larven verpuppen sich im Frühjahr. Etwa beim Ährenschieben des Roggens erscheinen die Fliegen dieser Wintergeneration. Sie suchen spät schossende Weizen- und Sommergerstenbestände auf; hier legt das Weibchen bis zu 100 Eier einzeln auf die oberen Blätter. Nach ca. 8 Tagen schlüpfen die Maden, dringen in die Blattscheiden ein und bis zu den Ähren vor. Dann fressen sie sich halmabwärts bis zum obersten Halmknoten. Nach einem Monat Fraßzeit verpuppt

Gelbe Getreidehalmfliege: 4mm lang, 5 schwarze Längsstreifen auf dem Brustteil und 4 dunkle Querbinden auf dem Hinterleib

sich die Larve in der Blattscheide.

Zur Zeit der Sommergerstenernte schlüpft die 2. Fliegengeneration. Die Eiablage erfolgt von Anfang September bis Mitte Oktober auf die Primärblätter von Ausfallgetreide, früh gedrilltem Wintergetreide und Gräsern. Noch vor Wintereinbruch ist die Made ausgewachsen; sie hat nur einen Trieb zerstört, an dessen Grund sie überwintert.

Alle Pflegemaßnahmen im Getreide, wie Walzen, Striegeln oder Eggen sowie eine chemische Unkrautbekämpfung, die zu einer Wachstumshemmung führen, begünstigen den Befall. Eine Halmverkürzung erhöht auch den Schaden durch die Sommergeneration.

Warme und trockene Witterung im Mai und Juni sowie von August bis Oktober fördert die Eiablage. Mit dem Schlupf der 1. Fliegengeneration ist nach Erreichen einer Wärmesumme von etwa 300 Gradtagen (bei einem biologischen Nullpunkt von 4,5 °C) zu rechnen.

Wichtige Begrenzungsfaktoren für die Gelbe Getreidehalmfliege sind in Eiern und Larven parasitierende Schlupfwespen.

Bedeutung, Vorkommen

Die Gelbe Getreidehalmfliege kommt in ganz Europa vor. Allein die 1. Larvengeneration spielt örtlich und jahrgangsweise vor allem im Alpenraum an Sommergetreide (außer Hafer) und Winterweizen eine wirtschaftliche Rolle. Hier ist pro befallenem Halm mit einer Schädigung von 30-50 % zu rechnen.

Vorbeugende Maßnahmen

Frühe Saat des Sommergetreides wirkt einem Befall entgegen; für relativ späte Saaten von Wintergetreide trifft dies nur für die Wintergeneration zu. Entsprechende Sortenwahl, Bodenbearbeitung und Düngung sollten auf eine schnelle Jugendentwicklung des Getreides ausgerichtet sein. Zurückhaltung ist hingegen bei der Anwendung von Wachstumsreglern geboten. Der Landwirt wird ohnehin in allen Fruchtfolgegliedern auf eine Bekämpfung der Quecke und des Ausfallgetreides achten.

Für eine direkte Bekämpfung gilt als Schwellenwert: zu Beginn des Schossens 1 Ei auf mehr als 10% der Pflanzen. Die 1 mm langen Eier sind weißglänzend mit einer netzartigen Oberflächenstruktur. Für die Ermittlung der Flugaktivität eignen sich gelbe Leimtafeln. Die Insektizidausbringung muß unmittelbar vor dem Larvenschlupf erfolgen.

Schadbild der Made, Puppe über dem Halmknoten

Extrem hoher Schaden in einem Weizenbestand

Literatur

Derron , J. O., und G. Goy, 1990: La mouche jaune des chaumes *(Chlorops pumilionis* Bjerk.): biologie, nuisibilité, moyen de lutte. Revue suisse Agric. **22**, 101-105.

Horber, E., 1950: Untersuchungen über die gelbe Getreidehalmfliege *Chlorops (Oscinis) pumilionis* Bjerkander 1778 und ihr Auftreten in verschiedenen Höhenlagen der Schweiz. Landwirtsch. Jahrb. Schweiz **64**, 887-1000.

Oakley, J. N, J. E. B. Young, S. F. B. Cousins, M. Frost und M. Froment, 1990: Investigation of the biology and control of the gout fly *(Chlorops pumilionis)* in autumn and spring sown cereals. Brighton Crop Protection Conf. - Pests and Diseases - 709-714.

Getreideminierfliegen – *Agromyzidae, Hydrellia griseola*

Erreger, Wirtspflanzen

Zu den speziellen Minierfliegen (Fam. *Agromyzidae)* gehören *Agromyza nigrociliata* Hendel und *Chromatomyia fuscula* (Zetterstedt). Die Familie der Sumpffliegen *(Ephydridae)* ist vertreten durch *Hydrellia griseola* (Fallén), die Graue Gerstenminierfliege.

Die 1 - 4 mm langen Minierfliegen sind meist schwarz, nur der braune Körper der Grauen Gerstenminierfliege ist grau bestäubt. Die bis 4 mm langen Maden sind weiß-gelblich, die von *H. griseola* gelb, glasklar und behaart.

Die Getreideminierfliegen kommen auf allen Getreidearten und vielen Gräsern vor.

Schadbild

Im Frühsommer entstehen auf den jeweils jüngsten Blättern Blattminen, in denen man im Durchlicht Larven und Kot erkennt. Alle *Agromyza*-Arten verursachen Platzminen, ebenso die Graue Gerstenminierfliege. Bei starkem Besatz vertrocknet die gesamte Blattspreite. – Die Blattminen sollten nicht mit dem Fensterfraß der Getreidehähnchen verwechselt werden.

Biologie, Bedeutung

Die meisten Minierfliegen überwintern als Puppe in der obersten Bodenschicht. Im April/Mai schlüpfen die Imagines und paaren sich sogleich. 5–8 Tage später legt das Weibchen 20–30 Eier einzeln blattoberseits in kleine Bohrgrübchen. Die Grübchen dienen den Fliegen auch zur Nahrungsaufnahme. Die Larven sind je nach Art in 8–25 Tagen ausgewachsen. Während jene der Gattung *Agromyza* zur Verpuppung in den Boden wandern, verpuppt sich *C. fuscula* in der Blattmine. Die meisten Agromyziden haben in Mitteleuropa 2 Generationen pro Jahr, die *Agromyza*-Arten selbst allerdings i. d. R. nur eine. Die 2. Jahresgeneration von *C. fuscula* tritt auch an Getreide auf. Die Graue Gerstenminierfliege ist auf feuchten Standorten zu Hause. Ab 15 °C legen die Weibchen ihre Eier einzeln auf die Blattoberseite von Gerste und Futtergräsern. Erst die Larven dringen in das Gewebe ein. Die 2. Generation miniert auf Wildgräsern.

Dichte Bestände mit hoher N-Düngung schädigen die Minierfliegen stärker. Getreideminierfliegen werden meist durch parasitische Schlupfwespen in Grenzen gehalten. Bei weitgehender Zerstörung der oberen Blattetagen können spürbare Ertragsschäden entstehen.

Vorbeugende Maßnahmen

Unterpflügen befallener Pflanzenreste und eine tiefgründige Bodenbearbeitung schalten die Puppen aus. Eine chemische Bekämpfung ist i. d. R. überflüssig.

Literatur

Massör, Anke., 1990: Zum Artenspektrum, zur Biologie und Schadwirkung der Getreideminierfliegen. Diss. Landwirtsch. Fak. Martin-Luther-Univ. Halle-Wittenberg, 1-118 + 5 Anlagen.

***Agromyza*-Paar in Kopula, Körperlänge 3 mm**

Bohrgrübchen und Gangmine

Befall im Gerstenbestand

Kornkäfer – *Sitophilus granarius*, **Reiskäfer** – *Sitophilus oryzae*

Erreger, Wirtspflanzen

Die beiden Vorratsschädlinge Kornkäfer *(Sitophilus granarius* (L.)) und Reiskäfer *(Sitophilus oryzae* (L.)) gehören zur Familie der Rüsselkäfer *(Curculionidae).*

Ihr Körper ist schwarzbraun gefärbt und trägt einen langen, schmalen Rüssel. Der Kornkäfer ist 2,5–4,5 mm lang. Der etwas kleinere Reiskäfer (2,3–3,5 mm) hat 4 undeutlich umgrenzte, gelbbraune Flecken auf den Flügeldecken. Er kann – anders als der Kornkäfer – fliegen, macht aber wenig Gebrauch von dieser Fähigkeit.

Die Larven der Käfer sind weiße, fußlose Maden mit brauner Kopfkapsel.

Beide Arten können sich auf allen einheimischen Getreidekornarten ernähren und vermehren. Der Kornkäfer bevorzugt Gerste und Weizen, der Reiskäfer Weizen noch vor Reis.

Schadbild

An den von den Larven ausgehöhlten Körnern erkennt man die kreisrunden, an den Rändern ausgebrochenen Schlupflöcher von 1,5 mm Durchmesser. Die winzigen Löcher, die die Käfer mit ihrem Rüssel vor der Eiablage von außen in die Körner bohren, sind hingegen mit dem bloßen Auge kaum festzustellen. Als Fraßspuren der Käfer bleiben in den Getreidekörnern tiefe, unregelmäßige Löcher zurück.

Biologie, befallsfördernde Faktoren

Die Weibchen bohren mit dem Rüssel kleine Löcher in die Getreidekörner, schieben ein Ei hinein und verschließen die Öffnung mit einem gallertartigen Sekret. Das Weibchen legt auf diese Weise 1–3 Eier pro Tag ab, insgesamt 200–300 Stück. Larvenentwicklung und Verpuppung finden innerhalb des Getreidekorns statt, erst der Käfer verläßt den ausgefressenen Samen.

Die Entwicklung des Kornkäfers ist von 15–33 °C möglich und dauert bei 25 °C etwa 6 Wochen. Es werden bei uns jährlich 2, höchstens 3 Generationen gebildet. Der Kornkäfer hält sich im Getreide bevorzugt in den oberen Schichten auf. Er

Kornkäfer, etwa 4 mm lang, einfarbig dunkelbraun bis schwarz

ist lichtscheu und zieht sich gerne zwischen die Körner oder in Spalten zurück. Auf einem ungeheizten Speicher können die Käfer ohne Nahrung den ganzen Winter – unter 5 °C in Kältestarre – überleben. Sinkt die Temperatur unter –15 °C, sterben die Tiere nach wenigen Stunden.

Der Reiskäfer stellt etwas höhere Temperaturansprüche (Entwicklung bei 17–34 °C). Auch reagiert der Käfer empfindlicher auf tiefe Temperaturen, Minusgrade überlebt er nur ein paar Stunden. Natürliche Feinde dieser Lagerschädlinge sind die Erzwespe *(Anisopteromalus calandrae)*, die Ameisenwespe *(Cephalonomia tarsalis)* und Kugelbauchmilben *(Pyemotes* spp.).

Bedeutung, Vorkommen

Korn- und Reiskäfer verursachen weltweit in Getreidelagern große Qualitäts- und Gewichtsverluste. Befallenes Getreide wird muffig und verliert seine Mehl- und Backeigenschaften. Die Käfer leisten dem Befall durch andere tierische und pilzliche Erreger Vorschub. Die Bedeutung des Kornkäfers ist im Vergleich zu anderen Lagerschädlingen etwas zurückgegangen. Der Reiskäfer wird oft aus tropischen und subtropischen Gebieten eingeschleppt und ist aufgrund milder Winter und steigender Lagertemperaturen auch in Deutschland auf dem Vormarsch.

Vorbeugende Maßnahmen

Wichtigste vorbeugende Maßnahme ist das Einbringen des Ernteguts nur in vollkommen leere, gründlichst gereinigte Vorratsräume. Das Getreide sollte bei tiefer Temperatur und mit geringer Kornfeuchte (unter 14 %) gelagert werden. Mit speziellen Käferfallen läßt sich ein Befall frühzeitig feststellen. Bei langer Lagerung gibt es im Vorratsschutz keine Bekämpfungsschwelle. Auch wenige Käfer können große Populationen entwickeln. Bei Futtergetreide mit kürzerer Lagerdauer (1-3 Monate) kann ein gewisser Befall toleriert werden. Bei stärkerem Auftreten ist eine Begasung durch geschultes Fachpersonal erforderlich.

Literatur

Adler, C., und Ch. Reichmuth, 1988: Der Kornkäfer *Sitophilus granarius* L., *Coleoptera, Curculionidae,* seine Biologie und seine Bekämpfung im Getreide insbesondere mit modifizierten Atmosphären. Mitt. Biol. Bundesanst. Land- Forstwirtsch., Berlin-Dahlem H. 239, 1–100.

Büchi, R., 1989: Vorratsschädlinge in Getreidelagern und Mühlen in der Schweiz. Landwirtschaft Schweiz **2**, 587-592.

Heinze, K. 1983: Leitfaden der Schädlingsbekämpfung. Band IV, Vorrats- und Materialschädlinge (Vorratsschutz), 4. Aufl. Wissensch. Verlagsges. mbH Stuttgart, 14–21.

Scotti, G. (Hrsg.), 1978: Les insectes et les acariens des céréales stockées, 1. Aufl., AFNOR und ITCF, Paris, 9–17.

Tielecke, H., 1956: Der Kornkäfer. Die Neue Brehm-Bücherei, Wittenberg Lutherstadt H. 120, 1–32.

Reiskäfer, etwa 3mm lang, mit 4 gelbbraunen Flecken auf den Flügeldecken

Getreideplattkäfer – *Oryzaephilus surinamensis*

Erreger, Wirtspflanzen

Der zu den Plattkäfern *(Cucujidae)* zählende Getreideplattkäfer *Oryzaephilus surinamensis* (L.) ist 2,2 – 3,3 mm lang, dunkelbraun gefärbt, stark abgeplattet, mit flachen Längsfurchen auf dem Halsschild, der an jeder Seite 6 Zähnchen aufweist.

Die Larve ist von weißlichgelber Grundfarbe mit je 2 dunkleren Flecken auf den Brust- und Hinterleibssegmenten. Sie hat 3 Beinpaare und erreicht eine Länge von 4 mm. Der Schädling frißt auf allen Getreidekornarten und Unkrautsamen, gelegentlich auf Trockenfrüchten oder Ölsaaten.

Schadbild

Die Getreideplattkäfer suchen nur selten die Getreideoberfläche auf, weshalb sie leicht übersehen werden. Sie erzeugen kein charakteristisches Schadbild, weil sie hauptsächlich Krümelfresser sind. In mehlartigen Getreideprodukten spinnen sich die Larven vor der Verpuppung in kleine Nahrungsklumpen ein.

Biologie, befallsfördernde Faktoren

Die Entwicklung vom Ei bis zum ausgewachsenen Insekt dauert beim Getreideplattkäfer bei 25 °C etwa 6 Wochen. Für die Eiablage sind Temperaturen zwischen 26 und 33 °C am günstigsten. Die Larven verursachen den Hauptschaden; sie fressen hauptsächlich Bruchstücke von Getreidekörnern sowie Bohrmehl anderer Vorratsschädlinge. Der Getreideplattkäfer wird daher häufig gemeinsam mit Korn- und Reiskäfer gefunden. Der Käfer kann Getreidekörner nur angreifen, wenn ihre Oberhaut feine Risse aufweist; das ist aber bei Mähdruschgetreide bei rund 50% der Körner der Fall.

Unter 14 °C fallen die Käfer in eine Kältestarre. Temperaturen unter 0 °C überlebt der Getreideplattkäfer kaum. Auf landwirtschaftlichen Betrieben kann er von einem Befallsherd in alle Wohnräume eindringen.

Zu den natürlichen Feinden des Getreideplattkäfers zählen die Ameisenwespe *(Cephalonomia tarsalis)* und Kugelbauchmilben (*Pyemotes* spp.)

Käfer, 3 mm; 6 Zähnchen an jeder Seite des Halsschildes

Bedeutung, Vorkommen
Der Schädling wird oft mit Waren aus südlichen Ländern eingeschleppt. Zusammen mit dem Kornkäfer und Reiskäfer gehört er zu den wichtigsten Vorratsschädlingen in Getreidelagern, Lebensmittelbetrieben und Haushalten. Zu den unmittelbaren Verlusten beim Erntegut kommt dessen Verschmutzung hinzu.

Vorbeugende Maßnahmen
Vor Einbringen der neuen Ernte werden alle Lagerräume gründlich gereinigt; es empfiehlt sich insbesondere ein Aussaugen und anschließendes Abdichten aller Fugen. Das Getreide muß gut getrocknet (< 14 % Feuchte) und möglichst frei von Unkrautsamen kühl eingelagert werden. Käferbefall läßt sich mit speziellen im Handel erhältlichen Fallen frühzeitig entdecken. Bei langer Lagerdauer des Getreides ist im Vorratsschutz schon ein Käfer Startzeichen für eine Bekämpfung. Bei Futtergetreide, das in kürzerer Zeit (1 – 3 Monate) aufgebraucht wird, ist nur bei stärkerem Befall eine fachgerechte Begasung notwendig.

Literatur
Heinze, K. (Hrsg.), 1983: Leitfaden der Schädlingsbekämpfung. Band IV, Vorrats- und Materialschädlinge (Vorratsschutz). 4. Aufl. Wissensch. Verlagsges. mbH, Stuttgart, 26–29.
Scotti, G. (Hrsg.): Les insectes et les acariens des céréales stockées. 1. Aufl., AFNOR und ITCF, Paris, 24–28.

Getreideplattkäfer sind hauptsächlich Krümelfresser

Nützlinge

Marienkäfer – *Coccinellidae*

Aussehen

Aus der Familie der Marienkäfer *(Coccinellidae)* kommen in Mitteleuropa über 80 Arten vor, die sich überwiegend räuberisch – in Mitteleuropa zu etwa 70 % von Blattläusen – ernähren, und zwar sowohl die Larve als auch der Käfer.

In der Färbung der Flügeldecken sowie in Anzahl und Form der Punkte herrscht bei den Marienkäfern eine große Variationsbreite.

So gibt es den Zweipunkt, *Adalia bipunctata* L., sowohl als rote Form mit schwarzen Punkten als auch mit 4 oder 6 roten Flecken auf schwarzem Grund.

In Deutschland ist auf landwirtschaftlichen Kulturen weitaus am häufigsten vertreten der Große Siebenpunkt, *Coccinella septempunctata* L.

Der bis zu 9 mm große Käfer ist fast halbkugelig gewölbt, er kann die kurzen Beine unter seine flache Unterseite völlig einziehen.

Die frisch geschlüpften Jungkäfer sind zunächst gelblich und entwickeln erst nach ein paar Stunden die charakteristischen roten Flügeldecken mit den 7 schwarzen Punkten.

Die langgestreckte bis 12 mm große Larve hat eine grauviolette Grundfärbung mit gelben Warzen auf beiden Seiten.

Die orangerote Puppe mit den regelmäßigen schwarzen Flecken kann mit der Larve des Kartoffelkäfers verwechselt werden.

Biologie

Im zeitigen Frühjahr verlassen die Marienkäfer ihre Verstecke unter Steinen oder im Laub, wo sie oft gesellig zu einigen Hundert überwintert haben. Sie fliegen von Waldrändern, Hecken und Gehölzen in die Kulturflächen ein und kleben ab Anfang Mai ihre länglichen Eier (1,3 mm lang) senkrecht in kleinen Gruppen an die Blattunterseite in der Nähe von Blattlauskolonien. Die Größe des Geleges hängt dabei vom Umfang der Blattlauskolonie ab. Ein Weibchen legt bis in den Juli hinein insgesamt 800 Eier.

In Abhängigkeit von Temperatur und Feuchtigkeit schlüpfen nach 5–8 Tagen die Larven, die je nach Nahrungsangebot und Temperatur in 1-2 Monaten nach 4 Häutungen ausgewachsen sind. Die Larven suchen systematisch ihre Umgebung nach Nahrung ab, wobei sie ihre Beutetiere nur durch Berührungsreiz finden. Sind keine Blattläuse erreichbar, kommt es bei den Larven auch zu Kannibalismus.

Zur Verpuppung heftet sich die Larve mit dem Hinterende an einem Blatt fest und zieht sich tropfenförmig zusammen. Das Puppenstadium dauert nur etwa eine Woche, dann schlüpft der Käfer.

Im Spätsommer fliegt er auf Nahrungssuche wieder auf Gehölze, wo er sich dann auch sein Winterversteck sucht. Es gibt beim Großen Siebenpunkt unter mitteleuropäischen Klimabedingungen nur 1 Generation im Jahr.

Zweipunkt-Marienkäfer: natürliche Größe 7 mm

Eier 1,3 mm lang, goldgelb mit glatter Oberfläche

Bedeutung

Sowohl Larven als auch Käfer haben einen ungeheuren Nahrungsbedarf, den sie vor allem mit Blattläusen decken. Daneben vertilgen diese wichtigen Nützlinge aber auch Milben sowie Eier und Larven anderer Insekten. Ein Siebenpunkt verzehrt als Käfer etwa 100 Blattläuse/Tag, wobei der Bedarf bei den Weibchen zur Zeit der Eiablage fast das Doppelte beträgt. Eine Larve beseitigt bis zu ihrer Verpuppung ca. 650 Blattläuse. Diese Zahlen beziehen sich auf die Große Getreideblattlaus *(Sitobion avenae);* bei einem Angebot der Haferblattlaus *(Rhopalosiphum padi)* nehmen die Käfer um 40 % weniger Nahrung auf. Der Marienkäfer ist also einer der wichtigsten Feinde der Getreideblattläuse. Bei hohem Nahrungsangebot fliegen mehr Käfer ins Getreide ein, die Fraßleistung des einzelnen Käfers steigt, und die Eiproduktion erhöht sich (bei doppeltem Nahrungsangebot dreifache Eiproduktion). Ab einem Räuber-Beute-Verhältnis von 1 : 90 Ende der Weizenblüte wird daher von einem Insektizideinsatz gegen die Große Getreideblattlaus abgeraten. Statt auf die Blattlauszahl kann diese Nutzensschwelle auch auf die Fläche bezogen ausgedrückt werden: Bei einer Blattlausdichte um den Schadensschwellenbereich vermögen 5 Käfer oder 20–40 Eier oder 10–20 Larven des Großen Siebenpunkt/m² den Schädlingsbefall zu begrenzen. Um sich diese Nützlinge als Verbündete zu erhalten, verwende man bei der chemischen Bekämpfung nur nützlingsschonende Mittel und dulde einen gewissen Blattlausbefall als Nahrungsgrundlage für diese Helfer. Da die Marienkäfer auf Getreide nur von Mai bis zur Ernte Blattläuse finden, sind sie für die übrige Zeit auf andere Nahrungsräume angewiesen, wie Feldraine, Wildkrautbestände und Waldränder. Für die Sicherung einer starken Marienkäferpopulation ist es wichtig, in unserer Agrarlandschaft solche ökologischen Nischen zu erhalten. Auch ein geringer Blattlausbesatz auf Kulturpflanzen – unterhalb der wirtschaftlichen Schadensschwelle – kann eine Basis für das Überleben dieser Nützlinge sein.

Literatur

Basedow, Th., 1982: Untersuchungen zur Populationsdynamik des Siebenpunktmarienkäfers *Coccinella septempunctata* L. *(Col., Coccinellidae)* auf Getreidefeldern in Schleswig-Holstein von 1976-1979. Z. angew. Entomol. **94**, 66-82.

Freier, B., 1992: Variable Nutzensschwellen für Schädlingsfeinde in Agrar-Ökosystemen – eine neue Kategorie von Schwellenwerten und Entscheidungshilfen. Mitt. Biol. Bundesanst. Land- und Forstwirtsch., Berlin-Dahlem, H. 283, 103.

Ghanim, A. El-B., B. Freier und Th. Wetzel, 1984: Zur Nahrungsaufnahme und Eiablage von *Coccinella septempunctata* L. bei unterschiedlichem Angebot von Aphiden der Arten *Macrosiphum avenae* (Fabr.) und *Rhopalosiphum padi* (L.) . Arch. Phytopathol. Pflanzenschutz, Berlin **20**, 117-125.

Klausnitzer, B., und Hertha Klausnitzer, 1979: Marienkäfer *(Coccinellidae)*. Die Neue Brehm-Bücherei, A. Ziemsen Verlag, Wittenberg Lutherstadt, 2. neubearb. Aufl., 1–88.

Wetzel, Th., 1988: Berücksichtigung von Nützlingen bei Pflanzenschutzentscheidungen im Getreidebau. Schriftenreihe des BML, Heft 365. Schonung und Förderung natürlicher Gegenspieler – ein Beitrag zum integrierten Pflanzenschutz. Landwirtschaftsverlag Münster-Hiltrup, 134-141.

Larve des Großen Siebenpunkt, bis 12 mm groß

Schlupf des Großen Siebenpunkt

Schwebfliegen – *Syrphidae*

Aussehen

Von den über 300 Schwebfliegenarten in Mitteleuropa leben etwa 100 von Blattläusen, so auch die bei uns häufigste Art *Episyrphus balteatus (*Deg.).

Die 8-12 mm großen Schwebfliegen sehen mit ihrem schwarzgelb gebänderten Hinterleib wie Wespen aus, doch besitzen die harmlosen Tiere keinen Stachel. Auch kann man sie durch die Art des Fliegens leicht von echten Wespen unterscheiden. Sie können scheinbar bewegungslos in der Luft schweben und bei Gefahr ruckartig in jede Richtung, auch rückwärts, ausweichen.

Die kopf- und fußlosen Maden werden bis 15 mm lang. Mit den Haftorganen des verbreiterten Hinterendes saugen sich die Larven an den Blättern fest. Durch die farblose Haut sieht man den Darm hindurchschimmern, der nicht in einen After mündet. Erst die Puppen scheiden den Kot aus. Die Larven besitzen auch keine Augen, sondern nur lichtempfindliche Hautzellen.

Biologie

E. balteatus überwintert als befruchtetes Weibchen an Gehölzen. Da die Tiere schon im März aktiv werden, sind sie zunächst auf Frühblüher wie Weide und Hasel angewiesen. Der proteinreiche Pollen regt die Eiproduktion an, Nektar und später Honigtau der Blattläuse sind die Energiequellen. Die Weibchen suchen gezielt Blattlauskolonien, bevorzugt in dicht stehenden Getreidebeständen auf, in die sie bei Temperaturen über 15 °C mehrere hundert weißliche Eier ablegen. Nach ein paar Tagen schlüpfen die Larven, die sich ausschließlich von Blattläusen ernähren. Die Larven sitzen tagsüber gegen Austrocknung geschützt an der Blattunterseite, nachts ertasten sie mit pendelnden Suchbewegungen des Vorderendes ihre Beute, die dann mit den Mundhaken hochgerissen und ausgesaugt wird. Bei 20 °C werden die 4 Larvenstadien in 10 Tagen durchlaufen, dann verpuppt sich das Tier, und das Vollinsekt schlüpft nach weiteren 10 Tagen.

In der Regel ist in Mitteleuropa mit 3 Generationen zu rechnen; für die Blattlausverminderung in Winterweizen ist nur die erste wichtig.

Bedeutung

Die Larven der räuberischen Schwebfliegen gehören zu den wichtigsten natürlichen Gegenspielern der Blattläuse. Bei der schnellen Generationenfolge baut sich rasch eine Population auf. 10-40 Larven /m² von *E. balteatus* und/oder *Metasyrphus corollae* (F.) können bei einem Befall des Weizens mit der Großen Getreideblattlaus um den Schadensschwellenbereich Ende der Blüte den Schädling wirksam kontrollieren.

Es muß aber auch dafür gesorgt sein, daß die Herbstgenerationen Überlebensmöglichkeiten an Feldrainen und Gehölzen finden und Pollen- und Nektarlieferanten für die erwachsenen Tiere in der Nähe der Ackerflächen vorhanden sind.

Die Schwebfliegen überwinden zwar große Entfernungen auf der Suche nach geeigneten Blattlauskolonien, aber zu einer dichten blattlausregulierenden Population kommt es nur bei konzentriertem Anflug.

Larve nach dem Hochreißen ihrer Beute

Schwebfliegenweibchen, etwa 1 cm groß

Literatur

Ankersmit, G.W., H. Dijkman, N. J. Keuning, H. Mertens, A. Sins und H. M. Tacoma, 1986: *Episyrphus balteatus* as a predator of the aphid *Sitobion avenae* on winter wheat. Entomol. exp. appl. **42**, 271-277.

Geusen-Pfister, H., 1987: Untersuchungen zur Biologie und zum Reproduktionsvermögen von *Episyrphus balteatus* Deg. *(Dipt., Syrphidae)* unter Gewächshausbedingungen. Z. angew. Entomol. **104**, 261-270.

Gries, G., 1986: Zum Beutefangverhalten der Schwebfliegenlarve *Syrphus balteatus* Deg. *(Diptera, Syrphidae)*. Z. angew. Entomol. **102**, 309-313.

Schneider, F., 1948: Beitrag zur Kenntnis der Generationsverhältnisse und Diapause räuberischer Schwebfliegen *(Syrphidae, Dipt.)*. Mitt. Schweiz. Entomol. Ges **21**, 249–285.

Florfliegen – *Chrysopidae*

Aussehen

In Deutschland gibt es etwa 20 Florfliegenarten, wobei die Gemeine Florfliege *(Chrysopa carnea* Steph.) am häufigsten vertreten ist. Der Name „Florfliege" ist irreführend, denn sie gehört nicht zu den Fliegen, die nur ein Flügelpaar haben, sondern zur Ordnung Netzflügler *(Neuroptera)*, deren vier Flügel eine kräftige netzartige Aderung aufweisen.

Über dem etwa 10 mm langen Körper sind die glasklaren Flügel dachartig zusammengelegt. Am Kopf fallen außer den langen, dünnen, aufrecht stehenden Fühlern die großen, hervortretenden, goldgelben Augen auf, die dem Tier auch den Namen „Goldauge" eingetragen haben. Im Sommer sind die Florfliegen grün, im Winter schwindet die Farbe mit den Fettreserven.

Die bis 15 mm langen Larven zeichnen sich vor allem durch zwei lange Saugkiefer aus, mit denen sie Blattläuse und andere Beutetiere in die Zange nehmen. Der bräunliche Körper ist mit hellen Warzen bedeckt, aus denen spitze Borsten entspringen.

Biologie

Wenn die Florfliegen im Frühjahr ihre geschützten Winterquartiere verlassen, beginnen die Weibchen nach der Paarung im April mit der Eiablage. Dabei werden mehrere hundert Eier einzeln auf einem erhärteten, 5-8 mm langen Sekretfaden abgesetzt. Bis zu 40 solcher gestielten, weißen Eier können auf einem Blatt nebeneinander stehen.

Nach 4-5 Tagen schlüpfen die Larven, die mit ihren Zangen die Blattläuse packen und aussaugen. Ihre leeren Hüllen liegen oft als Tarnung auf dem Rücken der „Blattauslöwen", wie die gefräßigen Larven genannt werden. Finden sie keine anderen Beutetiere, so fressen sie auch Eier und Larven der eigenen Art.

Etwa 2-3 Wochen später verpuppt sich die Larve in einer Gespinstkugel von 5 mm Durchmesser. Nach einer dreiwöchigen Ruhe schlüpft die Puppe heraus und läuft – für Insekten ganz ungewöhnlich – kurze Zeit frei umher, bis sie sich zum Vollinsekt häutet.

Als erstes gibt die fertige Florfliege den Kot ab, der sich im Larven- und Puppenstadium angesammelt hat, denn die Larve hat keinen After. Die dämmerungsaktiven Tiere ernähren sich nicht nur von Blattläusen und anderen Kleininsekten, sondern fressen auch Pollen und Nektar. Da die Entwicklungsdauer unter günstigen Bedingungen nur 4-6 Wochen beträgt, gibt es bei uns 2 Generationen im Jahr mit Eiablage im Mai bzw. im Juli. Die Tiere der 2. Generation überwintern.

Bedeutung

Die Florfliegen, vor allem ihre Larven, sind neben den Marienkäfern und Schwebfliegenlarven eifrige Vertilger von Blattläusen. Ein „Blattauslöwe" frißt im Laufe seiner Entwicklung über 500 dieser Schädlinge. Mit einer erfolgreichen biologischen Bekämpfung der Blattläuse ist bei einem Florfliegenlarven-Blattlaus-Verhältnis von etwa 1 : 50-200 zu rechnen. Im Gegensatz zu den meisten anderen Blattlausräubern sind die Florfliegenlarven auch noch bei Temperaturen wenige Grade über Null aktiv. Ihnen kommt daher einer besondere Bedeutung bei der Regulation einer Blattlauspopulation zu Vegetationsbeginn zu.

Larve beim Aussaugen einer Blattlaus

Gemeine Florfliege, 16 mm groß

Literatur

Egger, A., 1974: Zur Biologie und wirtschaftlichen Bedeutung von *Chrysopa carnea* Steph. *(Neuropt., Planip., Chrysopidae)*. Anz. Schädlingsk. Pflanzen- Umweltsch. **47**, 183-189.

Naton, E., 1979: Florfliegen. Die Landtechn. Zeitschrift **30**, 1402.

Suter, H., und S. Keller, 1990: Blattläuse und Blattlausfeinde. Bubenberg Druck- und Verlags-AG, Bern, 64 S.

Blattlauswespen – *Aphidiidae*

Aussehen

Zu den Schlupfwespen im weiteren Sinne gehören mehrere Familien aus der Ordnung der Hautflügler *(Hymenoptera),* wie z. B. die *Braconidae* (Brackwespen), *Aphidiidae* (Blattlauswespen) und *Ichneumonidae* (Schlupfwespen im engeren Sinne). Der weitaus größte Teil der etwa 10 000 mitteleuropäischen Arten lebt parasitisch. Das Ausschlüpfen der Imagines aus den ausgezehrten Wirtstieren hat zum Namen dieser Gruppe geführt. (Sie werden neuerdings als Parasitoiden bezeichnet, die im Gegensatz zu den Parasiten ihren Wirt schon während ihrer Entwicklung abtöten).

Die am besten untersuchte Art ist die Erzwespe *Trichogramma evanescens,* die im biologischen Pflanzenschutz gegen den Maiszünsler *(Ostrinia nubilalis)* eingesetzt wird.

Als Parasitoiden der Getreideblattläuse sind vor allem einige *Aphidius*- und *Praon*-Arten aus der Familie *Aphidiidae* von Bedeutung. Diese dunkelbraun bis schwarz gefärbten Blattlauswespen mit typischer „Wespentaille" sind nur 1-2 mm groß. Sie haben 4 häutig-durchsichtige Flügel, die mehr oder weniger stark, aber nie netzartig geadert sind.

Biologie

Mit ihrem Legestachel stechen die Schlupfwespen Blattläuse an und legen pro Wirt nur 1 Ei ab. Je besser die Futterbedingungen für die von Pollen, Nektar und Honigtau lebenden Tiere sind, desto höher ist die Eiproduktion. Während die Männchen bald nach der Begattung absterben, können die Weibchen auf der Suche nach geeigneten Wirtstieren für die Eiablage mehrere Wochen alt werden. Die verschiedenen Schlupfwespenarten legen ihre Eier jeweils nur in bestimmte Altersstufen der von ihnen bevorzugten Blattlausarten. Sie spüren ihre Wirtstiere mit Hilfe spezieller Geruchsorgane auf und tasten sie dann mit den Fühlern ab.

In der parasitierten Blattlaus entwickelt sich nun unter 4 Häutungen die Larve, die ihren Wirt in dieser Zeit von innen völlig auszehrt. Dabei bläht sich der Wirtskörper auf und verhärtet sich, es entsteht eine kupferfarbene, pergamentartige Blattlausmumie. Bei manchen Schlupfwespenarten verpuppen sich die Larven innerhalb der abgestorbenen Blattlaus, erst das Volltier beißt sich ein Schlupfloch in den Rücken der Mumie. Andere Arten schlüpfen als Larve und spinnen sich zwischen Blatt und Mumie einen Kokon für das Puppenstadium. Da die Larvenentwicklung nur 9 Tage (bei 21 °C) dauert und 5 Tage später die Puppenruhe beendet ist, gibt es mehrere Generationen im Jahr. Bei

Blattlauswespe (*Aphidius* sp.), 2 mm groß, in typischer Eiablagestellung

sinkenden Temperaturen im Herbst verpuppen sich die Larven nicht mehr, sondern überwintern als Vorpuppe in der Blattlausmumie, wo sie selbst starke Fröste überstehen können.

Die Verbreitung der Blattlauswespen erfolgt in erster Linie durch aktiven Flug der Weibchen, aber auch als Luftplankton passiv durch den Wind. Außerdem können die geflügelten Blattläuse, bevor sie zugrunde gehen, ihre Parasitoiden über weite Strecken transportieren.

Viele *Aphidius*-Arten, die Getreideblattläuse parasitieren, haben andere Blattlausarten als Nebenwirte. So können vor allem Blattläuse an Brennesseln den Populationsaufbau dieser Schlupfwespen fördern. Auch in Blattlauskolonien auf Klee und Luzerne sind sie häufig anzutreffen. Durch den Schnitt dieser Kulturen wie auch der Brennesseln zum richtigen Zeitpunkt werden die Blattlausschlupfwespen gezwungen, sich auf benachbarten Getreidefeldern ihre Wirte zu suchen.

Blütenpflanzen, besonders Doldenblütler wie Wilde Möhre und Bärenklau, sind als unmittelbare Nahrungsquelle für die Vollinsekten der Schlupfwespen von großer Bedeutung. Zwischen den landwirtschaftlichen Nutzflächen sollte daher auf Wegrainen und zwischen Feldgehölzen genügend Raum für diese Nahrungspflanzen der Nützlinge erhalten bleiben. Auch beim Herbizideinsatz auf dem Acker gilt es, Zurückhaltung zu üben.

Bedeutung

Die Nützlingsleistung der Blattlauswespen kann sehr hoch sein. Findet man Anfang der Getreideblüte mehr als 1 Blattlausmumie unter 200 Blattläusen, so ist mit einer wirkungsvollen Regulierung der Blattlauspopulation durch die Blattlausschlupfwespen zu rechnen. Ein Einsatz von Insektiziden, der i. d. R. die Schlupfwespen stark schädigt, sollte dann unterbleiben.

Ein begrenzender Faktor ist allerdings die Kälteempfindlichkeit der Blattlauswespen. Bei Temperaturen unter 15 °C entwickeln sich die Blattläuse schneller als ihre Parasiten.

Literatur

Borgemeister, C., 1991: Primär- und Hyperparasitoiden von Getreideblattläusen: Interaktionen und Beeinflussung durch Insektizide. Agrarökologie Band 3, Verlag P. Haupt, Bern, Stuttgart und Wien, 191 S.

Kuo-Sell, H.-L., 1988: Schlupfwespen gegen Blattläuse nutzen. Kann man auf Insektizide verzichten? DLG Pflanzenschutz-Praxis H. 2, 28-31.

Kuo-Sell, H. L., und G. Eggers, 1987: Evaluierung der Wirkung von Parasitoiden auf die Populationsentwicklung von Getreideblattläusen durch Vergleich zwischen Mumifizierungs- und Parasitierungsrate in Winterweizen. Z. Pflanzenkrankh. Pflanzensch. **94**, 178-189.

Röser, B., 1988: Saum- und Kleinbiotope - Ökologische Funktion, wirtschaftliche Bedeutung und Schutzwürdigkeit in Agrarlandschaften. Verlag Ecomed Landsberg/ Lech, 1–258.

Sorg, M., 1990: Entomophage Insekten des Versuchsguts Höfchen (BRD, Burscheid) Teil I. *Aphidiidae (Hymenoptera, Braconidae)* (Blattlauswespen). Pflanzenschutz-Nachrichten Bayer **42**, 27-43.

Storck-Weyhermüller, Sabine, und M. Welling, 1991: Regulationsmöglichkeiten von Schad- und Nutzarthropoden im Winterweizen durch Ackerschonstreifen. Mitt. Biol. Bundesanst. Land- Forstwirtsch., Berlin-Dahlem H. 273, 1–86.

Schlupfwespe bei Eiablage in eine Blattlaus

Fertige Schlupfwespe verläßt die Blattlausmumie

Nichtparasitäre Krankheiten

Nährstoffmangel

Magnesium-Mangel

Schadbild, Verwechslungsmöglichkeit

Magnesium (Mg) spielt in der Pflanze vor allem als zentraler Baustein des Chlorophylls eine Rolle, und es aktiviert zahlreiche Enzymreaktionen; deshalb zeigt sich ein Mangel dieses Hauptnährstoffs durch Vergilbungen. Da bei auftretendem Mangel Mg-Ionen aus den älteren Blättern in die Wachstumsbereiche verlagert werden, beginnt die Symptomausbildung stets in den älteren Blättern.

Durch die Chlorophyllschädigung kommt es zunächst zu perlschnurartiger Marmorierung längs der Blattadern, die bei durchscheinendem Licht besonders gut zu erkennen ist. Mit andauerndem Mangel breiten sich die Aufhellungen aus, und es entstehen darin weißbraune Nekrosen. Gleichzeitig treten Spitzen- und Randvergilbungen auf, die bei einzelnen Getreidesorten auch eine rötliche Färbung annehmen können. Vor allem bei Gerste ist der Mg-Mangel weniger an den Streifenchlorosen als an den Spitzen- und Randsymptomen zu erkennen.

Die Empfindlichkeit gegenüber Mg-Mangel nimmt in der Reihenfolge Hafer – Roggen – Gerste – Weizen ab. Häufig treten Mangelerscheinungen vorübergehend während einer Trockenperiode in der Hauptwachstumsphase auf, also während des Schossens.

Mg-Mangelsymptome bei Gerste können sowohl mit der Gelbmosaikvirose als auch mit der virösen Gelbverzwergung verwechselt werden. Auch bei Stickstoffmangel vergilben zuerst die ältesten Blätter.

Bedeutung, Vorkommen

Der Mg-Gehalt des Bodens ist abhängig von jenem des Ausgangsgesteins. So ist auf Verwitterungsböden saurer Gesteine (Gneis oder Granit) sowie auf Sandböden aus quarzitischen Fluß- und Terrassensanden mit Mg-Mangel zu rechnen. Nährstoffarme Hochmoorböden sind ebenfalls arm an Magnesium. Diese Mangelkrankheit tritt also standortgebunden auf. Gut mit Magnesium versorgt sind dagegen Verwitterungsböden aus Basalt- und Dolomitgestein.

Doch kann es auch auf Böden mit ausreichendem Mg-Angebot zu Mangelerscheinungen kommen, wenn der Anteil der konkurrierenden Ionen (H^+, K^+, NH_4^+, Ca^{2+}, Mn^{2+}, Al^{3+}) zu hoch

Mg-Mangel im Frühstadium

Mg-Mangel bei Gerste

ist. Durch Aufkalkung läßt sich die Mg-Verfügbarkeit verbessern, weil dadurch Aluminium-, Mangan- und Wasserstoff-Ionen gebunden werden. Bei zu hohem Angebot von Calzium wird allerdings wiederum die Mg-Aufnahme der Pflanzen gehemmt.

Eine wichtige Rolle spielt die Wechselbeziehung zwischen Kalium und Magnesium, die nicht durch einseitige Düngung ungünstig beeinflußt werden sollte. Ein K_2O:Mg-Verhältnis im Boden weiter als 3:1 kann zu Mangelsituationen führen.

Die Getreidepflanze ist auf eine gute Magnesiumversorgung auch noch in der Phase des Kornwachstums angewiesen. Besondere Aufmerksamkeit muß der Mg-Versorgung auf intensiv wirtschaftenden Betrieben geschenkt werden, die mangels Viehbestand keinen Rückfluß durch Naturdünger ermöglichen können.

Vorbeugende Maßnahmen

Die Magnesiumversorgung des Bodens kann letztlich nur durch eine Bodenuntersuchung festgestellt werden. Vor allem auf sandigen und sauren Böden mit geringem Nährstoffhaltevermögen, aber auch auf anderen Böden, die einen Mg-Mangel erwarten lassen, sollte daher die Bodenuntersuchung auf Magnesium ausgedehnt werden. Bei leichten Böden wird ein Gehalt von 4 – 6 mg MgO/100 g Boden als mittlerer Versorgungsgrad eingestuft.

Bei Mg-Mangel auf sauren Böden ist die Verwendung von Magnesium-Kalken angebracht, da durch eine Anhebung des pH-Wertes die Verfügbarkeit von Magnesium verbessert wird. Auf nicht kalkbedürftigen Böden sind reine Magnesiumdünger wie z. B. Kieserit oder Mg-haltige Mineraldünger wie Kalimagnesia, 40er Kornkali oder Stickstoffmagnesiumsulfat zu empfehlen.

Bei sehr hohen Kaligehalten im Boden ist eine Verbesserung der Mg-Versorgung auch durch eine Verringerung der K_2O-Düngung zu erwarten. Bei Gefahr einer Mg-Unterversorgung sollte eine ammoniumbetonte Stickstoffdüngung, z. B. mit Harnstoff, AHL oder Gülle, vermieden werden.

Akuter Mg-Mangel kann durch Blattspritzungen mit Bittersalz (15-20 kg/ha) gemindert werden.

Literatur

Bergmann, W. (Hrsg.), 1988: Ernährungsstörungen bei Kulturpflanzen: Entstehung und Diagnose. Gustav Fischer Verlag, Stuttgart und New York, 2. erweit. Aufl. 1–762

Hege, U., 1986: Magnesium ist lebenswichtig! Mangelkrankheiten unserer Leitkulturen. DLG Pflanzenschutz-Praxis H. 1, 11-13.

Mg-Mangel: Streifenartige Aufhellungen

Gerste: perlschnurartige Aufhellungen und Nekrosen

Mangan-Mangel, Mangan-Überschuß

Schadbild, Verwechslungsmöglichkeit

Die Funktion des Mangans (Mn) in der Pflanze liegt in der Aktivierung von Enzymen. So ist dieses Spurenelement u. a. an der Chlorophyllbildung und Photosynthese sowie am Kohlenhydrat- und am Eiweißstoffwechsel beteiligt.

Manganmangelsymptome wurden zuerst bei Hafer als „Dörrfleckenkrankheit" beschrieben: Auf den älteren Blättern zeigen sich im unteren Drittel unregelmäßige, oft streifige, helle bis graubraune Flecke, meist von einem violettbraunen Rand umgeben. Charakteristisch ist ein Abknicken der Blätter an dieser geschwächten Zone. Der untere Teil der Blattspreite vertrocknet, später auch das ganze Blatt. Es kommt bei Sproß und Wurzel zu Wachstumshemmungen sowie zu verminderter Blüten- und Fruchtbildung. Oft entwickeln sich nur flissige (taube) Rispen.

Bei Weizen findet man ähnliche Symptome wie bei Hafer, jedoch schwächer ausgeprägt.

Manganmangel bei Gerste zeigt sich in einer insgesamt gelbgrünen Blattfarbe. Auf den mittleren und jüngeren Blättern entstehen zwischen den Blattadern graugrüne bis schmutziggelbe Streifen, in denen sich nach kurzer Zeit perlschnurartig angeordnet braune nekrotische Tüpfel bilden.

Roggen ist gegenüber Mn-Mangel am wenigsten empfindlich; typisch sind dann unauffällige Aufhellungen zwischen den Blattnerven.

Diese Mn-Mangelsymptome können bei Gerste und Roggen mit den durch den Blattfleckenerreger *Rhynchosporium secalis* verursachten Krankheitsbildern verwechselt werden. Früher entstanden ähnliche Schadbilder in Getreide gelegentlich auch nach einer unsachgemäßen Ausbringung von Atrazin in der Vorkultur Mais.

Besonders ausgeprägt sind die Mangelsymptome in der Hauptwachstumsphase der Pflanze bei längerer Trockenheit. Im Bestand tritt der Schaden meist nesterweise aufgrund ungleicher Bodenverhältnisse auf. Durch Mn-Mangel geschwächte Pflanzen sind gegen Kälte empfindlicher als gesunde.

Nicht nur Mn-Mangel, auch Mn-Überschuß kann Schaden verursachen. Auf ein Überangebot an Mn-Ionen reagiert unter den Getreidearten die Gerste am empfindlichsten: Auf älteren Blättern - zuerst an ihren Spitzen - entstehen dunkelbraune Tüpfel, ausgelöst durch Manganausfällungen im Blattgewebe. Im fortgeschrittenen Stadium kommen auch Vergilbungen hinzu, und die Blätter sterben schließlich von der Spitze her ab.

Mn-Mangel bei Hafer

Mn-Mangel bei Gerste

Bedeutung, Vorkommen

Die Ackerböden sind meist ausreichend mit Mangan versorgt, dennoch kann es durchaus zu Mangelerscheinungen kommen, da dieser Nährstoff nicht immer in für die Pflanze verfügbarer Form vorliegt. In Böden mit hohem pH-Wert geht Mangan schwer lösliche Verbindungen ein, die von der Pflanze nicht durch die Wurzeln aufgenommen werden können. Ein hoher Humusgehalt sowie Austrocknung des Bodens – auch kurzzeitig – erschweren die Mn-Aufnahme ebenso wie Luftabschluß bei Staunässe und Bodenverdichtung. Am häufigsten ist daher auf kalkhaltigen, humosen bis anmoorigen Böden sowie auf Niederungsmoorböden bei hohem pH-Wert mit akutem oder latentem (=verdecktem) Mn-Mangel zu rechnen. Auch auf überkalkten, pufferungsschwachen Sandböden wird Mn-Mangel häufig festgestellt.

Von Bedeutung ist außerdem das Gleichgewicht mit anderen Ionen. Ein Überschuß an Eisen, Zink, Kupfer, Magnesium, aber auch Calzium beeinträchtigt die Mn-Aufnahme der Pflanze.

Auf der anderen Seite kann es auf extrem sauren Böden (pH < 5,5) zu einem Überangebot von leicht resorbierbarem Mangan kommen, auf das an neutrale oder kalkhaltige Böden angepaßte Pflanzen - wie die Gerste - empfindlicher reagieren als jene Pflanzen, die auch auf sauren Böden gut gedeihen.

Vorbeugende Maßnahmen

Auf manganarmen Böden wie z. B. sauren Sand- und Heidesandböden ist eine Bodenvorratsdüngung möglich; bei Böden mit einem pH-Wert > 6,0 bringt diese Maßnahme dagegen keinen Erfolg, da das zugeführte Mangan sogleich festgelegt wird. Auf solchen Böden kann eine – wenn auch nur vorübergehende – Absenkung des pH-Wertes durch physiologisch saure Dünger die Verfügbarkeit von Mangan verbessern. Da die Pflanze nicht nur mit der Wurzel, sondern auch über die Blattoberfläche Mangan aufnehmen kann, läßt sich akuter Mangel durch mehrfache Blattspritzungen mit Mangansulfat (10 kg/ha) oder Manganchelat (1-2 kg/ha) beheben; man beachte insbesondere bei Mangansulfat die Begrenzungen hinsichtlich der Mischbarkeit mit Pflanzenschutzmitteln.

Literatur

Hege, U., 1984: Manganmangel. Die Landtechn. Zeitschrift **35,** S. 1575.

Mn-Überschußsymptome, Gerste auf Sandboden mit pH 3,9

Mn-Ausfällungen in Gerstenblatt durch Mn-Überschuß

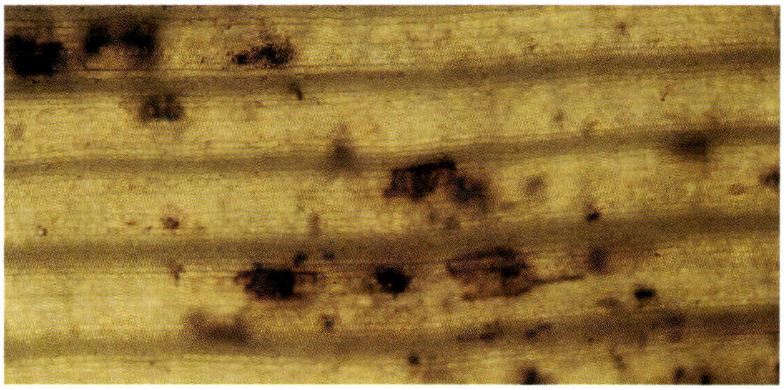

Kupfer-Mangel, Kupfer-Überschuß

Schadbild, Verwechslungsmöglichkeit

Das Spurenelement Kupfer (Cu) ist ein wichtiger Baustein in den Chloroplasten des Assimilationsgewebes; es steuert über Enzyme die Eiweißsynthese. Charakteristisch für Cu-Mangel sind ab Ende des Schossens weiße, vertrocknende Blattspitzen (Spitzendürre), die sich verdrehen und zusammenrollen. Sie hängen wie Fähnchen herab oder stehen wie Wegweiser ab. Tritt Kupfermangel großflächig auf, liegt über dem Feld ein weißer Schimmer (Weißseuche, Weißspitzigkeit). Bei ausgeprägtem Mangel bleiben die Blütenstände teilweise in der Blattscheide stecken und entwickeln nur Schmachtkorn oder taube Ähren bzw. Rispen. Weizen und Gerste können bei leichtem Cu-Mangel auch nur Stickstoffüberschußsymptome zeigen wie breites Blatt, tiefes Grün, vorzeitiges Lagern. Da das Schadbild schon Ende des vorigen Jahrhunderts häufig auf Heideflächen beobachtet wurde, die man neu in Kultur genommen hatte, ist Cu-Mangel auch unter der Bezeichnung „Heide- und Urbarmachungskrankheit" bekannt. Cu-Mangel wird stets zuerst an jungen, noch wachsenden Pflanzenteilen sichtbar, da die wenig beweglichen Cu-Ionen kaum aus älteren Gewebeteilen verlagert werden. Die Pflanze reagiert zunächst mit Welkeerscheinungen, da durch mangelnde Festigkeit der Leitungsbahnen der Wassertransport beeinträchtigt wird. Auch die verstärkte Neigung zum Lagern der Mangelbestände beruht auf der geschwächten Stabilität des Gewebes.

Das Schadbild ist bei Hafer am deutlichsten ausgeprägt, bei Gerste und Weizen aber in ähnlicher Weise anzutreffen. Roggen und Triticale reagieren auf Cu-Mangel weniger empfindlich; sie besitzen ein hohes Aneignungsvermögen.

Ähnliche Blatt- und Ährenschäden entstehen durch unsachgemäße Anwendung von Herbiziden sowie durch Blütenfröste. Vertrocknete Blattspitzen sind charakteristisch für überdüngte, auf einen hohen Wasserverbrauch eingestellte Bestände, die bei Trockenstreß schlagartig zusammenbrechen. Gegenüber hohem Kupfergehalt im Boden sind besonders Zucker- und Futterrüben empfindlich, auch Kartoffeln, Raps, Mais sowie Getreide. Cu-Toxizität zeigt sich bei Getreide in einem Vergilben vor allem der jüngsten Blätter, da die Eisenaufnahme behindert wird. Starke Ertragseinbußen bis zu Totalausfall können die Folge sein.

Bedeutung, Vorkommen

Kupfer liegt im Boden überwiegend in schwer löslicher, an organische Bestandteile gebundener Form vor. Je höher der Humusanteil im Boden, desto weniger ist Kupferpflanzen verfügbar. Auf humosen, nährstoffarmen Sandböden, kalkreichen Anmoor- und Moorböden ist deshalb am häufigsten eine Unterversorgung mit diesem Mi-

Weißspitzigkeit bei Weizen als Folge von Cu-Mangel

kronährstoff zu erwarten. In schweren Böden ist das Cu-Angebot besser als in leichten. Häufig tritt auf diesen Böden zugleich Manganmangel auf.

Verstärkt wird Cu-Mangel durch Aufkalkung des Bodens und hohe Düngung mit Phosphor, Kalium und/oder Stickstoff. Die Verfügbarkeit von Kupfer wird auch durch den Antagonismus mit anderen Elementen (z. B. Eisen, Mangan) herabgesetzt. Zu Schäden kommt es vor allem bei Trockenheit zur Zeit der Jugendentwicklung. Auf Kupfermangel reagieren Getreide und Futtergräser empfindlicher als alle anderen Kulturpflanzen. Größere Pflanzenschäden durch Cu-Überschuß werden gelegentlich auf Flächen ehemaliger Hopfen- und Weingärten festgestellt, die in ackerbauliche Nutzung zurückgeführt worden sind. Hier hat sich durch langjährige Ausbringung kupferhaltiger Fungizide das Schwermetall im Oberboden angereichert.

Vorbeugende Maßnahmen

Die Bodenbearbeitung sollte auf eine Verdichtung der organischen Böden hinwirken, da sie dann mehr Bodenwasser speichern und so in Trockenperioden die Nährstoffverfügbarkeit verbessern. Zum Auffinden der Mangelstandorte wird eine Bodenuntersuchung empfohlen. Cu-Mangel kann man durch Düngung über den Boden sowie über das Blatt beheben. Bei Bodendüngung mit Kupfersulfat, Kupferlegierungen oder gemahlenen Cu-Schlackenmehlen ist eine hohe Cu-Menge notwendig, weil der größte Teil des Nährstoffs gebunden wird. Reich an Kupfer ist auch die Schweinegülle. Kupfer reichert sich im Wurzelbereich an, es wird nur sehr langsam in die Pflanze transportiert. – Mit Blattspritzungen von Kupfersulfat Mitte der Bestockung erreicht man den Ort des Bedarfs schneller, doch muß diese Maßnahme 3-4mal wiederholt werden, damit der Neuzuwachs versorgt wird. Bei hohem pH-Wert sind u. U. auch Mangan-Düngungsmaßnahmen sinnvoll.

Bei zu hohem Cu-Gehalt im Boden werden hohe Kalkgaben empfohlen, da ein Anheben des pH-Wertes generell die Verfügbarkeit von Schwermetallen vermindert. Auch hohe Humus- und Phosphatdüngegaben verringern die schädlichen Wirkungen. Wo Cu-Überschuß auf die oberste Bodenschicht begrenzt ist, empfiehlt sich ein allmähliches Vertiefen der Pflugfurche. Eine etwas höhere erste N-Gabe fördert die Jugendentwicklung des Getreides. In begrenztem Maße unterstützen auch Eisenchelat-Blattbehandlungen das Pflanzenwachstum.

Literatur

Bachthaler, G., und E. Stritesky, 1973: Wachstumsuntersuchungen an Kulturpflanzen auf einem mit Kupfer überversorgten Mineralboden. Bayer. Landwirtsch. Jahrb. **50**, 73-81.

Gutser, R., 1990: Kupfermangel auf organischen Böden Südbayerns. Bayer. Landwirtsch. Jahrb. **67**, 69-83.

Cu-Überschuß-Symptome bei Hafer auf ehemaliger Hopfenfläche

Witterungsschäden

Frost- und Kälteschäden

Schadbild, Ursache

Winterliche Frostschäden zeigen sich im Frühjahr durch Fehlstellen im Feld. Sie können, abgesehen von pilzlichen Erregern, verschiedene Ursachen haben.

Der Pflanzentod kann durch Erfrieren eintreten bei -15 °C bis -25 °C auf ungeschütztem Boden. Die Frosthärte hängt von Getreideart und -sorte ab. Roggen kann die tiefsten Werte ertragen, Gerste reagiert besonders empfindlich. Auch hängt die Schädigung von der Prädisposition der Pflanze ab. Ist sie durch allmähliches Absinken der Temperaturen schon abgehärtet, übersteht sie Frost besser. Besonders gefährlich sind also im Winterhalbjahr Früh- bzw. Spätfröste, wenn die Abhärtung noch nicht oder nicht mehr gegeben ist.

Beim Auffrieren des Bodens durch mehrfachen Wechsel von Nachtfrost und Auftauen am Tag können die Wurzeln zerreißen oder bei flacher Saat aus dem Boden gehoben werden. Das Ausmaß dieser Schäden hängt ab vom Entwicklungsstadium des Getreides und der Bodenstruktur.

Auswinterungsschäden unter verharschter Schneedecke oder Schmelzwasser sind auf Sauerstoffmangel zurückzuführen. Da die Assimilation unterbunden ist, die Atmung aber ständig weitergeht, werden die Pflanzen geschwächt und ersticken schließlich. Befall z. B. mit Schneeschimmel beschleunigt das Absterben derart gestreßter Schößlinge. Vor allem üppig entwickelte Saaten - besonders von Roggen - sind gefährdet.

Die Jungpflanze kann auch vertrocknen, wenn im Frühjahr bei erhöhten Mittagstemperaturen und Wind die Transpiration gesteigert wird, ohne daß die Wurzeln aus dem noch gefrorenen Boden Wasser nachsaugen können.

Durch **Spätfröste und späte Kälteeinbrüche** sind vor allem Wintergerste und Winterroggen gefährdet, da sie sich früher entwickeln als Weizen und Hafer. Die Ausprägung der Symptome hängt von der Temperatur und ihrer Einwirkungsdauer sowie vom Entwicklungsstadium des Getreides ab. Auch hierbei werden Sortenunterschiede festgestellt.

Von der Hauptbestockung bis zum Erscheinen des Fahnenblattes ist bei leichtem Frost insbesondere Gewebe mit lebhafter Zellteilung betroffen. Es entstehen helle „Frostbinden" von ca. 1 cm Breite an Blättern und Blattscheiden. An diesen geschwächten Stellen knickt das Blatt später ab. Solche Frostbinden treten oft in gleicher Höhe im Bestand auf. Mehrere Ringe im selben Blatt spiegeln mehrere Frostnächte wider. An noch nicht entfalteten Blättern zeigen sich Spätfrostschäden später als Wellungen und Kräuselungen sowie durch Zerreißen der Blätter.

Ist die Frosteinwirkung intensiver (-5 °C bis -10 °C) und über mehrere Tage, so sind vor allem die stärksten Triebe betroffen: Das jüngste Blatt verdreht sich und vertrocknet, die Blätter der nächsten Blattetagen vergilben und sterben ab. Die Ähre im Trieb (zur Diagnose aufschneiden!) ist verbräunt. Um den Verlust auszugleichen, bildet die Pflanze bei kühlfeuchter Witterung zahlreiche Nebentriebe (Zwiewuchs). Das wahre Ausmaß des Schadens erkennt man erst nach dem Ährenschieben, wenn dann viele Ähren partielle Taubährigkeit (Laternenblütigkeit, Weißährigkeit) zeigen. Hatte der Frost die Ährenanlage zu Beginn ihrer Entwicklung getroffen, so sind die mittleren Blütchen abgestorben. Setzt die Frostperiode etwas später ein, ist der obere und untere Teil der Ähre taub.

Häufig schädigt die Kälte nur Staubbeutel; die Narbe ist nämlich gegenüber tiefen Temperaturen weniger empfindlich. Zur Auslösung der Pollensterilität genügt schon ein extremer

Spätfrostschaden bei Wintergerste: Ährenanlage und jüngste Blätter der Haupttriebe erfroren

Temperatursturz (z. B. von 25 °C auf 10 °C) bei der Reifungsteilung (Meiose), d. i. etwa im Fahnenblatt-Stadium. Entwicklungsunterschiede von nur wenigen Tagen entscheiden dann über Schaden oder Nichtschaden. Roggen ist diesbezüglich am empfindlichsten. Bei unbefruchteten Blütchen der Gerste spreizen die Schwellkörperchen die Spelzen, um eine Fremdbefruchtung herbeizuführen.

Besonders gefährlich sind Spätfröste kurz vor oder während der Blüte, sie führen zu Schartigkeit der Ähre, Weißährigkeit und Weißspitzigkeit.

Bedeutung, Vorkommen

Nichtparasitäre Auswinterungsschäden sind durch Züchtungsfortschritte in ihrer Bedeutung zurückgegangen. In einzelnen Jahren können jedoch bei einem Zusammentreffen ungünstiger Faktoren örtlich stärkere Verluste entstehen.

So sind Talsenken als „Kälteseen" besonders gefährdet, während Bestände in der Nähe großer Gewässer von deren temperaturausgleichender Wirkung profitieren. Ferner unterscheiden sich die Bodenarten in Wärmeleitfähigkeit und -speicherungsvermögen. Vor allem auf entwässerten Moorböden ist mit Frostschäden zu rechnen, während feuchten, gut abgesetzten Böden der Frost weniger zu schaffen macht. Die Schutzfunktion des Schnees nimmt bei zunehmender Verdichtung der Schneedecke stark ab.

Bei der Schadensbewertung sind auch die durch Frost und Kälte bedingten indirekten Schäden zu berücksichtigen. Wachstumsverzögerung und Nachschosserbildung ziehen stets einen stärkeren Befall mit Blattkrankheiten nach sich. Bei pollensterilen Ährchen tritt in selbstbefruchtenden Getreidearten verstärkt Flugbrand und Mutterkorn auf. Auch ist mit einer höheren Fremdbefruchtungsrate zu rechnen, so daß das Erntegut sich nicht als Saatgut eignet.

Vorbeugende Maßnahmen

Auswinterungsschäden beugt eine nicht zu späte Bodenbearbeitung im Herbst vor, die ein gut abgesetztes Saatbett schaffen soll. Für gefährdete Standorte wähle man winterharte Getreidearten und Sorten, die mit dem Ziel einer kräftigen, jedoch nicht zu üppigen Vorwinterentwicklung zum angepaßten Termin mit richtiger Saatstärke und -tiefe ausgesät werden. N-Überschuß ist bei der Herbstdüngung auf jeden Fall zu vermeiden, im Frühjahr kann dagegen eine erhöhte Stickstoffgabe die Regeneration des Bestandes unterstützen. Auch das Anwalzen der Saat im Nachwinter regt die verbliebenen Getreidepflanzen zur Bestockung an und stellt bei aufgefrorenen Beständen den Bodenschluß wieder her.

In spätfrostgefährdeten Lagen kann durch Saatzeitstaffeln und den Anbau mehrerer Sorten mit unterschiedlichem Entwicklungsrhythmus das Risiko lediglich verteilt werden. Teilgeschädigte Bestände sollten eine späte N-Düngung erhalten, die die Nachbestockung oder die Einkörnung fördert. Vor einer Umbruchempfehlung prüfe man stets das Regenerationsvermögen eines Getreidebestandes.

Literatur

Baumer, M., 1982: Spätfrostschäden an Gerste. Die Landtechn. Zeitschrift **33**, 479.

Rademacher, B., 1938: Zur Diagnostik der Frühjahrsfrost- und Kälteschäden an jungem Getreide. Z. Pflanzenkrankh. Pflanzensch. **48,** 577-587.

Rademacher, B., 1950: Über das Bild der Spätfrostschäden an Ährengetreide und Mais. Z. Pflanzenkrankh. Pflanzensch. **57,** 401-408.

Laternenblütigkeit nach Spätfrost

Partielle Weißährigkeit als Folge einer Spätfrosteinwirkung

Hitze- und trockenheitsbedingte Schäden

Schadbilder, Ursachen

Während der Schoßphase des Getreides oder auch später sind die obersten Blattspitzen vergilbt oder gar vertrocknet. Gelegentlich treten dabei Sortenunterschiede auf. Die blattreiche Getreideart Hafer reagiert besonders empfindlich. U. U. kommt es zusätzlich zu fleckenartigen Ätzschäden ähnlich den Verbrennungen nach unsachgemäßer Harnstoffspritzung.

Diese Schadsymptome sollten nicht mit jenen bei Kupfermangel oder nach unsachgemäßer Anwendung von Wuchsstoff- oder Kontaktherbiziden verwechselt werden.

Die Blattspitzen- und Blattfleckensymptome sind weniger auf absoluten Wassermangel im Boden als vielmehr auf extreme Luftfeuchteschwankungen zurückzuführen. Feuchtkühle Witterung verhindert die Ausbildung einer schützenden Wachsschicht auf den Blättern. Ein schneller Temperaturanstieg, starke Sonneneinstrahlung und/oder trockene Winde führen dann zu einem extremen Absinken der Luftfeuchte und damit zu raschem, großem Wasserverlust der Pflanzen. Besonders betroffen sind überdüngte, auf einen hohen Wasserverbrauch eingestellte Bestände.

Unter den Hitze- und Trockenstreßbedingungen der letzten Jahre sind bei einzelnen Weizensorten auffällige Blattfleckensymptome entstanden. Die braunen Flecke zeigten sich auf den während der Trockenheit gebildeten Blattetagen gehäuft an den Blattspitzen. Sie sahen jenen der *Helminthosporium*-Blattdürre ähnlich und wiesen z. T. – sortendifferenziert – auch den dunklen Punkt in der Mitte der Nekrosen auf; hingegen paßten die vielen gelben Strichelsymptome, ebenfalls an den Blattspitzen konzentriert, nicht zu dem Erscheinungsbild von *H. tritici-repentis*. Nach Einsetzen feuchter Witterung sind keine weiteren derartigen Blattnekrosen aufgetreten.

Ein anderes Schadbild ist an einzelnen Sommergerstensorten während des Schossens bei extremer Trockenheit und Hitze 1990 sowie 1992 entstanden: Die Blattflecke begannen jeweils mit einem dunkelbraunen Punkt, um den sich dann konzentrische wäßrig-graugrüne Ringe bildeten. Schließlich verbräunte die ganze Blattzone zu einem ovalen Fleck von 2-3 cm Länge. Da viele (jedoch nicht alle!) der betroffenen Sommergerstensorten ein mlo-Mehltauresistenzgen besitzen, wurde für

Blattspitzendürre nach extremen Luftfeuchteschwankungen

Sortentypische Blattflecke bei Weizen nach Hitze- und Trockenstreßeinwirkung

dieses Erscheinungsbild der Begriff „mlo-Blattflecke" geprägt. Ob neben Streß durch Hitze und Trockenheit ein Krankheitserreger die Blattflecke ausgelöst hat, erscheint fraglich.

Die Flissigkeit des Hafers und die Weißspitzigkeit bei Ährengetreide sind meist auch eine Folge von Wassermangel kurz vor und beim Ähren-/Rispenschieben. Von der Flissigkeit werden hauptsächlich die unteren Teile der Haferrispe erfaßt, deren leere Ährchen nur von den verkümmerten ausgebleichten

Deckspelzen umhüllt bleiben. Entsprechende Weiß- oder Taubährigkeit, und zwar auch der Basisährchen, tritt bei Ährengetreide weniger häufig auf.

Der Schaden ist um so größer, je üppiger die Pflanzen sich vorher bei günstiger Wasser- und Nährstoffversorgung entwickeln konnten und je schwächer und flacher im Frühjahr sich ihr Wurzelwerk ausgebildet hat. Bei Hitzestreß sind die Halmbasen zusätzlich durch Fusarium besonders gefährdet.

Flissigkeit und Taubährigkeit an Spindelspitze und -grund entstehen auch bei Mangan-, Kupfer- oder Stickstoffmangel, bei Frost während des Getreideschossens, bei starker Belastung der Getreidepflanze durch pilzliche oder tierische Schaderreger sowie nach nicht sachgemäßer Anwendung von Herbiziden oder Wachstumsreglern.

Vorbeugende Maßnahmen

In Trockenlagen und auf leichten, schnell austrocknenden Böden kommt der Wahl angepaßter Getreidearten und -sorten besondere Bedeutung zu. Wichtig ist eine frühe, nicht zu dichte Saat. Alle Bodenbearbeitungsmaßnahmen werden auf die Erhaltung der Bodenfeuchtigkeit und Förderung eines tiefreichenden Wurzelwerks ausgerichtet sein. Die Unkrautkonkurrenz sollte frühzeitig ausgeschaltet werden. Auf jeden Fall vermeide man eine Überdüngung mit Stickstoff; hingegen beeinflußt eine reichliche Kaliversorgung den Wasserhaushalt der Pflanze günstig.

Literatur

Krumrey, G., 1988: Physiologische Schäden an Hafer – Klimaschock. Gesunde Pflanzen **40**, 447-448.

Obst, A., E. Beer, J. Frahm, Christine Gebhart, H.-J. Krauthausen, W. Radtke und B. Zwatz, 1992: Sommergerste: Unbekannte Blattfleckensymptome. DLG Pflanzenschutz-Praxis H. 4, 20-21.

Rademacher, B., 1950: Die Flissigkeit (Weißährigkeit) des Hafers. Biol. Zentralanstalt Braunschweig, Flugblatt D 8, 6 S.

Weigert, J., und K. Böning, 1937: Witterungsschäden an Getreide. Prakt. Blätter f. Pflanzenbau u. -schutz **15**, 103-108.

Sog. mlo-Blattflecke bei Sommergerste nach Hitze und Trockenheit

Ährenspitzendürre bei Weizen als Folge langandauernder Trockenheit

Aufplatzen der Getreidekörner

Schadbild, Ursache

1991 hat man regional bei Sommergerste aufgesprungene Körner gefunden, die ihre Vermarktung als Braugerste beeinträchtigt haben. Die Körner waren entlang der Bauchfurche aufgeplatzt, so daß der Mehlkörper offen lag. Daneben kamen Samen vor, bei denen die Hüll- und Deckspelzen seitlich nicht ganz geschlossen, die Fruchtschale selbst aber unverletzt waren (Spelzenrissigkeit).

Diese Schadbilder entstehen durch besondere Witterungsbedingungen bei Sorten mit Neigung zum Aufspringen: Nach hohen Temperaturen in der Abreifephase ist die Keimruhe des Samens nur wenig ausgeprägt. Setzt dann kurz vor der Ernte eine längere Feuchteperiode ein, so keimen die Körner u. U. schon auf dem Halm aus. Die Stärkeumsetzung wird eingeleitet; es kommt zu einem sog. Premalting (Vormälzen).

Die kurzen intensiven Niederschläge 1991 hingegen führten in der kritischen Phase, 27–35 Tage nach dem Ährenschieben, bei der Sommergerste mit fehlender Keimruhe zu einer raschen erhöhten Wasseraufnahme, sortendifferenziert je nach Quellfähigkeit der Stärkekörner. Sofort anschließend hohe Temperaturen (> 25 °C) bei geringer Luftfeuchte (Feuchteminimum < 30 %) haben dann das Aufspringen der Körner verursacht.

Sehr selten wird dieses Schadbild auch bei Weizen festgestellt.

Bedeutung, Vorkommen

Aufgesprungene Körner treten vor allem in Späterntegebieten bei einzelnen Braugerstensorten auf. Bei ungünstigen Feuchtebedingungen im Feld oder Getreidelager ist mit sekundären Schimmelpilzinfektionen zu rechnen. Ab einem bestimmten Prozentsatz (> 3 %) aufgesprungener Körner sind die Keimfähigkeit reduziert sowie die Verarbeitbarkeit und Malzqualität beeinträchtigt. Liegt der Anteil aufgeplatzter Körner über 5 %, wird bei Saatgut die Mindestkeimfähigkeit von 85 % nicht mehr erreicht. Bei den weniger häufig vorkommenden Körnern mit Spelzenrissigkeit sind diese Qualitätsminderungen wesentlich geringer.

Vorbeugende Maßnahmen

Bei gefährdeten Standorten sollte man die Unterschiede in Reifezeit und Sortenanfälligkeit nutzen. Alle reifeverzögernden Maßnahmen sind zu vermeiden.

Da Erntegut mit beschädigten Körnern anfälliger für Lagerpilze *(Penicillium, Aspergillus)* ist, sind optimale Lagerbedingungen und regelmäßige Kontrolle des Lagers erforderlich.

Literatur

Baumer, M., und A. Aigner, 1992: Das Risiko läßt sich verringern. - Aufgesprungene Körner erschwerten 1991 die Vermarktung der Braugerste. Bayer. Landwirtsch. Wochenblatt Nr. **3**, 35+36.

Aufplatzen der Gerstenkörner entlang der Bauchfurche

Oben: Aufplatzen (links) bzw. Spelzenrissigkeit (rechts) der Gerste; unten: Spelzenrissigkeit der Gerste, Fruchtschale unverletzt

Hagelschaden

Als Hagel werden rundliche Eisstückchen bezeichnet, deren Durchmesser meist nur einige Millimeter beträgt, aber auch 5 cm erreichen kann. Hagelschauer treten vor allem als Begleiterscheinungen von Gewittern auf. Hagelkörner entstehen bei starken Aufwinden, die in hohen, kalten Gewitterwolken die unterkühlten Wassertropfen und wachsenden Eiskristalle zunächst in der Schwebe halten, bis sie zu schwer werden.

Schadbild, Verwechslungsmöglichkeit

Die Auswirkungen eines Hagelschlages können je nach Stärke und Entwicklungsstadium des Getreides von punktförmigen Gewebeaufhellungen bis zur völligen Zerstörung der Pflanze gehen. Ein typisches Symptom sind zunächst weiße, später graue Anschlagstellen stets nur an einer Seite des Halmes. Auch kann der Halm knicken oder ganz abbrechen. Blätter werden durchlöchert, zerfetzt, geknickt oder abgeschlagen.

Die gravierenden Folgen der Blattscheidenverletzungen zeigen sich oft erst viel später, nach dem Ährenschieben. Die Blütenstände bleiben entweder stecken oder sind verformt und enthalten teils mißgestaltete Körner. Häufig wird nur Kümmerkorn ausgebildet, da die wichtige Assimilationsfläche des Fahnenblatts infolge der Hagelschädigung vorzeitig abstirbt.

Wird die Ähre selbst getroffen, können einzelne Ährchen abgeschlagen werden. Wenn die Ährenspindel abknickt, wird die Kornbildung im oberen Teil beeinträchtigt oder unterbunden. Durch Hagel hervorgerufene Ährenschäden zeigen sich im Unterschied zu anderen Schadursachen immer nur an einer Seite, der Anschlagseite.

Die Hagelschadbilder an Ähren und Rispen sind zu verwechseln mit den Symptomen eines Befalls durch *Fusarium* oder die Fritfliege sowie mit Vogelfraß. Das Hängenbleiben von Ähren in der obersten Blattscheide gleicht dem Erscheinungsbild des genetisch bedingten Ährenzwanges.

Bedeutung, Vorkommen

Hagelschäden treten stets lokal scharf begrenzt auf. Roggen gilt als besonders widerstandsfähig. Gerste ist zwar sehr empfindlich, kann aber durch ihr gutes Bestockungsvermögen zumindest frühe Hagelschäden weitgehend ausgleichen.

Verletzungen des Pflanzengewebes durch Hagelschlag dienen auch vielen Krankheitserregern wie *Fusarium* und *Septoria nodorum* als Eintrittspforten.

Literatur

Gilbertson, K. M., E. A. Hocket, 1979: The effect of hail damage on barley. Can. J. Plant Sci. **59**, 1147-1152.

Norddeutsche Hagel-Versicherungs-Gesellschaft, 1981: Rund um den Hagelschaden. LV-Verlag Münster-Hiltrup.

Struve, H.-G., 1980: Hagel-Schadbilder an Getreide. Gesunde Pflanzen **32**, 40-42.

Hagelschlag an Blattscheide

Hagelschlag an Ähre

Durch Hagel ausgeschlagene Körner

Anhang

Erklärung von Fachausdrücken

Aggressivität: Eigenschaft eines Erregers, die sich in der Schwere der von ihm verursachten Krankheit und/oder im Ausmaß seiner Vermehrung zeigt
Anholozyklus: unvollständiger Entwicklungszyklus; Überwinterung sich ausschließlich parthenogenetisch (←) fortpflanzender Schädlinge, z.B. Blattläuse, auf den Sommerwirten
Alate: allgemeine Bezeichnung für geflügelte, parthenogenetisch entstandene und sich ebenso fortpflanzende Weibchen
Appressorium: Haftorgan von Pilzen auf der Wirtsoberfläche
Ascosporen (Askosoren): geschlechtlich gebildete Sporen der Schlauchpilze
Ascus (Mehrz. Asci): Sporenschlauch der Schlauchpilze mit meist acht Ascosporen
Aptere: allgemeine Bezeichnung für ungeflügelte, parthenogenetisch entstandene und sich ebenso fortpflanzende Weibchen
Bakteriose: Bakterienkrankheit
Bekämpfungsschwelle: Dichte einer Schaderregerpopulation, die eine Bekämpfung wirtschaftlich rechtfertigt
biotroph: Ernährungsform, bei der ein Organismus auf lebendes Wirtspflanzengewebe angewiesen ist
bivoltin: mit zwei Generationen pro Jahr
Chlamydosporen: aus Hyphen (←) oder Konidiosporen (←) entstandene dickwandige Dauerorgane, die bestimmten Pilzen zur Überdauerung widriger Umstände dienen
Chlorose: Chlorophyllverlust (Vergilbung) von Pflanzengewebe durch einen Schadfaktor
Diapause: erblich festgelegte Entwicklungshemmung in bestimmten Entwicklungsstadien der Insekten; sie wird von Außenfaktoren wie Tageslänge oder Temperatur gesteuert
Epidermis: äußere Zellschicht der Pflanzen
Exsules: bei wirtswechselnden Arten die auf dem Sommerwirt lebenden, parthenogenetisch entstandenen und sich ebenso fortpflanzenden geflügelten oder ungeflügelten Weibchen
fakultativer Parasit: Organismus, der seinen ganzen Entwicklungszyklus sowohl auf lebendem Wirtsgewebe als auch auf totem Substrat vollendet
Fruchtkörper: einfaches bis sehr differenziertes Geflecht von Hyphen (←), das Sporen enthält oder trägt
Fundatrigenien: Blattlausnachkommen der Stammutter auf dem Winterwirt, parthenogenetisch entstanden und sich ebenso fortpflanzend
Fundatrix : Stammutter, Gründerin der Blattläuse; sie entstammt dem auf dem Winterwirt abgelegten Ei, ist ungeflügelt und pflanzt sich parthenogenetisch (←) fort
Genotyp: Gesamtheit der Erbanlagen eines Organismus
Gradtage: Einheit für die Temperatursumme, die sich aus der Aufsummierung wirksamer Temperaturen in °C (oberhalb des Entwicklungsnullpunktes) über eine Zahl von Tagen bis zu einem bestimmten Wert ergibt. Für bestimmte Entwicklungsabschnitte von Insekten ist - innerhalb bestimmter Grenzen - dieser Wert eine Konstante
Gynopare: bei Blattläusen auf dem Sommerwirt parthenogenetisch (←) entstandene geflügelte Weibchen, die im Herbst zum Winterwirt zurückfliegen und dort wiederum parthenogenetisch ungeflügelte eierlegende Weibchen (Oviparae) absetzen, die durch Männchen begattet werden
Hauptfruchtform: das sexuelle Fortpflanzungsstadium der Pilze
Hauptwirt: Wirtspflanze, auf der der Schädling sich geschlechtlich fortpflanzt
Haustorium: Saugorgan eines pilzlichen Schaderregers innerhalb lebender Wirtszellen, das zur Nährstoffaufnahme dient
Holozyklus: vollständiger Entwicklungszyklus mit parthenogenetisch sich fortpflanzenden Generationen im Wechsel mit einer Geschlechtsgeneration, deren Weibchen befruchtete Wintereier ablegen
Hyphe: fadenförmiger Pilzteil; Gesamtheit der Pilzfäden ist das Myzel (←)
Imago (Mehrz. Imagines): das fertige, geschlechtsreife Insekt
„Immunität": (nicht ganz korrekte) Bezeichnung für die absolute Widerstandsfähigkeit einer Pflanze/Sorte aufgrund ihrer genetischen Eigenschaften gegen einen bestimmten Erreger
Infektion: Eindringen und Festsetzen eines Erregers in einer Wirtspflanze
Infektion, latente: Infektion ohne sichtbare Symptome
Inkubationszeit: Zeitspanne vom Beginn der Infektion (←) bis zur Ausprägung erster Symptome
Inokulum: Vermehrungseinheiten eines Krankheitserregers, die bei Zusammentreffen mit seinem Wirt eine Infektion (←) verursachen können
interzellulär: zwischen den Zellen
intrazellulär: in einer Zelle
Kleistothezie: völlig geschlossener, kugeliger Fruchtkörper; die Asci (←) werden nach Aufreißen der Fruchtkörperwand frei
Konidien, Konidiosporen: Ungeschlechtliche Fortpflanzungszellen vieler Pilze
kurativ: „heilende" Wirkung z.B. systemischer Fungizide; gilt nur für latente Infektionen (←)
Kutikula: bei Pflanzen Wachsschicht auf Epidermiszellen (←) als Verdunstungsschutz
Läsion: begrenzte Fläche verfärbten, erkrankten pflanzlichen Gewebes
Meiose: Reifeteilung, Reduktionsteilung, die zur Bildung von Keimzellen mit haploidem Chromosomensatz führt
Mesophyll: Innengewebe der Blattspreite mit hohem Chlorophyllgehalt
Morphen: allgemeine Bezeichnung für die verschiedenen Erscheinungsformen, in denen bei manchen Arten die Imagines auftreten (bei Blattläusen z.B. Fundatrix, Aptere, Alate)
Mykotoxine: pilzliche Stoffwechselprodukte, die bereits in sehr geringen Mengen für Warmblüter hochtoxisch sind
Myzel: Gesamtheit der Hyphen (←) eines Pilzes
Nebenfruchtform: das ungeschlechtliche Fortpflanzungsstadium bei Pilzen
Nebenwirt: Sommerwirt, auf dem sich Arten mit holozyklischer (←) Entwicklung parthenogenetisch fortpflanzen
Nekrose: örtlich begrenzte, abgestorbene (nekrotische) Gewebezone, häufig in Form brauner Flecke
nichtpersistente Virusübertragung: Form der Virusübertragung, bei der das Virus nur kurze Zeit an den Mundwerkzeugen des Vektors (←) erhalten bleibt
Nymphe: im Falle der Blattläuse das vierte (und letzte) Larvenstadium jener Tiere, die sich zu Geflügelten weiterentwickeln
obligater Parasit: Erreger, der sich nur an lebendem Gewebe ernährt und vermehrt
Oospore: aus befruchteter Eizelle hervorgegangenes dickwandiges Dauerorgan
Parasitoid: Schmarotzer, der im Gegensatz zum Parasiten das Wirtstier schon während seiner Entwicklung abtötet
Parthenogenese: Jungfernzeugung; Fortpflanzung ohne Befruchtung, also eingeschlechtlich
Pathogen: Krankheitserreger
Pathogenität: Fähigkeit eines Erregers, in einem Wirt eine Erkrankung auszulösen
Pathotyp: physiologische Rassen (←)
Perithezium: rundlicher oder flaschenförmiger Fruchtkörper der Ascomyzeten mit einer scheitelständigen Öffnung, der die Asci (←) enthält
persistente Virusübertragung: Form der Virusübertragung, bei der das Virus im Vektor (←) über einen längeren Zeitraum erhalten bleibt
Perthophyt: Erreger, der sich von abgestorbenem Substrat ernährt, das er durch Toxin- oder Enzymausscheidungen auf der lebenden Pflanze erzeugt hat
Phloem: Siebteil der Leitbündel einer Pflanze, in denen die Assimilate transportiert werden
Physiologische Rassen, Pathotypen: morphologisch nicht unterscheidbare Genotypen (←) einer Erregerart, die nur bestimmte Sorten einer Wirtsart befallen können
Population: Gesamtheit der Individuen einer Erregerart in einer Region
Pronymphen: das vorletzte Larvenstadium (bei Blattläusen z.B. das dritte), das sich über die Nymphe zur Geflügelten weiterentwickelt. Blattlauspronymphen weisen bereits Ausbeulungen an der Ansatzstelle der späteren Flügel auf
Pseudothezie: einkammeriger Fruchtkörper der Ascomyzeten, der in Asci (←) die Ascosporen (←) enthält
Puppe: letztes Jugendstadium der Insekten vor der Umwandlung zum Vollinsekt
Pyknidie: kugeliger oder flaschenförmiger Fruchtkörper mit ungeschlechtlich gebildeten Sporen
Pykn(idi)osporen: in Pyknidie ungeschlechtlich gebildete Sporen
Resistenz: genetisch festgelegte Eigenschaft einer Pflanze, die Vermehrung eines Schaderregers herabzusetzen; Gegenteil von Anfälligkeit
Resistenz, horizontale: quantitative Resistenz, rassenunspezifische Widerstandsfähigkeit einer Sorte gegen alle Virulenzen (←) einer Erregerart; keine Befallsfreiheit, jedoch geringer Befall
Resistenz, vertikale: qualitative Resistenz, rassenspezifische Widerstandsfähigkeit einer Sorte gegen bestimmte Virulenzen (←) einer Erregerart, also Befallsfreiheit
Saprophyt: von totem, organischem Substrat lebender Organismus
Schadensschwelle, wirtschaftliche: Befallsdichte, bei der Schäden eintreten, die gleich hoch sind wie die Kosten einer (termingerechten) Bekämpfungsmaßnahme
Sklerotium: Dauerorgan aus verdichtetem Pilzmyzel, widerstandsfähig gegen ungünstige Umwelteinflüsse
Sommerwirt: siehe Nebenwirt
Sporodochien: ein polsterförmiges Pilzgeflecht, das mit dicht stehenden Konidienträgern besetzt ist
Sporulation: Bildung von Pilzsporen
Stammutter: siehe Fundatrix
Stroma (Mehrz. Stromata): kompakte Pilzmasse, in oder auf der sich Fruchtkörper bilden
Toleranz: nur geringe Einbuße an Leistungsfähigkeit einer Pflanze bei Schaderregerbefall; Gegenteil von Empfindlichkeit
Turgor: osmotisch bedingter Innendruck von Pflanzenzellen
Varietät: Gruppe innerhalb einer Pilzart, die sich durch bestimmte, vererbbare Eigenschaften von anderen unterscheidet
Vektor: Organismus (z.B. Blattlaus, Pilz), der Krankheitserreger von einer Pflanze zur anderen übertragen kann
Virose: Viruskrankheit
Virulenz: Fähigkeit von Erregergenotypen (←), Sorten mit definierten, vertikalen Resistenzgenen (←) zu befallen. Eine Erregerrasse wird durch ihre Virulenzgene definiert, die die entsprechenden Resistenzgene im Wirt überwinden.
Virus: submikroskopisch kleine Krankheitserreger aus Nukleinsäuren und Eiweißhülle; die Viren sind auf lebende Wirtszellen angewiesen, da sie keinen eigenen Stoffwechsel besitzen
Zyklus: Kette aufeinanderfolgender Ereignisse im Krankheitsablauf mit den Entwicklungsstadien des Erregers und den Auswirkungen auf den Wirt
Zoospore: in Wasser bewegliche Spore mit ein bis zwei Geißeln, ungeschlechtlich entstanden
Zyste: verhärtete Haut des abgestorbenen Nematodenweibchens mit Eiern und Junglarven

Allgemeinliteratur

Bergmann, W. (Hrsg.), 1988: Ernährungsstörungen bei Kulturpflanzen – Entstehung, visuelle und analytische Diagnose. Gustav Fischer Verlag, Stuttgart, 2. erweit. und neugest. Aufl., 1–762.

Caron, D., 1986: Symptômes des maladies du feuillage et des épis des céréales. Perspectives Agricoles, No. 104, 35–61.

Chełkowski, J. (Hrsg.), 1991: Cereal grain. Mycotoxins, fungi and quality in drying and storage. Elsevier Science Publishers B.V., Amsterdam, 1-607.

Gair, R., J. E. E. Jenkins, E. Lester und P. Bassett, 1987: Cereal pests and diseases. Farming Press Ltd., Ipswich/Great Britain, 4th ed., 1–268.

Heddergott, H., 1981: Rund um den Hagelschaden. Norddeutsche Hagel-Versicherungs-Gesellschaft a.G., Gießen.

Hoffmann, G. M., und H. Schmutterer, 1983: Parasitäre Krankheiten und Schädlinge an landwirtschaftlichen Kulturpflanzen. Verlag Eugen Ulmer, Stuttgart, 1–488.

Kleinhempel, H., K. Naumann und D. Spaar (Hrsg.), 1989: Bakterielle Erkrankungen der Kulturpflanzen. Springer Verlag, Berlin, 1–573.

Klinkowski, M., E. Mühle, E. Reinmuth und H. Bochow (Hrsg.), 1974: Phytopathologie und Pflanzenschutz. Bd. II, Krankheiten und Schädlinge landwirtschaftlicher Kulturpflanzen. Akademie-Verlag, Berlin, 2. Aufl., 1–711.

Lescar, L. (Hrsg.), 1988: Diagnostic des accidents du blé tendre d'hiver. Perspectives Agricoles, No. 130, 27–132.

Mathre, D. E. (Hrsg.), 1982: Compendium of Barley Diseases. The American Phytopathological Society, St. Paul, Minnesota/USA, 1–78.

Meinert, G., und A. Mittnacht, 1992: Integrierter Pflanzenschutz: Unkräuter, Krankheiten und Schädlinge im Ackerbau. Verlag Eugen Ulmer, Stuttgart, 1–335.

Prillwitz, H.-G., 1983: Getreide einschließlich Mais — Pilzliche Krankheitserreger. In: Heinze, K. (Hrsg.), Leitfaden der Schädlingsbekämpfung. Bd. III, Schädlinge und Krankheiten im Ackerbau. Wissenschaftliche Verlagsgesellschaft mbH, Stuttgart, 4. völlig neu bearb. Aufl., 68–208.

Roder, W., 1990: Pflanzenschutz in der Landwirtschaft. Deutscher Landwirtschaftsverlag, Berlin, 1–464.

Seidel, D., Th. Wetzel und H. Bochow, 1986: Pflanzenschutz in der Pflanzenproduktion. VEB Deutscher Landwirtschaftsverlag, Berlin, 2. Aufl., 1–304.

Spaar, D., und H. Kleinhempel (Hrsg.), 1987: Bekämpfung von Viruskrankheiten der Kulturpflanzen. VEB Deutscher Landwirtschaftsverlag, Berlin, 2. Aufl., 1–440.

Taureau, J. C., F. Laurent und G. Thevenet, 1989: Diagnostic des carences sur blé, maïs et pois. Perspectives Agricoles, Supplément du No. 132, 1–62.

Wiese, M. V. (Hrsg.), 1987: Compendium of Wheat Diseases, 2nd ed. The American Phytopathological Society, St. Paul, Minnesota/USA, 1-112.

Zillinsky, F. J., 1983: Common Diseases of Small Grain Cereals: A Guide to Identification. CIMMYT, Mexiko, 1–141.

Literatur zur Nomenklatur

Boerema, G. H., und Adriana A. Verhoeven, 1977: Check-list for scientific names of common parasitic fungi. Series 2 b: Fungi on field crops: cereals and grasses. Neth. J. Plant Pathol. **83**, 165–204.

Boerema, G. H., R. Pieters und Maria E. C. Hamers, 1992: Check-list for scientific names of common parasitic fungi. Supplement Series 2 b (additions and corrections): Fungi on field crops: cereals and grasses. Neth. J. Plant Pathol. **98**, Supplement 1: 1–32.

Jacobs, W., und M. Renner, 1988: Biologie und Ökologie der Insekten: Ein Taschenlexikon. Gustav Fischer Verlag, Stuttgart, 2. Aufl., 1–690.

Stoetzel, M. B., 1989: Common Names of Insects an Related Organisms. Entomological Society of America, Lanham, Maryland/USA.

Sachregister

Bildnachweis

Dr. Amelung
22 (1x); 34 (2x); 43 (1x); 46 (1x); 57 (1x), 69 (1x); 71 (2x); 72 (1x); 75 (2x); 130 (1x); 141 (1x); 147 (1x)

BASF, Limburgerhof
168 (2x); 169 (1x)

Dr. Baumer, Freising
178 (1x)

Dr. Büchi, Zürich
154 (1x); 155 (1x); 156 (1x); 157 (1x)

Dr. Dalchow, Frankfurt
91 (1x)

Dr. Doane, Saskatchewan, Kanada
Titel (1x)

Prof. Friedt, Gießen
106 (1x)

S. Keller,Watt
160 (2x); 161 (2x); 162 (1x); 163 (1x); 165 (1x)

Dr. Maridis
98 (1x)

Dr. A. Obst
Titel (2x); 16 (2x); 17 (2x); 18 (3x); 19 (3x); 21 (3x); 22 (1x); 23 (2x); 24 (3x); 25 (2x); 26 (1x); 27 (1x); 28 (3x); 29 (1x); 30 (2x); 31 (2x); 32 (3x); 33 (3x); 36 (2x); 37 (1x); 38 (3x); 39 (2x); 40 (2x); 41 (2x); 42 (3x); 43 (1x); 44 (2x); 45 (3x); 47 (4x); 48 (2x); 49 (2x); 50 (3x); 51 (3x); 53 (3x); 54 (2x); 55 (3x); 56 (2x); 58 (2x); 60 (2x); 61 (2x); 62 (1x); 63 (2x); 64 (2x); 65 (4x); 67 (3x); 68 (3x); 69 (1x); 70 (2x); 71 (1x); 72 (1x); 73 (1x); 74 (2x); 76 (2x); 77 (2x); 78 (2x), 79 (2x); 80 (2x); 82 (3x); 83 (2x); 84 (1x); 85 (2x); 86 (1x); 88 (3x); 89 (2x); 90 (2x); 91 (1x); 92 (3x); 93 (2x); 94 (2x); 95 (2x); 96 (2x); 97 (2x); 98 (2x); 99 (2x); 100 (2x); 101 (3x); 102 (3x); 103 (2x); 104 (1x); 105 (1x); 106 (1x); 107 (2x); 108 (1x); 109 (1x); 112 (1x); 113 (2x); 115 (2x); 116 (2x); 117 (1x); 118 (2x); 120 (2x); 121 (2x); 122 (1x); 123 (1x), 126 (1x); 128 (1x); 129 (1x); 130 (1x); 131 (1x); 132 (1x); 133 (2x); 134 (1x); 136 (1x); 137 (2x); 138 (2x); 139 (1x); 140 (2x); 142 (1x); 143 (2x); 144 (1x); 145 (1x); 146 (1x); 147 (1x); 148 (1x); 150 (2x); 151 (1x); 152 (2x); 153 (2x); 162 (1x); 164 (1x); 169 (1x); 170 (2x); 171 (2x); 173 (2x); 174 (3x); 175 (2x); 176 (3x); 177 (2x); 178 (2x); 179 (2x).

Prof. Dr. V. H. Paul
25 (1x); 59 (2x)

Dr. Rieckmann
117 (1x); 124 (1x); 125 (2x); 127 (1x); 135 (1x); 143 (1x)

Dr. Stark, Halle
Titel (1x); 124 (1x); 135 (1x); 142 (1x); 151 (1x); 153 (1x)

Dr. Zunke, Hamburg
114 (1x); 122 (1x); 123 (1x); 128 (1x); 129 (1x);163 (1x); 165 (1x)

Kölnische Hagelversicherung, Köln
179 (1x)

Der Herausgeber dankt allen Personen, Instituten und Organisationen, die mit ihrem Bildmaterial zum Gelingen des Buches beigetragen haben.